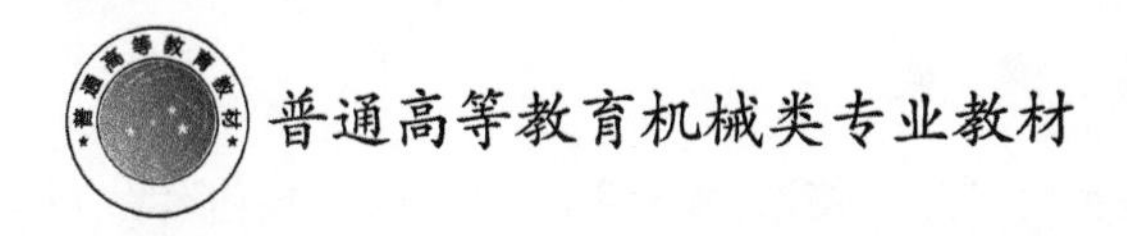

机械故障诊断

唐　建　主　编
殷　勤　副主编

人民交通出版社股份有限公司
北　京

内 容 提 要

本书是普通高等教育机械类专业教材之一,主要内容包括:绪论、油样诊断、温度诊断、振动诊断、声学诊断、故障推理和机械常见故障及其诊断。

本书可作为机械工程学科本科生教材及硕士研究生辅助教材,也可作为从事机械设备维修工作的相关技术人员的参考书。

图书在版编目(CIP)数据

机械故障诊断/唐建主编. —北京:人民交通出版社股份有限公司,2023.3

ISBN 978-7-114-18430-7

Ⅰ.①机… Ⅱ.①唐… Ⅲ.①机械设备—故障诊断 Ⅳ.①TH17

中国版本图书馆 CIP 数据核字(2022)第 257248 号

Jixie Guzhang Zhenduan

书　　名:机械故障诊断
著 作 者:唐　建
责任编辑:郭　跃
责任校对:赵媛媛
责任印制:刘高彤
出版发行:人民交通出版社股份有限公司
地　　址:(100011)北京市朝阳区安定门外外馆斜街 3 号
网　　址:http://www.ccpcl.com.cn
销售电话:(010)59757973
总 经 销:人民交通出版社股份有限公司发行部
经　　销:各地新华书店
印　　刷:北京虎彩文化传播有限公司
开　　本:787×1092　1/16
印　　张:12.75
字　　数:283 千
版　　次:2023 年 3 月　第 1 版
印　　次:2024 年 5 月　第 2 次印刷
书　　号:ISBN 978-7-114-18430-7
定　　价:43.00 元

前言 Preface

本书根据机械故障诊断的需求与特点，紧密结合机械维修保障需要，内容既具有较强的理论性，也具有较强的实践性，目的是使读者掌握机械故障及其诊断的基础知识、基本方法，能够利用各种仪器测试机械的各种状态信息，对测试所得的各种状态信息进行处理和分析，从中提取出机械的典型故障特征，以此来判断机械的故障，预测装备状态的发展趋势，从而为机械的维修决策提供依据。

全书共分7章，第1章主要介绍机械故障诊断的预备知识；第2～5章主要介绍各种故障诊断技术，包括油样诊断技术、温度诊断技术、振动诊断技术、声学诊断技术等；第6章介绍故障分析方法，主要包括简单的故障推理方法、逻辑诊断法和故障树分析法；第7章主要介绍旋转机械中的典型部件及总成，如转子、齿轮、轴承、发动机等的故障诊断。

本书由陆军工程大学野战工程学院唐建教授担任主编，殷勤副教授担任副主编。由陆军工程大学野战工程学院何晓晖教授担任主审，周春华副教授参加了审阅，在此表示衷心感谢。

由于作者水平有限，书中有错误和不妥之处，尽请读者批评指正。

编　者
2022年12月于南京

目录 Contents

第1章　绪　论

随着科学技术的发展,机械的自动化程度越来越高、工作强度不断增大,其结构也变得越来越复杂,各部分的关联更加密切,往往微小的故障就能引爆连锁反应,导致其预定功能的降低或丧失,乃至整台机械及与机械相关的环境遭受灾难性的破坏。国内外曾经发生的各种空难、海难、爆炸、断裂、倒塌、毁坏、泄漏等恶性事故,造成了很大的人员伤亡,产生了严重的社会影响,即使是生产中的经常性事故,也会造成巨大的经济损失。因此,保证机械的安全运行,消除事故隐患,是十分迫切的研究课题。

机械运行的安全性与可靠性取决于两个方面:一是保证机械设计与制造中各项技术指标的实现,如采用可靠性设计、提高安全性措施等;二是落实机械安装、运行、管理、维修和诊断措施。目前,机械设备诊断技术、修复技术和润滑技术已被列为我国设备管理和维修工作的三项基础技术,成为推进机械管理现代化、保证机械安全可靠运行的重要手段。

机械故障诊断技术可以减少事故的发生。例如,过去火车因热轴而引起出轨事故是经常发生的。现在,每个火车站在火车进站之前都安装了红外火车热轴仪,对进站的火车车轴进行逐个扫描,在火车开过去的几分钟时间里就能检查整列火车全部车轴发热情况及发热位置,使火车在车站停车加油期间得到检修或更换,避免事故的发生。

机械故障诊断技术的使用还将带来巨大的经济效益。分析表明,设备的维修费用比例有逐年增加的趋势,如日本的维修成本占生产成本的12.9%,国内石油系统的检修费占年产值的15%。从采用故障诊断技术后所带来的收效性也不难看出机械故障诊断的重要地位。

1.1　故障及其分类

1.1.1　机械故障

机械故障即机械设备的一部分或全部不能或将不能完成规定功能的状态,对于电子元器件等不可修复产品,也称为“失效”。发生故障的机械,其各项技术指标(包括经济指标)往往会偏离其正常状态,常见的异常状态如:机械零件损坏,丧失工作能力;发动机功率降低;传动系统不平顺,噪声增大;工作机构工作能力降低;燃料、润滑油消耗增加等。

确定机械的故障,首先要明确其“规定功能”。有时,产品的“规定功能”很明确,如发动机缸体的损坏、高压油泵柱塞的卡死等。有时产品的“规定功能”很难确定,特别是功能逐渐降低的情况,如发动机汽缸磨损超过一定的限度就会加剧磨损,导致功率降低、油耗增加，但磨损的限度却很难确定，如果减小负荷，增加润滑，有一定磨损的发动机还可以继续使用，也可以不算作故障，这时需要对功能作具体的规定。例如，规定发动机的功率和油耗超过某一个限度时，可以认为发生了故障。

确定机械是否发生了故障，还要看故障的后果，判断其是否会影响机械的使用、损坏机械或危及人身安全，如液压缸渗漏，在短时间内不影响使用，时间长了，会导致液压油减少而影响使用。

因此，判别故障时，不仅要考虑其“规定功能”，还要考虑故障后果。一般情况下，判别故障的标准是：

(1)在规定的条件下，不能完成规定的功能；

(2)在规定的条件下，输出参数不能保持在规定的范围(上、下限)内；

(3)在规定的条件下，零件出现各种裂纹、渗漏、锈蚀、损坏等。

1.1.2 故障模式

故障模式是指故障的表现形式，它是对产品所发生的、能被观察或测量到的故障现象的规范描述，能由人感觉出来或通过仪器测量得到。发动机不能起动、发动机怠速不稳定、发动机冷却液温度过高、变速器有异响、履带断裂或油管破裂等，都是故障的表现形式，都能被观测出来。故障模式相当于医学中的“症状”，医生可以直接或通过仪器间接地观察到。我们在研究机械设备的故障时，往往要从故障模式入手，透过现象找到故障的原因。

如图 1-1 所示，系统的故障往往由零部件引起，不同层次产品的故障模式互为因果关系，因此，确定零部件的故障模式是研究整机故障的基础。一般情况下，要尽量以零部件的故障模式描述整机或系统的故障，只有在难以直接描述零部件的故障模式或无法确定是哪一个零部件出现问题导致了故障时，才用总成、子系统或整机的故障模式来描述。

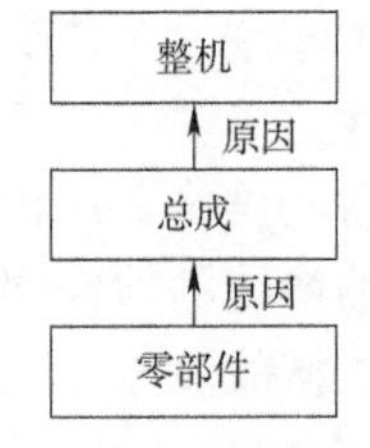

图 1-1 不同层次产品故障模式的因果关系

零部件的故障模式有断裂、磨损、腐蚀、弯曲、老化、泄漏、松动等；总成的故障模式有离合器打滑、转向沉重、变矩器温度过高、异响等；整机的故障模式有性能下降、油耗过高等，可见，越是零部件级的故障模式描述越具体。总之，故障模式的描述要尽量有利于故障的排除和修复。

1.1.3 机械故障的特点

机械故障通常呈现以下特点。

1)多样性

机械故障呈现多样性，有动不平衡振动故障，摩擦、磨损故障，轴承油膜不稳定故障，转子不对中故障，流体激振故障，转子自激振动故障，管道振动故障，零部件磨损、变形和断裂故障，裂纹扩展故障，内部腐蚀故障，密封泄漏故障等。

2)多因素和相关性

机械的零件与零件之间，部件与部件之间通过机械结构的传递来联系，一个零件或一个部件发生故障，会引发其他零件、部件甚至是整台机械的故障。

3)延时性

机械设备运行过程中,零部件不断受到冲击、应力、摩擦、磨损和腐蚀等因素作用,发生振动、位移、变形、疲劳和裂纹扩展,促使机械状态不断劣化。当劣化状态发展到一定程度,就会表现出机械功能失常或者丧失。故障的形成是一个缺陷不断累积、状态不断劣化的、量变到质变的过程。故障形成过程的延时性,促使人们应尽早发现隐患,采取预防措施,减少严重故障所带来的损失。

4)不确定性和模糊性

机械设备运转状态,受到多种环境条件的影响,状态劣化趋势表现各不相同。不仅不同的工艺类型和设备表现出不同的故障类型,即使在相同的生产工艺过程和相同的机械中,也可能因制造、安装、操作状态和管理水平不同,其故障发生的频率、故障的表现形式和特征也不相同。有些复杂的机械系统,即使故障机理清楚,但是由哪些因素导致故障、各种因素影响的程度有多少,也是模糊而难以确定的。

1.1.4　故障的分类

研究角度不同,机械故障的分类也不同。通常有以下几种分类方法。

1)按部件的损坏程度分

按部件损坏程度分,机械故障可分为功能停止型故障、功能降低型故障和质量降低型故障三类。功能停止型故障是指机械零件或机器损坏,丧失了工作能力,如机器不能启动,无法运转;汽车发动机不能起动;工作机构不能工作等。功能降低型故障是指机械虽能工作,但运行时功率降低或油耗增加,如发动机工作过程中功率降低,燃油、润滑油油耗增加;工作机构工作能力降低,工作无力等。质量降低型故障是指机械虽能工作,但在工作中出现漏水、漏油、漏电、异常噪声、喘振、不规则跳动、传动系统大幅度振动等异常现象。如果是生产机械,则生产的产品质量降低。

2)按故障间的相关性分

按照故障之间的相关性分,机械故障分为相关故障和非相关故障两类。相关故障是指由其他零部件的故障所引起的故障,如机油泵故障导致其不供油,进而导致发动机的曲轴轴瓦黏着。这时,轴瓦黏着和机油泵故障属于相关故障。分析相关故障对我们进行故障的隔离和快速有效的维修有指导作用。非相关故障是指不是由其他零部件的故障所引起的故障,如发动机配气机构的故障和变速器的故障无关。

3)按故障的持续时间分

按故障持续时间分,机械故障可为临时性故障和持久性故障两类。临时性故障是机械在很短时间内发生丧失某些局部功能的故障。这种故障发生后不需要修复或更换零部件,只需对故障部位进行调整即可恢复其丧失的功能。持久性故障是机械功能丧失,需更换或修复故障零部件后才能恢复工作能力的故障。

4)按故障是否发生分

按故障是否发生分,机械故障可分为实际故障(功能故障)和潜在故障两类。实际故障是指已经发生的故障,表现为功能的丧失或下降,如油泵不供油、油缸不动作、发动机动力下降等。功能故障是由个别零部件的损坏或失调造成的,需要经过修复才能恢复机械的功能。潜在故障是指机械可能存在故障隐患,如零部件内部出现的裂纹、润滑不良和配合松动。在工作过程中,如果严格执行机械的使用和维修规程,采取有效的故障诊断措施,将能防止潜在故障发展成为实际故障。

5)按故障发生的时间分

按故障发生时间分,机械故障可分为突发性故障和渐进性故障两类。

突发性故障的发生与机械的状态变化以及机械已使用的时间无关,一般是在无明显故障预兆的情况下突然发生。因此,故障的发生具有偶然性和突发性,如由于使用不当或突然超载而引起的故障、油路中异物堵塞导致供油中断、杆件的脆性断裂等。突发性故障的产生是各种不利因素及偶然的外界影响共同作用的结果,这种作用超出了机件或系统能承受的限度。

突发性故障的特征为:

(1)具有偶然性,无法预测。故障的发生时间难以预计,难以用测试或监控的方法进行预料和预防。

(2)在机件正常使用期内,发生故障的概率和使用的时间无关,即不受使用时间的影响而随机发生。

渐进性故障是由于机械质量的劣化,如磨损、腐蚀、疲劳、老化等逐渐发展而成,故障发生的概率与机械的使用时间有关,如汽缸的磨损导致发动机性能的恶化就是一种渐进性故障。机械中大部分的故障属于这类故障。对于这类故障,如果故障发生后易于排除,则可采用事后维修的方式来进行维修;如果不易排除,则需采用连续监测的方式来发现故障。

渐进性故障的特点为:

(1)出现故障的时间是机件有效寿命的后期,即耗损故障期。

(2)故障发生的概率和使用的时间有关。在有效寿命内,机械使用的时间越长,发生故障的概率越大。

(3)可以预防。故障不是突然发生的,相关的性能参数也是逐渐变化的,可以通过仪器进行测试或监控,预防故障的发生。

由于这类故障一般是可预测的,因此,常称这类故障为可监测故障。对于这类故障,可以采用定期维修或状态检测的方式来预防其发生。

6)按故障的主要原因分

按照导致故障的原因分,机械故障可以分为自然故障和人为故障两类。自然故障是由机械系统内、外部环境因素导致的故障。人为故障是由人为因素导致的故障,如使用不当、维护不良、修理不符合技术要求等。分析人为故障可以制订合理的使用、维护、修理规范,延长机械寿命。应当减少自然故障,防止人为故障。

1.2 故障诊断

1.2.1 故障诊断目的及任务

1)目的

机械故障诊断的目的是保证可靠、高效地发挥机械应有功能,具体包括以下几个方面：

(1)保证机械能够在无故障条件下可靠地工作，使机械发挥最大的工作能力，达到最大的工作效率；

(2)保证机械在将有故障或已有故障时，能及时被诊断出来，减少维修时间，提高维修质量，节约维修费用；

(3)保障能够及时、正确地诊断机械的各种异常或故障状态，预防或消除故障，提高机械运行的可靠性、安全性和有效性，使机械故障损失降到最低；

(4)为机械性能评估、结构修改、优化设计、合理制造及生产加工提供有用的数据和信息。

通常，机械的状态可分为正常状态、异常状态和故障状态。正常状态指机械的整体或其局部没有缺陷；或虽有缺陷，但控制在允许限度内。异常状态指缺陷已有一定程度的扩展，机械状态信号发生一定程度的变化，性能已劣化，但仍能维持工作，此时，掌握机械性能的发展趋势尤为重要。故障状态则是指机械性能指标大幅下降，已不能正常工作。

机械的故障状态还有严重程度之分，包括：已有故障萌生，并有进一步发展趋势的早期故障；故障程度尚不严重，机械尚可勉强"带病"运行的一般功能性故障；机械不能运行，须立即停机的严重故障；已导致灾难性事故发生的破坏性故障；由于某种原因瞬间发生的突发性紧急故障等。

2)任务

机械故障诊断的任务是为了掌握其运行状态，包括采用各种检测、测量、监视、分析和判别方法，结合机械的历史和现状，同时考虑环境因素，对机械运行状态进行评估，判断其处于正常状态还是非正常状态，并对机械的状态进行显示和记录，对异常状态进行报警，以便技术人员及时处理，为机械的合理使用和安全工作、性能评估与故障分析提供信息和数据。

具体而言，其任务主要包括：

(1)了解机械运行状态；

(2)判断机械的正常或异常；

(3)显示和记录异常状态并报警；

(4)机械的故障分析和性能评估；

(5)为合理使用和安全工作提供信息和准备基础数据。

机械故障诊断技术是测量机械状态信息、研究机械故障特征、判断机械故障、实现状态监测维修的一门学科。它利用各种仪器对机械状态进行测试，并对测试信号进行分析处理以提取机械的故障信息，据此判断机械的状态。机械故障诊断技术是一门机械专业的综合性应用边缘学科，是机械维修、管理发展的方向。

简单地说，机械故障诊断就是对机械的运行状态作出判断。它一般是在不拆卸机械的情况下，用仪器、仪表获取有关输出参数和信息，并据此判断机械运行状态的一种技术手段。

1.2.2 故障诊断原理

机械的状态检测与故障诊断是从人体疾病诊断演变而来的。机械故障诊断的过程与人体看病的过程相似,图 1-2 所示是机械故障诊断过程与人体看病过程对比。

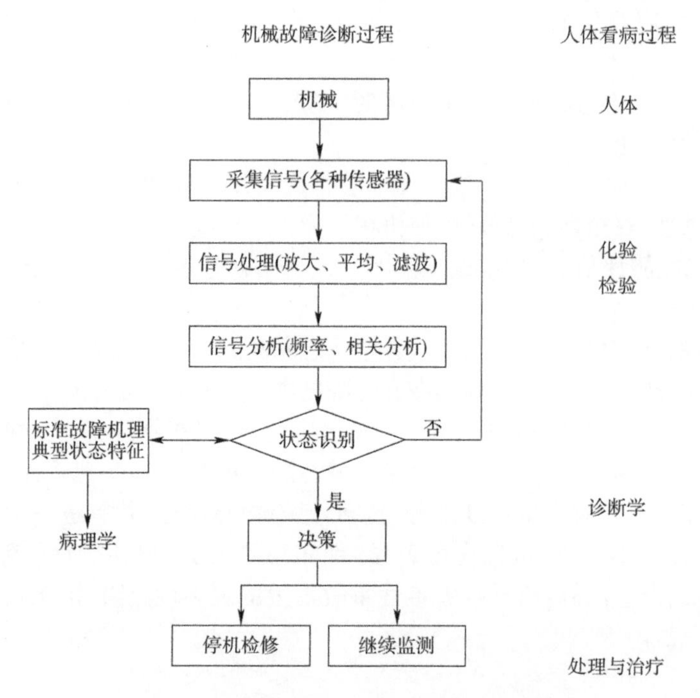

图 1-2　机械故障诊断过程与人体看病过程对比

常用的机械故障诊断包括温度诊断、油样诊断、振动和噪声诊断、声发射诊断、红外诊断、超声波无损探伤等,可对应于人体疾病诊断的体温测量、化验、听心音、心电图、X 光、超声波探伤等诊断方法。表 1-1 是机械故障诊断与人体疾病诊断的对比分析。

机械故障诊断与人体疾病诊断的比较　　表 1-1

人体疾病诊断方法	机械故障诊断方法	原理及特征信息
量体温	温度诊断	观察温度变化
化验(验血、验尿)	油样诊断	观察磨损微粒及其他成分变化
量血压	应力应变测量	观察压力和应力变化
测脉搏、听心音、做心电图	振动和噪声诊断声发射诊断	通过振动和噪声的大小和变化规律来诊断
X 射线、超声波	红外诊断、超声波无损探伤	观察机体内部缺陷

1.2.3　故障诊断过程

机械故障诊断包括以下两个关键过程。

(1)状态信号采集。对运行中的机械进行正确的状态测试,获取合理的状态信号。状态信号是设备异常或故障信息的载体,能够真实、充分地采集到足够数量,并能客观反映诊断对象的状态信号,是故障诊断成功的关键。而状态信号采集的关键则是要确保采集到的信号的真实性。

(2)故障特征提取。采集到的信号是表征机械运行过程中的原始信号,一般故障信息会混杂在大量背景噪声和干扰中。为提高故障诊断的准确性和可靠性,必须采用信号处理技术,排除噪声和干扰的影响,提取有用的故障信息以突出故障特征。

(3)故障模式识别。对提取反映机械故障特征的信息进行分析、比较和识别,判断机械运行中有无异常,进行诊断。若发现故障,则判明故障位置和故障原因。

(4)未来状态预测。当识别出机械状态异常或故障后,必须进一步对机械异常或故障的原因、部位和危险程度进行评估,即根据所得信息,预测机械运行状态和发展趋势。

1.2.4 诊断信息及常用诊断技术

1)诊断信息

机械故障一般发生在机械内部,而诊断是在不拆卸机械的情况下进行的,那么,内部故障如何在外部信息中反映出来,这就涉及机械的状态信息(参数)和诊断信息(参数)。

以发动机为例(图1-3)来说明机械的状态参数和诊断参数。对于发动机,它有三种信息参数,即输入参数、输出参数和二次效应参数。输入参数有蓄电池电压、燃油量、空燃比等;输出参数有发动机输出转矩、输出转速等;二次效应参数则有机械振动、温升、磨损物和声响等。其中,输入参数、输出参数、二次效应参数都反映了机械的运行状态,统称为机械的状态参数(状态信息),而能反映机械某种故障特征的状态参数称为机械的诊断参数(诊断信息)。

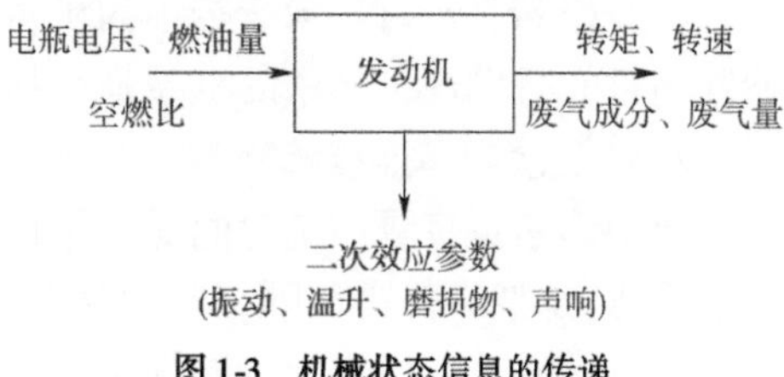

图1-3 机械状态信息的传递

2)常用诊断技术

要进行机械的状态检测与故障诊断,首先要获取机械运行过程中的诊断信息,常用的方法有直接观察法、振动和噪声测量法、磨损残余物测量法和机械性能指标测量法等。

(1)直接观察法。

对机械进行直接观察和直接测量可以获得机械运行状态的第一手资料。直接观察是通过人的感观(手摸、耳听、眼看)或借助于一些简单仪器(光学内孔检查仪、热敏涂料、裂纹着色渗透剂等)直接观察机械的工作状态。直接测量就是利用一些简单方法、简单仪表和仪器(如超声波探测仪、红外测温仪等)直接测量机械零件的性能状况,如通过直接测量管壁的厚度了解管壁的腐蚀情况,直接测量发动机气门间隙了解气门间隙是否正常等。这类方法只局限于能够直接观察和测量到的机械或零部件。

(2)振动和噪声测量法。

振动和噪声是机械运行过程中的重要信息,运行机械和静止机械的主要区别就是运行过程中机械产生了振动和噪声,而且机械的振动和噪声越大,说明机械性能越差、工作状态越差。

(3)磨损残余物测量法。

机械中使用过的润滑油中磨损残余物及其他杂质的形状、大小、数量、粒度分布及元素组成反映机械零件(轴承、齿轮、活塞环、汽缸套等)在运行过程中的磨损程度和磨损类型。

(4)机械性能指标测量法。

机械的性能指标反映了机械的工作状态和工作性能,可用来判断机械的故障。机械性能测量包括整机性能测量和零部件性能测量。整机性能测量是测量机械的输出,如功率、转速等;或测量机械输出与输入之间的关系,如功率与油耗关系等。零部件性能测量是测量关键零部件的性能,如应力、应变等。

1.2.5 故障诊断的分类

机械故障诊断的分类方法有很多,下面主要按诊断的目的要求来进行分类。

1)功能诊断和运行诊断

功能诊断是针对新安装或刚维修后的机械,检查它们的运行工况和功能是否正常,并根据检测和判断的结果对其进行调整。如发动机安装或修理好后需进行功能诊断,其主要目的是观察机械能否达到规定的功能。

运行诊断是针对正常运行中的机械,监视其故障的发生和发展而进行的诊断。运行诊断的目的是发现工作中的机械是否存在异常,以便及早发现和排除故障。

2)定期诊断和连续诊断

定期诊断是每隔一定时间对工作状态下的机械进行常规检查和测量诊断。它不同于定期维修,定期维修是每隔一定的时间,不管机械的状态如何,都要对机械进行维护修理,更换关键零部件。而定期诊断则是每隔一定的时间对机械进行测量和诊断,若诊断中发现机械有故障,才进行修理。

连续诊断是采用仪器及计算机信号处理系统对机械的运行状态进行连续的监视或检测,故又称连续监测、实时监测或实时诊断。

对于一台机械,究竟采用哪种诊断方法,主要取决于以下因素:

(1)机械的重要程度,以及零部件的关键程度;

(2)机械产生故障后对整个系统影响的严重程度;

(3)运行中机械性能下降的快慢;

(4)机械故障发生和发展的可预测性。

选择定期诊断或连续监测的条件见表1-2。

选择定期诊断或连续监测的条件 表1-2

性能下降速度	故障类型	
	故障不可预测	故障可预测
快	连续监测	定期更换
慢	定期诊断	定期诊断

3)直接诊断和间接诊断

直接诊断是直接确定关键零部件的状态,如轴承间隙、齿轮齿面磨损、轴或叶片的裂纹、腐蚀环境下管道壁厚的测量等。直接诊断迅速而可靠,但往往受到机械结构和工作条件的限制,一般用于机械中易于测量的部位。

间接诊断是利用机械产生的二次信息来间接判断机械中关键零部件的状态变化,如用润滑油的温升反映主轴承的磨损状态;用振动、噪声反映机械的工作状态等。由于二次信息属于综合诊断信息，故在间接诊断中可能出现伪警或漏检。

4）简易诊断和精密诊断

简易诊断是用比较简单的仪器、方法对机械总的运行状态进行诊断，给出正常或异常的判断，相当于人的初级健康诊断。简易诊断简单易行，方法比较成熟，目前应用较为普及。简易诊断主要用于机械性能的监测、故障劣化趋势分析及早期发现故障等。

精密诊断是针对简易诊断中判断为大概有异常的机械，进一步采用较精密的仪器进行专门的诊断，其目的是进一步了解机械故障发生的部位、程度、原因，预测故障发展趋势。简易诊断与精密诊断的关系就好像护士与专科医生之间的关系，图1-4展示了两者之间的关系。

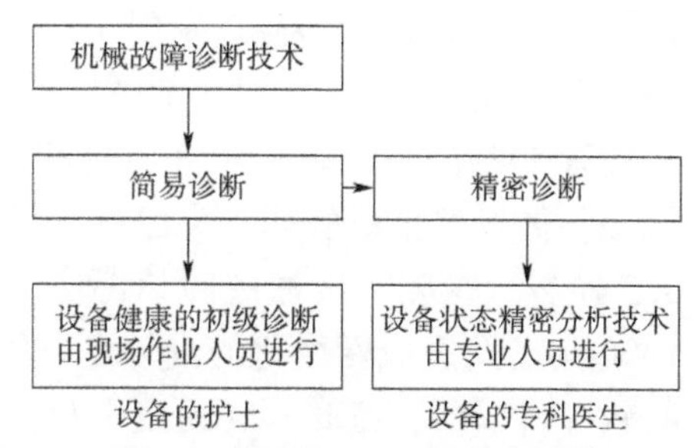

图1-4 简易诊断与精密诊断的关系

5）在线诊断和离线诊断

在线诊断是对现场正在运行中的机械进行的自动实时诊断。离线诊断是通过记录仪或计算机将现场测量的状态信号记下，带回实验室再结合诊断对象的历史档案做进一步分析和诊断。

6）常规诊断和特殊诊断

常规诊断是在机械正常工作条件下采集信息进行的诊断。大多数情况下的诊断都属于常规诊断。特殊诊断是创造特殊的工作条件采集信号进行的诊断，例如，机械的转轴在起动和停机过程需通过转轴的几个临界转速，采集机械转轴在起动和制动过程中的振动信号是诊断故障所必需的，而这些信号在机械常规诊断中是采集不到的，因此，需要进行特殊诊断。

1.2.6 故障诊断技术的历史及发展趋势

机械故障诊断技术的发展历程，从时间进程看，以20世纪80年代为界限，此前为机械故障诊断技术的起步阶段，此后为故障诊断技术的成熟和实用阶段；从技术的发展历史看，分为以传感器技术和动态测试技术为基础、以信号处理技术为手段的常规技术阶段和以知识处理为核心的智能化阶段。

对机械进行故障诊断，自有工业生产以来就已存在。早期人们依据对机械的触摸，对声音、振动等状态特征的感受，凭借工匠的经验，来判断某些故障的存在，并提出修复的措施，如有经验的工人常利用听音棒来判断旋转机械轴承及转子的状态。但是，故障诊断技术作为一门学科，则是20世纪60年代以后才发展起来。它是20世纪60年代开始起步、20世纪70年代逐步完善、20世纪80年代进入实用的一门发展极为迅速的综合性应用学科。

机械故障诊断首先应用于航空航天事业，而后才应用于一般机械。最早开展故障诊断技术研究的是美国。美国于1961年开始执行的阿波罗计划出现了一系列设备故障，1967年在美国宇航局（NASA）倡导下，由美国海军研究室（ONR）主持的美国机械故障预防小组（MFPG）专门从事故障诊断技术的研究和开发。1971年，MFPG划归美国国家标准局(NSB)领导,成为一个官方组织。此外,美国机械工程师学会(ASME)领导下的锅炉压力容器监测中心(NBBI)对锅炉压力容器和管道等设备的诊断技术做了大量研究,制订了一系列有关静态设备设计、制造、试验和故障诊断及预防的标准规程,并研究推行设备的声发射(Acoustic-mission)诊断技术。其他,如 Johns Mitchell 公司的超低温水泵和空压机监测技术、SPIRE 公司的军用机械的轴与轴承诊断技术、TEDECO 公司的润滑油分析诊断技术等都在国际上具有特色。在航空运输方面,美国在可靠性维修管理的基础上,对飞机状态进行大规模的检测,发展了应用计算机的飞行器数据综合系统(AIDS),利用大量飞行中的信息来分析飞机各部位的故障原因,并发出消除故障的命令。这些技术普遍用于波音 747 和 DC9 这一类大型客机,大大提高了飞行的安全性。统计显示,全世界班机的每亿旅客公里的死亡率已从 20 世纪 60 年代的 0.6 左右下降到 20 世纪 70 年代的 0.2 左右。在旋转机械故障诊断方面,首推美国西屋公司,它从 1976 年开始研制,到 1990 年已发展成网络化的汽轮发电机组智能化故障诊断专家系统,其三套人工智能诊断软件(汽轮机 Turbin AID,发电机 Gen AID,水化学 Chem AID)共有诊断规则近 1 万条,对西屋公司所产机组的安全运行发挥了巨大作用,取得了巨大的经济效益。另外,还有以 Bentley Navada 公司的 DDM 系统和 ADRE 系统为代表的多种机组在线监测诊断系统等。

英国在 20 世纪 60 年代末 70 年代初,以 R. A. Collaeott 为首的英国机械保健中心(U. K. Mechanical Health Monitoring Center)最先开展故障诊断技术的研究。1982 年,曼彻斯特大学成立了沃福森工业维修公司(WIMU)、Michael Zealand Associate 公司等几家公司,担任政府的顾问、协调和教育工作,开展了咨询、制订规划、合同研究、业务诊断、研制诊断仪器、研制监测装置、开发信号处理技术、教育培训、故障分析、应力分析等业务活动。在核发电方面,英国原子能机构(UKAEA)下设一个系统可靠性服务站(SRS)从事诊断技术的研究,包括利用噪声分析对炉体进行监测,以及对锅炉、压力容器、管道的无损检测等,起到了英国故障数据中心的作用。在钢铁和电力工业方面,英国也有相应机构提供诊断技术服务。

如果说美国在航空、核工业以及军事部门中故障诊断技术占有领先地位,那么日本在某些民用工业,如钢铁、化工、铁路等部门发展得很快,占有某种优势。日本密切注视世界性动向,积极引进消化最新技术,努力发展自己的诊断技术,研制自己的诊断仪器。例如,1970 年英国提出了设备综合工程学后,日本设备工程师协会紧接着在 1971 年开始发展自己的全员生产维修(TPM),并每年向欧美派遣“设备综合工程学调查团”,了解故障诊断技术的开发研究工作。日本机械维修学会、计测自动控制学会、电气学会、机械学会也相继设立了自己的专门研究机构。在这些国立研究机构中,机械技术研究所和船舶技术研究所重点研究机械基础件的诊断技术。东京大学、东京工业大学、京都大学、早稻田大学等高等学校着重基础性理论研究。其他民办企业,如三菱重工、川崎重工、日立制作所、东京飞利浦电气等以企业内部工作为中心开展应用水平较高的实用项目。例如,三菱重工在旋转机械故障诊断方面开展了系统的工作,所研制的“机械保健系统”在汽轮发电机组故障监测和诊断方面起到了有效的作用。

机械诊断技术在欧洲其他一些国家也有很大进展,它们往往在某一方面具有特色或占领先地位，如瑞典的 SPM 轴承监测技术、挪威的船舶诊断技术、丹麦的振动和声发射技术等。

我国于 1983 年发布了《国营工业交通设备管理试行条例》，1987 年国务院正式颁布了《全民所有制工业交通企业设备管理条例》，该条例规定："企业应当积极采用先进的设备管理方法和维修技术，采用以设备状态检测为基础的设备维修方法"，其后，冶金、机械、核工业等部门还分别提出了具体实施要求，使我国故障诊断技术的研究和应用在全国普遍展开。自 1985 年以来，由中国设备管理协会设备诊断技术委员会、中国振动工程学会机械故障诊断分会和中国机械工程学会设备维修分会分别组织的全国性故障诊断学术会议已先后召开十余次，后单独成立了全国性机械故障诊断学会，并于 1998 年 10 月召开了第一届全国诊断工程技术学术会议，这些都极大地推动了我国故障诊断技术的发展。现在全国已有许多单位开展设备故障诊断技术的研究工作。全国各行业都很重视在关键设备上装备故障诊断系统，特别是智能化的故障诊断专家系统，其中突出的有电力系统、石化系统、冶金系统以及高科技产业中的核动力电站、航空部门和载人航天工程等。一些高等院校也培养了一批以设备故障诊断技术为专业方向的硕士研究生和博士研究生。我国的故障诊断事业正在蓬勃发展，将在我国经济建设中发挥越来越大的作用。

目前，各种以计算机为主体的自动化诊断系统问世并投入了使用，反映了当前故障诊断技术发展的主要方向。

(1)诊断装置系统化。为实现诊断自动化，把分散的故障诊断装置系统化与电子计算机相结合，实现状态信号采集、特征提取、状态识别自动化，能以显示、打印绘图等各种方式自动输出机器故障"病历"——诊断报告。目前，虚拟仪器技术的开发为诊断装置的系统化提供了非常有利的条件。

(2)故障诊断智能化。故障诊断的专家系统是一种拥有人工智能的计算机系统，它不但具有系统诊断的全部功能，而且还将许多专家的经验和思想方法同计算机的巨大的存储、运算和分析能力相结合，组成共享的知识库。利用人工神经网络、遗传算法及专家系统组成的智能化专家系统是故障诊断专家系统的高级形式，是故障诊断发展的必然趋势。

(3)机电液诊断一体化。科学技术高度发展的今天，先进的机械不再是一个简单的物理运动的载体，而是一个集机械、电子、计算机、液压等于一体的大型复杂机械。由于现代大型复杂机械高昂的研制代价以及发生故障后造成的灾难性后果，对其可靠性的要求非常严格，但严重事故仍然时有发生。因此，集机电液一体化的故障诊断技术受到了机械领域科研人员的高度重视，并得到迅速发展。

(4)多源状态信息融合化。各种监测手段、诊断和控制方法大多利用单一信息源数据对机械某一类特定故障实施诊断和控制，缺乏对多源多维信息的协同利用、综合处理，也未能充分考虑诊断对象的系统性和整体性，因而，在可靠性、准确性和实用性方面都存在着不同程度的缺陷。近年迅速发展起来的多源信息融合技术，是研究对多源不确定性信息进行综合处理及利用的理论和方法。目前，该技术已成功地应用于众多的领域，其理论和方法已成为智能信息处理及控制的一个重要研究方向。

信息融合技术的发展和应用也为机械故障诊断注入了新的活力,使基于多传感器或多方法综合的故障诊断技术具备了系统化的理论基础和智能化的实现手段。以传感器技术和现代信号处理技术为基础,以信息融合技术为核心的智能诊断技术代表了未来故障诊断技术的重要发展方向。

(5)故障诊断远程化。远程故障诊断技术就是将机械故障诊断技术与"物联网"等计算机网络技术相结合,在各种机械上设置状态检测点,采集机械运行过程中的实时状态数据。同时,在技术力量较强的科研单位建立诊断中心,对设备运行进行分析诊断。远程故障诊断与维护的实现,可以使机械的故障诊断更加灵活方便,容易实现资源共享。

第2章 油样诊断

据统计,零部件的磨损失效是机械中最常见、最主要的失效形式,占机械失效故障的80%。摩擦还消耗大量的能量,据估计,耗损于摩擦、磨损的能量占总能源的1/3～1/2。因此,为了减少机械摩擦、磨损及发热,减少失效,需在机械运动副之间加入润滑油。零件相互摩擦产生的磨损微粒进入润滑油中将加速机械的磨损。如果机械运行正常,则在润滑油中只会检测到少量微小的正常磨损微粒;如果润滑油中出现了大量异常颗粒,则表示机械某一部分存在异常磨损。因此,通过油液能诊断机械运行状态的优劣。

2.1 油样诊断简介

按摩擦表面破坏机理与特征来分,常见的磨损形式有磨料磨损、黏着磨损、疲劳磨损、腐蚀磨损等。机械的磨损状况不仅由运动副的性质决定,而且与加入运动副表面之间的润滑油的质量有关。一方面,运动副相互摩擦,产生磨损微粒进入润滑油中;另一方面,润滑油本身还含有空气及其他污染源带来的污染物质。大量的、极小的磨损微粒和污染物质悬浮在润滑油中,并随润滑油进入润滑系统的各个部位。当污染程度超过规定的限值时,就会影响机械和油液的正常工作,使机械磨损严重,引起振动、发热、卡死、堵塞,导致机械性能下降、寿命缩短,造成机件损伤、动作失灵,进而引起整个机械系统故障。显然,油液系统中被污染的油液带有机械运行状态的大量信息。

2.1.1 油样诊断过程

油样诊断技术是指通过分析油液中磨损微粒和其他污染物质,了解系统内部磨损状态,从而判断机械内部故障的一种方法。具体地说,油样诊断技术是通过分析机械使用过的油液中污染产物——磨损微粒的形状、大小、数量、粒度分布及元素组成,对机械工况进行监测,判断其磨损类型、磨损程度,预测机械磨损过程的发展及剩余寿命,确定维修方针和决策的一门技术。它是在不停机、不解体的情况下对机械进行状态监测和故障诊断的重要手段。特别是对于低速回转机械和往复机械,利用其他监测方法对其进行监测往往有一定的困难,油样诊断则成为一种较为有效的手段。同样,对于工作环境受到限制,或者背景噪声较大的场合,油样污染收集较为方便,也不失为一种可取的诊断方法。

采用油样诊断技术不仅可以获得机械润滑与磨损状况的信息,还可用于研究机械中运动副的磨损机理、润滑机理、磨损失效类型;通过对油液性能的分析及油液污染程度的判定,可为确定合理的磨合规范及换油周期提供依据。

机械油样诊断过程如下。

(1)采样。从机器中抽取使用过的、能反映机器运行状态的油样。

(2)检测。采用适当的方法对油样进行检测,主要检测油样中含有哪些元素,以及这些元素颗粒的形状、大小、数量和从大到小的粒度分布等。

(3)诊断。根据油样检测结果进行判断,主要诊断机器有无故障,若有故障,则判断故障的类型及故障的程度如何。

(4)预测。进一步对机械进行预测,主要预测其剩余寿命及故障形式。

(5)处理。主要确定维修方针、维修时间及需要更换的零部件等。

2.1.2 零件磨损各阶段的磨损微粒特征

图 2-1 为零件典型的磨损曲线图,图 2-1a)的纵轴为磨损微粒粒度和浓度分布,横轴为工作时间;图 2-1b)的纵轴为累计总磨损量,横轴为工作时间。图中区域Ⅰ为跑合过程,也称初始磨损过程;Ⅱ为正常磨损过程;Ⅲ为磨损失效过程,也称加速磨损过程。

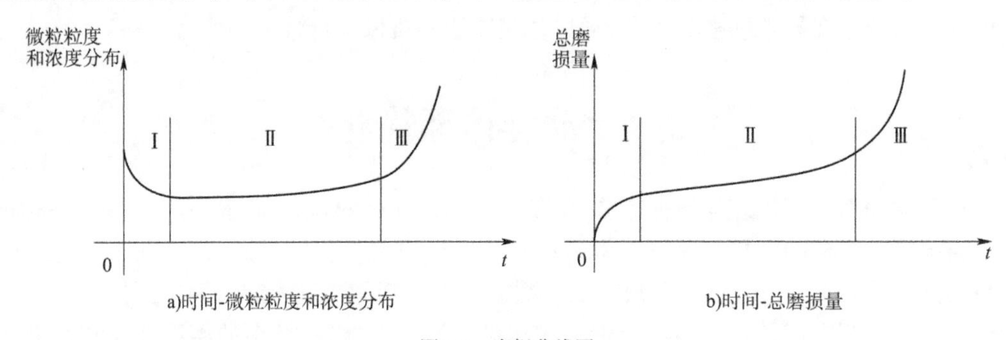

图 2-1 磨损曲线图

Ⅰ-跑合区(初始磨损区);Ⅱ-正常磨损区;Ⅲ-磨损失效区(加速磨损区)

三个过程中,油液中的磨损微粒分别具有以下特点。

(1)跑合阶段,加工中残留下来的大尺寸微粒及其配合表面初期磨损产生的微粒在运动过程中被碾碎,并由过滤器滤掉,因此,油液中微粒尺寸和浓度随时间的增加而减小,但总磨损量随时间增加而增加。跑合过程是机械早期故障的高发期,因此,一般新机器在出厂前都要求进行跑合试验或试运转以消除早期故障。正常情况下,在发动机加满新机油,工作 120~150h 后,机油中铁元素的浓度将稳定在某一水平。

(2)正常磨损阶段,系统中微粒尺寸和数量几乎保持不变。正常状态的磨损微粒是表面光滑的小薄片状,数量较少,一般该状态能维持一段相当长的时间。

(3)磨损失效阶段,系统产生的磨损微粒尺寸和浓度骤然增大。这是由于产品在长期使用后,性能下降,各种缺陷导致磨损量增加。

因此,运行过程中产生的磨损微粒记录着机械跑合和磨损的历史,磨损微粒在数量、形态、尺寸、表面形貌、粒度分布及增长速度上反映和代表着不同的磨损类型。

2.1.3 油样诊断的判别标准

表 2-1 列出了油液中含有的典型磨损微粒形态及产生原因。根据磨损微粒及其他杂质的形状、粒度、颜色,可以初步判断机械的磨损类型。

油液中含有的典型磨损微粒形态及产生原因　　表 2-1

名　　称	形　　状	粒度(μm)	颜　　色	原　　因
正常磨损微粒		1～15	金属色	正常运动时形成剪切复合层剥离出正常磨损微粒
疲劳磨损微粒		15～150	金属色	因传动装置表面疲劳磨损而剥落
球状磨损微粒		1～5	中央白而发光(反射光)	在滚动轴承内裂纹中流动的油形成的球形磨损微粒
切削磨损微粒		长度 $L=3\sim200$ 宽度 $W=2\sim5$	金属色	因硬质颗粒混入或零件表面硬质颗粒脱落而导致的切削磨损

1)判别标准的确定

在工程实际中,主要以实测磨损曲线中磨损微粒尺寸和浓度的变化速度作为机械失效的判别界限(图 2-2)。当磨损曲线变化比较平缓时,认为机械运行正常;当实测磨损曲线迅速增加时,认为机械进入了快速磨损的失效期。

这种方法相对简单,但每台被测机械必须有完整的工作过程磨损曲线才能进行判断。因此,实际工作中,常根据同类机械磨损情况来给出判别界限。在判别曲线中,设置三个判别界限,分别为基准(良好)线、注意(监督)线和危险(故障)线(图 2-3)。

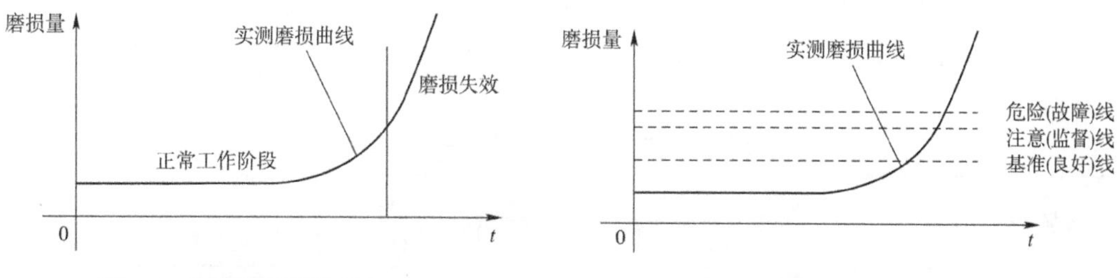

图 2-2　确定判别界限方法之一　　图 2-3　确定判别界限方法之二

当实测磨损曲线在注意(监督)线以下,特别是在基准(良好)线以下时,认为机械运行正常;当实测磨损曲线达到注意(监督)线时,则应引起高度重视,缩短监测时间,对于重要的机械,甚至可进行实时监测;当实测磨损曲线到达危险(故障)线时,则应立即停机进行检修,避免故障进一步发展。

而在实际工作中,确定判别界限一般有两种方法。

(1)对于几台相同机械工作的情况,可以通过测量几台机械在跑合和正常工作过程中磨损微粒尺寸或磨损微粒浓度制订标准曲线。选取跑合后进入稳定运行时各机械磨损量的平均值为基准(良好)线;取各台机械跑合过程中磨损极大值的平均值为注意(监督)线;取各机械跑合过程中磨损最大值为危险(故障)线(图 2-4)。

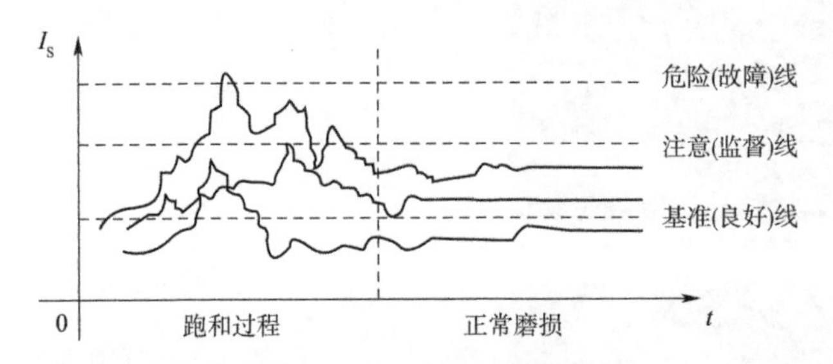

图 2-4 确定判别界限方法之三

(2)对于只有一台机械工作的情况,取机械正常磨损的平均值为基准(良好)线;取基准线以上 2σ 的值为注意(监督)线;取基准线以上 3σ 的值为危险(故障)线(图 2-5)。其中,σ 是磨损量均方根值,它反映了数值离开平均值的离散程度。

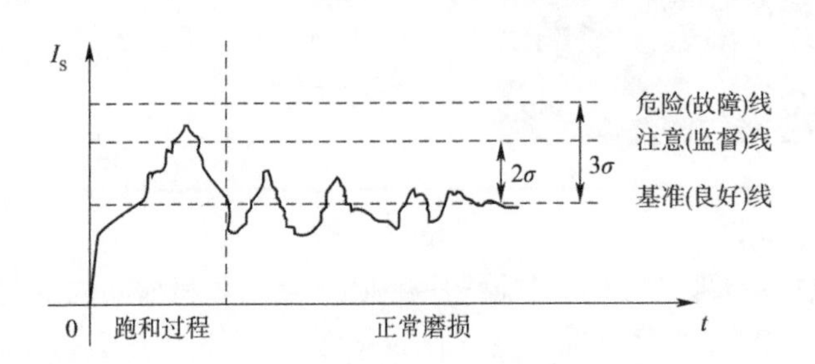

图 2-5 确定判别界限方法之四

2)定量判别标准

定量判别标准又可分为绝对和相对两种。绝对定量判别标准是根据各类机械实际情况制定出每类机械油液中所允许的各种元素的最大量作为判别界限。实测时,当同类机械系统中的各种元素含量达到界限时,则认为该机械即将产生故障。

表 2-2 是机械润滑油中金属元素含量的判断标准值。表 2-3 中所列为机械中主要元素的允许界限。

机械润滑油中金属元素含量的判断标准值 表 2-2

磨损状态	金属元素含量(mg/L)					
	Fe	Cu	AL	Cr	Si	Pb
正常	~45	~15	~8	~5	~20	~25
注意	46~95	16~45	9~16	6~25	21~40	26~80
异常	>96	>46	>17	>26	>41	>81

国外机械磨损界限 表2-3

系 统	元 素	允许界限(mg/L)
发动机	Fe	50
	Al	10
	Si(硅、二氧化硅)	15
	Cu	10
	Cr	5
	Pb	可变
	Na	有Na表明有水或防冻液漏损
传动轴	Fe	50~200
	Al	10
	Si	20~50
	Cu	100~500
	Mg	可变
后桥传动	Fe	100~200
	Si	20~50
	Cu	50
差动装置	Fe	40~500
	Si	20~50
	Cu	50
液压系统	Si	10~15

若测量值在正常范围内,则认为机械性能良好;在注意范围时提醒人们引起注意,这时应缩短测量周期,以防进入失效状态;当进入异常状态时,则说明机械磨损严重,即将发生故障或已经发生故障,必须立即停机检修,否则,可能导致机械乃至整个系统发生无法修复的失效。

除用油液中元素含量大小作标准外,还可以用实测含量与其正常状态时含量的倍数比来判断。正常状态的含量是指刚工作的新油中各元素的含量,倍数比是指使用过的油液中元素含量与刚工作的新油中元素含量之比。表2-4是常见元素按含量倍数的判别界限。

常见元素按含量倍数比的判别界限 表2-4

磨损程度	含量为正常时的倍数(倍)	
	Cr	Al/Cu/Fe/Si
正常	2~3	1.25~1.5
注意	3~5	1.5~2
异常	>5	2~3

2.2 油样磁塞检测

磁塞检测技术是机械油样诊断技术之一,也是最简单、最常用的一种油样分析技术。它通过在润滑系统中安装磁塞,用磁塞来收集机件运动中产生的铁磁性磨损微粒,确定机械磨损状况。

2.2.1 磁塞的结构和工作原理

磁塞由一单向阀配以磁性探头组成。图2-6是磁塞的结构及工作示意图。图2-7为ELESA牌磁塞的外形图。工作过程中，润滑油通过磁塞阀体的开口流过磁塞，润滑油中的磁性磨损微粒被磁性探头吸聚，随着时间的推移，被磁性探头吸聚到的磨损微粒越来越多，当达到规定的时间间隔时，取出磁性探头，测量探头上所收集到的磨损微粒。

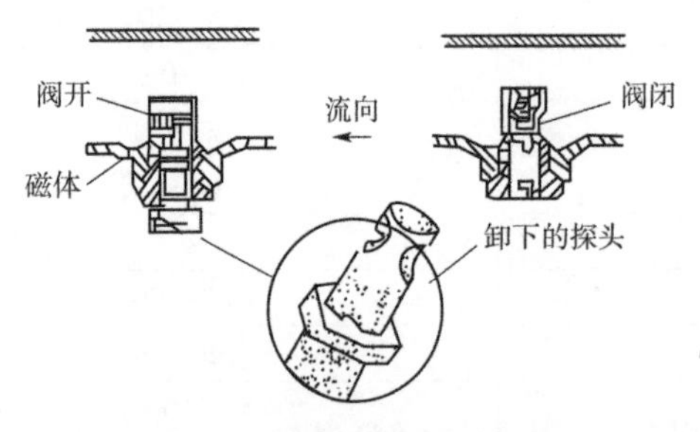

图2-6 磁塞的结构及工作示意图

图2-7 ELESA牌磁塞外形图

磁塞尽量安装在靠近需要测量的磨损零件附近，一般安装在润滑系统中管道的底部或油箱底部。在实际工作中，为了借助离心力更多地吸聚磨损微粒，通常将磁塞安装在管道弯曲部位的外侧。此外，安装磁塞时，应不影响原管路中油的流动；卸下磁性探头时，磁塞阀口应无泄漏。

每隔一定的时间，将磁性探头取出，用强磁针对磁塞收集到的磨损微粒进行测量，根据磨损微粒数量的变化来分析机械零件的磨损动向。同时，还可用显微镜观察磨损微粒形态，确定机械零件的磨损状况。磁塞检测中使用的显微镜一般为10～40倍的普通显微镜。

磁塞检测结构简单、使用方便，可以得到磨损微粒含量和磨损微粒形态两种信息。但磁塞检测也有一些缺点：磁塞检测仅适用于铁磁性物质，对其他非磁性物质不起作用；磁塞检测只能吸附较大颗粒（大于50μm）的铁磁性磨损微粒，小颗粒的磨损微粒因其磁矩小不易收集；当润滑油中磨损微粒多或检测间隔过长，磁性探头的磁能达到饱和状态时，就失去了吸附磨损微粒的作用，得到的信息将不正确；磁性探头必须经常更换，一般连续使用25～27h就须更换测量一次，基本上每天需要测量一次，比较烦琐。

2.2.2 磁塞的应用

磁塞在飞机发动机轴承等的润滑系统上使用广泛。在机械齿轮箱中安装磁塞可用来测量齿轮、轴及轴承的磨损状态。图2-8所示是在燃气轮机的润滑系统中安装磁塞，用来控制和监测四个主轴承及增速齿轮等关键零部件磨损状态。图中，在需要监测的零部件的相应通路中均安装磁塞，并在整个回路上安装全流道残渣敏感器。

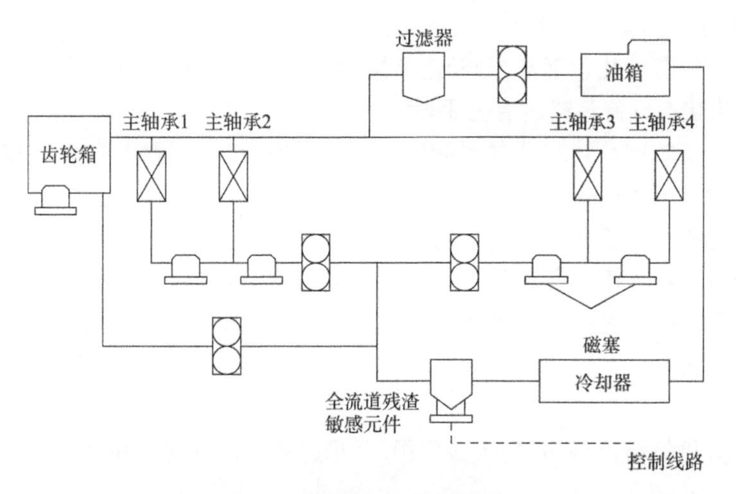

图 2-8　润滑系统中磁塞安装图

图 2-9 是全流道残渣敏感器的示意图,它主要由敏感阀体和磁塞两大部分组成,其工作原理是:当润滑油沿阀体壁进入残渣敏感器时,由于油流方向的改变及冲击力、离心力的作用,润滑油中的磨损微粒及其残渣更容易落入底部被磁塞吸附,油液则从上面的出油口流出。残渣敏感器的作用是当回路中产生较多的残渣时,使与敏感器连接的电气控制线路立即开始动作,以使主机停止运行。

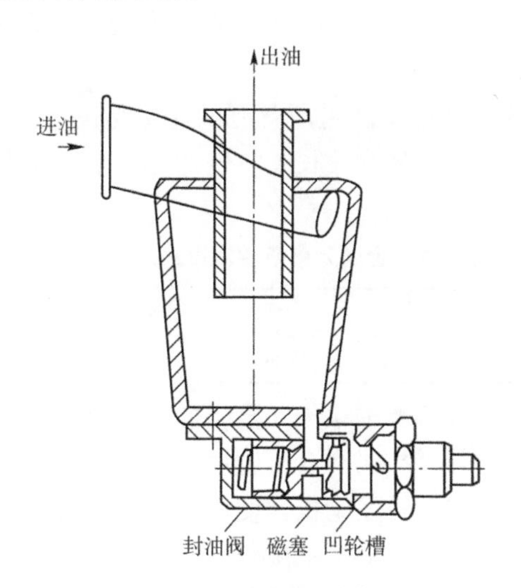

图 2-9　全流道残渣敏感器

2.3　油样光谱分析

油样光谱分析是利用油样中所含各种金属元素原子的电子,在原子内能级间跃迁过程中产生的特征谱线,来检测是否有某金属元素的存在,而特征谱线的强弱又表示金属元素的含量。通过检测油样中所含金属元素的种类和浓度,可推断磨损部位及磨损严重程度,从而判断机械内部的故障。

油样光谱分析具有以下特点：

(1)光谱分析自动化程度高,分析速度快,检测可靠,能同时进行多元素分析,是预防机械事故、实施状态维修策略的有力手段;

(2)光谱分析效率高,40s 内便可测定一个油样中 10 种元素的含量,一般一台仪器可承担 500 台机械监测任务;

(3)光谱分析可用于各种有色金属和黑色金属检测;

(4)光谱分析能检测的微粒尺寸小于 10μm,特别对 0.01 ~ 1μm 级的磨损微粒分析效率高,这在早期故障预测中相当重要,但光谱分析在探测较大颗粒时灵敏度不高;

(5)光谱分析获得的信息主要是磨损元素种类和含量,不能获得磨损微粒形态和大小信息;

(6)光谱分析仪器价格昂贵,实验费用高,难以在生产现场使用。

2.3.1 油样光谱分析原理

任何物质都是由原子组成的,原子又是由原子核和绕核运动的电子组成的。每个电子处在一定的能级上,具有一定的能量。正常状态下,原子处于稳定状态,具有最低的能量,这种状态称为基态。基态原子受到外界热、电弧冲击、光子碰撞或光子照射时,吸收一定的能量,核外电子就会跃迁到更高的能级,这时的原子处于激发态。激发态原子很不稳定,存在时间在 10^{-8}s 左右,很快会从激发态跳回基态,这时,多余的能量就会以光的形式辐射出来。

每一种元素的原子的核外电子轨道所具有的能级是一定的,它在从基态到激发态的跃迁过程中吸收或辐射光子的能量和波长是特定的。表 2-5 列出了各种主要金属元素所激发出的光谱波长。

各种主要金属元素所激发出来的光谱波长 表 2-5

元素	铁	铝	铜	铬	锡	铅	钠
光谱波长(Å)	3720	3092	3247	3579	2354	2833	5890

机械中使用过的油液中含有各种化学元素,它们来源于由相应材料制成的零件,如柴油机主轴瓦、连杆轴瓦的材料是铅、锡合金,其主要成分是铅和锡;柴油机曲轴轴颈由球墨铸铁材料铸成,球墨铸铁中含有镁;发动机常使用铝制活塞;连杆小头衬套由锡青铜制成,其主要成分是铜和锌。表 2-6 中列出了机械润滑油中常含有的各种元素及其相应来源。

机械润滑油中含有的各种元素与相应来源 表 2-6

元　素	来　源
铅、锡	灰尘和空降污物、轴瓦
硼砂、钾、钠	冷却液、防腐剂残渣
钙、钠	盐水残渣
锌、钡、钙、镁、磷	发动机机油添加剂
铁	汽缸、轴或轴颈、齿轮、滚动轴承、活塞环
铝	活塞、轴瓦

续上表

元　素	来　源
铜	衬套、推力轴承、冷却液渗入
锌	黄铜零件、含锌添加剂
硅	尘埃渗入、硅润滑剂
铬	镀铬活塞环、滚动轴承

因此,用仪器测出油液中磨损微粒的原子所吸收或发射光子的波长,就可知道润滑油中所含元素的种类,从而确定磨损材料,找到磨损源;测出该波长光子的光密度强弱,就可知道润滑油中含有该元素的数量,进而判断零件磨损严重程度。当油液中含有的金属元素含量迅速增加时,则意味着该元素组成的零件正在急剧磨损。

2.3.2 光谱分析仪器

光谱分析仪器也称光谱仪。根据油液中磨损微粒的原子是吸收还是发射光谱波长,可将油样光谱分析分为原子吸收光谱分析、原子发射光谱分析和等离子体发射光谱技术等。

1)原子吸收光谱分析技术

原子吸收光谱(Atomic Absorption Spectroscopy,AAS)分析技术是将待测元素的化合物或溶液在高温下进行试样原子化,使其变为原子蒸气。当光线发射出的一束光穿出一定厚度的原子蒸气时,光线的一部分将被原于蒸气中待测元素的基态原子吸收,检测系统测量特征辐射线减弱后的光强度,根据光吸收定律求得待测元素的含量。此法具有灵敏度高、使用范围广、需样品量少、速度快等优点,在地质、冶金、机械、化工等多个领域有广泛的应用,但多元素同时测定困难。

图2-10是原子吸收光谱仪的工作原理图。试样被吸入燃烧头,经火焰加热成蒸气而原子化(低能原子)。元素灯发射的某一特定波长的光束穿过火焰时,被基态原子(低能原子)所吸收,变成高能原子。仪器检测出系统吸光度并表示成元素的浓度。

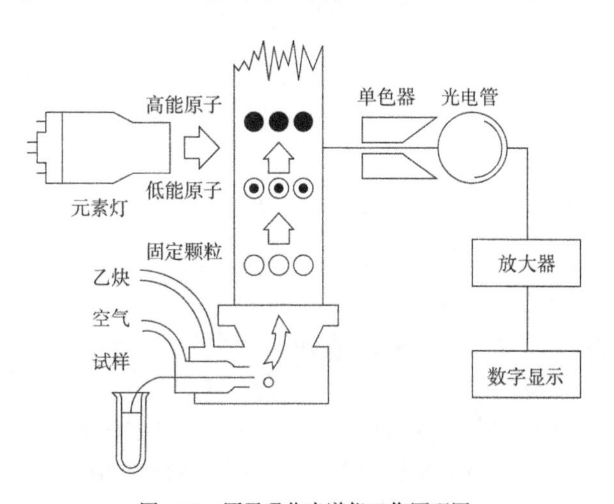

图2-10　原子吸收光谱仪工作原理图

2)原子发射光谱分析技术

原子发射光谱(Atomic Emission Spectrometry,AES)分析技术是利用不同元素的物质受到强光源激发后发出不同波长的光线,再通过光学系统排序得到光谱,根据特征谱线可以判断某物质是否存在以及含量的多少。原子发射光谱仪能在很短的时间内测出油液中30种元素的浓度。

图2-11为原子发射光谱仪结构原理图。原子发射光谱仪由油样激发单元、光学单元和测光单元三部分组成。弧光火焰激发油液中磨损微粒,使磨损微粒元素进入激发态,激发态原子很不稳定,会发射一定波长的能量而进入基态。光谱分析所测得的信息有元素种类和各种元素含量。当油液中金属元素的含量迅速增加时,就意味着含有该元素的零件正在急剧磨损。表2-7列出了主要的润滑油光谱分析仪器。

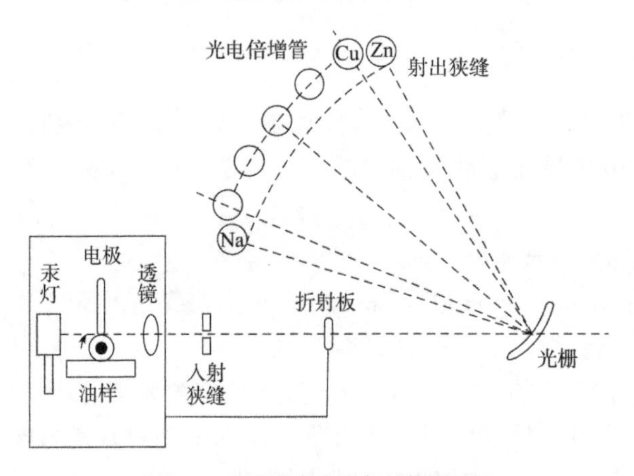

图2-11 原子发射光谱仪结构原理图

润滑油光谱分析仪 表2-7

名称	用途及适用范围
直读光谱仪	润滑油内磨损金属及其他元素含量的测定
发射光谱仪	润滑油内磨损金属及其他元素含量的测定
原子吸收分光光度计	润滑油及其他油液中微量元素含量的分析
原子吸收光谱仪	润滑油及其他油液中微量元素含量的分析
油料分析直读光谱仪	润滑油内磨损金属及其他元素含量的测定

3)其他光谱分析技术

除原子吸收光谱分析和原子发射光谱分析外,还有X射线荧光光谱分析、红外光谱分析以及等离子体发射光谱分析等光谱分析技术。它们的激发源不是电弧也不是火焰,而是相应的X射线、红外光源或等离子体等。

(1)X射线荧光光谱分析。X射线荧光光谱分析(X-ray Fluorescence Spectrometry,XRF)是介于原子发射光谱(AES)和原子吸收光谱(AAS)之间的光谱分析技术。它的基本原理是基态原子(一般蒸汽状态)吸收合适的特定频率的辐射而被激发至高能态,而后激发过程中以光辐射的形式发射出特征波长的荧光(介质在放射源照射下所释放的特征X射线)。

(2)红外光谱分析。红外光谱分析(Infrared Spectra Analysis,ISA)的基本原理为:当用不同波长的红外辐射照射油样时,油样会选择性地吸收某些波长的辐射,形成红外吸收光谱。根据某些物质的特征吸收峰位置、数目以及相对强度,可以推断出油样中存在的官能团,并确定其分子结构。利用红外光谱技术分析油样中有机化合物的基团结构,通过比较新旧油的红外吸收峰的峰位与峰高,可定性与定量检测基础油与添加剂组分是否发生了化学变化以及变化的类型与程度。利用红外光谱的油样分析软件可定量测试油样的氧化值、硫化值、硝化值、积炭、水分、乙二醇、燃油稀释度等参数。通过对谱图的分析,结合各参数的数值,可获得油样品质变化的信息。

(3)等离子发射光谱分析。等离子体是一种在一定程度上被电离(电离度大于0.1%)的气体,其中电子和阳离子的浓度处于平衡状态,宏观上呈中性。等离子发射是较新颖的样品激发技术。将流经石英管的氩气流置于一个高频电场下形成约8000K的等离子体。高温等离子体使从石英管中心喷射出的样品离解、原子化和激发。等离子发射法的再现性较好,准确度很高,但较大的粒子会被遗漏。

2.3.3 油样光谱诊断实例

【实例2-1】 某机械润滑油样光谱分析。

图2-12是测得某机械润滑油样的光谱密度图。从图中可见,A、B、C、D处密度较大,对照表2-5可知,润滑油中含有铅、铜、铬和铁,从而可确定机械的磨损零件;再从光谱密度的大小可以看出元素含量的大小顺序为铁、铜、铅、铬,从而可确定各零件磨损的程度。

【实例2-2】 推土机最终传动箱油液趋势分析。

对一台运行了2000h的推土机的最终传动箱的油液进行检测,并展开趋势分析(图2-13)。当进行换油周期内的第四次分析时,发现铁、硅、铝浓度剧增,经拆检发现密封环损坏,沙土侵入,导致零件磨损加剧。

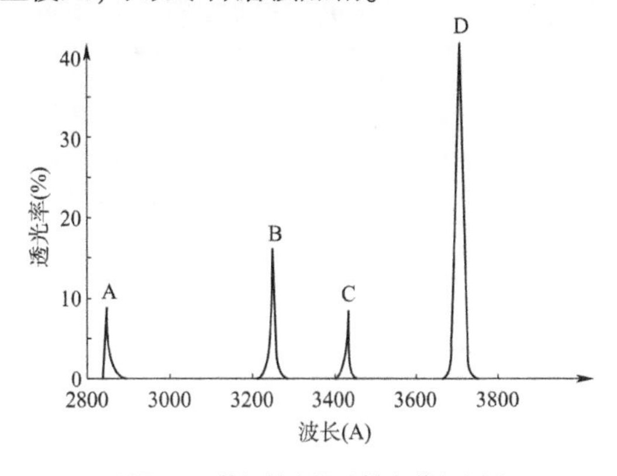

图2-12 某机械润滑油样光谱密度图

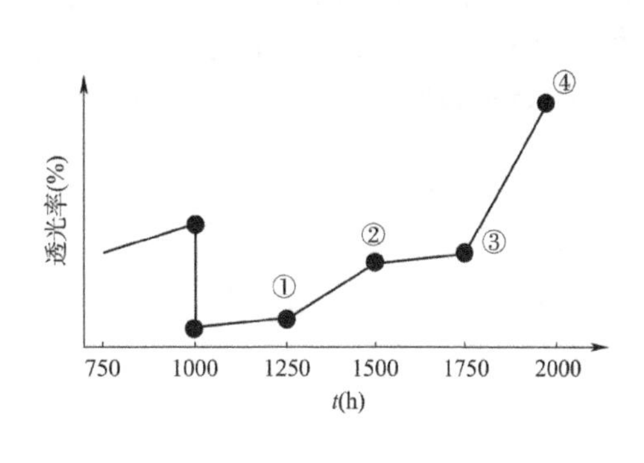

图2-13 最终传动箱中铁元素浓度变化情况

2.4 油样铁谱分析

2.4.1 铁谱分析原理及优缺点

1)铁谱分析原理

铁谱分析技术是20世纪70年代研究成功的在摩擦学领域的一种油样分析技术。它利用高梯度的强磁场将润滑油中所含的磨损微粒和污染杂质有序地分离出来,并借助显微镜对分离出的微粒和杂质进行有关形貌、尺寸、密度、成分及分布的定性、定量观测,以判断机械的磨损状况,预报零部件的失效。

油样铁谱分析时,首先让油样通过高梯度强磁场,油样中的磨损微粒在磁场力、重力和液体黏性阻力的共同作用下,大小磨损微粒所通过的距离不同,并按尺寸大小沉淀于玻璃基片(或管壁)上,进而可对该基片展开以下分析。

(1)根据主要磨损微粒的形成、颜色、尺寸及其颗粒分布等特征来判定机器(及有关零部件)所处的磨损阶段,以及相应阶段发生的磨损类别(如疲劳磨损、黏着磨损、腐蚀磨损等)和磨损的程度。

(2)根据磨损微粒的材质成分来判断机器磨损的具体部位及磨损零件。由于不同的磨损微粒在铁谱显微镜下呈现不同的颜色,这时如果用铁谱显微镜观察玻璃基片(或管壁),就可以了解磨损微粒成分,从而确定磨损零件。

(3)根据磨损量(即磨损曲线)对机器的磨损进度进行量的判断。

(4)根据磨损严重性,确定机器磨损的剧烈程度。

(5)利用铁谱读数仪读出不同区域磨损微粒的含量,可了解磨损微粒尺寸分布(大小颗粒分布)情况,进一步确定机械的磨损动态和磨损程度。

2)铁谱分析优点

由此可见,铁谱技术是一项技术性较高、涉及面较广的磨损分析与状态监测技术。其优点在于:

(1)铁谱分析可获得丰富的信息,包括磨损微粒数量、大小、形态、成分及粒度分布,可判断磨损发生的部位以及磨损程度,提供更丰富的故障特征信息。

(2)铁谱分析适用的磨损微粒尺寸较宽,一般在 1 ~ 1000μm 量级时,分析效率可达100%,而在 1 ~250μm 范围内,就已经蕴含丰富的磨损信息。表2-8 中列出了常用油样分析技术对于磨损微粒尺寸的敏感范围。

不同分析方法对磨损微粒尺寸的敏感范围 表2-8

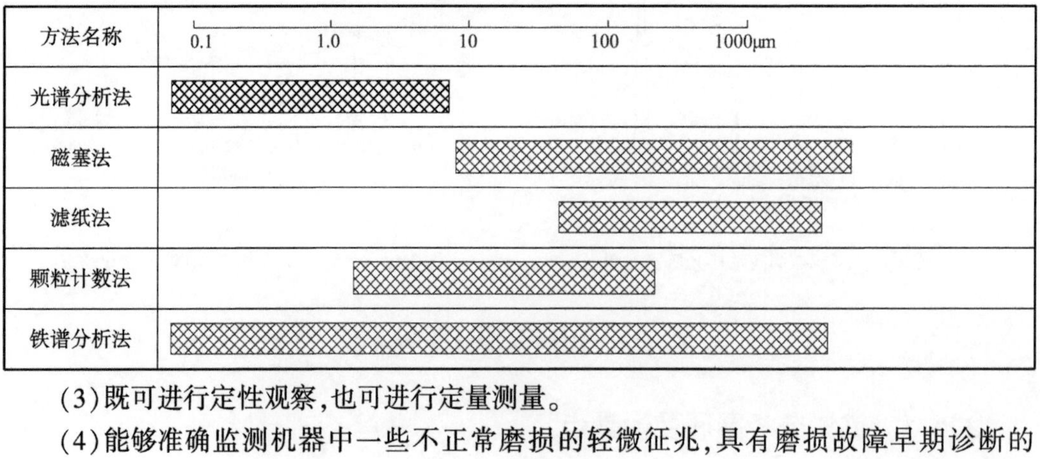

方法名称	0.1　1.0　10　100　1000μm
光谱分析法	
磁塞法	
滤纸法	
颗粒计数法	
铁谱分析法	

(3)既可进行定性观察,也可进行定量测量。

(4)能够准确监测机器中一些不正常磨损的轻微征兆,具有磨损故障早期诊断的效果。

此外,铁谱仪比光谱仪价廉,可适用于不同机器设备。

3)铁谱分析缺点

铁谱分析技术的缺点是:

(1)操作步骤复杂、操作要求严格。

(2)对非铁系颗粒的检测能力较低,这对诸如柴油机这样由含有多种材质的摩擦副组成的机械进行故障诊断时,其分析能力往往不足。

(3)谱分析的规范化不够,特别对分析式铁谱仪,分析结果对操作人员的技术和经验有较大的依赖性,若缺乏经验,往往造成误诊或漏诊。这也是这项技术需要进一步完善的原因之一。表2-9中列出了不同油样诊断技术诊断结果可靠性的统计结果。

不同油样诊断技术诊断结果可靠性的统计 表2-9

诊断方法	统计结果(%)			
	诊断正确	由于缺乏经验造成诊断偏差	提供信息不够造成诊断偏差	无法诊断
铁谱	55	20	15	10
光谱	36	0	43	21
油品性能分析	21	0	16	63
颗粒计数法	33	0	0	67
综合方法	70	20	10	0

2.4.2 铁谱分析仪器

油样铁谱分析使用的主要仪器是铁谱仪,根据工作原理的不同,有分析铁谱仪、直读铁谱仪、旋转式铁谱仪、在线式铁谱仪等。

1)分析式铁谱仪

分析式铁谱仪是分析运动副表面磨损程度、磨损部位和磨损机理的重要手段。它将油液中的磨损微粒及污染杂质微粒从油液中分离出来,制成铁谱基片,再在铁谱显微镜下对基片上沉积的磨损微粒的大小、形态、成分、颜色、数量等特征进行定性观测和定量分析,从而对监测机械零件的摩擦学状态作出判断。

分析式铁谱仪主要有直线式铁谱仪和旋转式铁谱仪两类,主要由铁谱制谱仪(谱片制备装置)、铁谱显微镜、光密度读数器三部分组成。

(1)铁谱制谱仪。

图2-14所示是分析式铁谱制谱仪的原理和结构简图。它主要由微量泵、玻璃基片、磁场装置、导油管和储油杯等组成。油样通过一个具有稳定速率的微量泵输送到位于磁场装置上方的玻璃基片上,玻璃基片与水平面成1°~1.2°的小倾角,使得在它表面沿油样流动方向形成一个由弱到强的磁场。当油样沿斜面流动时,使磁化的颗粒在高梯度磁场力、液体黏性阻力和重力共同作用下按尺寸大小依次沉淀在玻璃基片上,油则从玻璃基片下端的导油管排入储油杯。玻璃基片经清洗、固定和干燥处理而制成谱片(图2-15)。

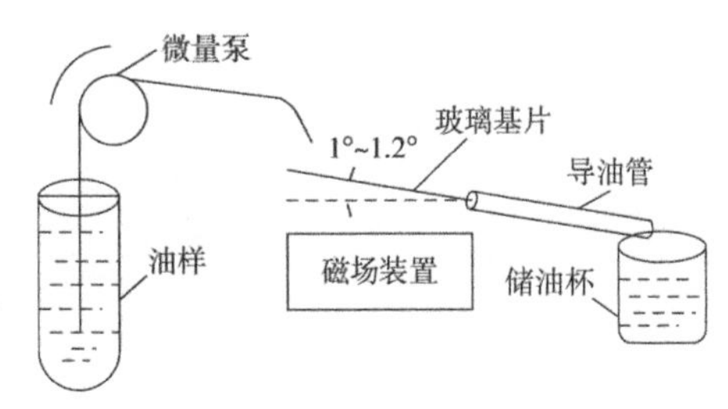

图2-14 分析式铁谱制谱仪

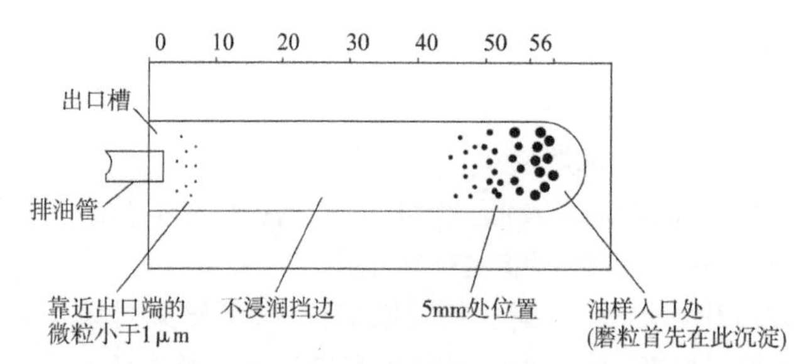

图 2-15　磨损微粒在图片上的排列示意图

(2)铁谱显微镜。

铁谱显微镜是一种特殊的显微镜,它配有高放大倍数的物镜镜头,且装有反射光和透射光两个独立的光源,两个光源又配以不同颜色的滤光片,形成双色照明的双色显微镜。工作时,利用两组不同颜色、不同成分的光(通常使用一组绿色透射光和一组红色反射光)同时照射到玻璃基片的磨损微粒上。不同成分的微粒在铁谱显微镜下将呈现出不同颜色,可据此来判别所含金属是黑色金属或有色金属,从而确定磨损的零件。另外,通过显微镜可以观察磨损微粒形状和测量磨损微粒尺寸,确定零件磨损程度和磨损性质。

(3)光密度读数器。

光密度读数器可以定量测量油样中磨损微粒的相对含量。在铁谱显微镜上有光传感器可以测量光密度值。光密度值的大小通常用磨损微粒在基片上所遮盖的面积的百分比表示。当基片上无磨损微粒时,光密度值为零;当基片上全部覆盖磨损微粒时,光密度值为1。用铁谱读数仪测得玻璃基片上不同位置沉淀的光密度数,即可得到油样中磨损微粒的含量及磨损微粒在基片上的分布情况。

对同一机械在不同时间获取的油样进行铁谱分析时,若每次谱片上各位置的光密度值稳定在某一数值,则说明机械处于正常工作状态;若磨损微粒数量出现突然增多或大小颗粒比急剧增大,则说明机械开始出现严重磨损。

2)直读式铁谱仪

直读式铁谱仪用来直接测定油样中磨损微粒的浓度和尺寸分布,能够方便、迅速而准确地测定油样内大小磨损微粒的相对数量,虽只能作定量分析,但却比分析式铁谱仪更准确。同时,其检测过程更简单、迅速,仪器成本更低廉。因此,它是目前机械监测和故障诊断中使用较多的手段之一。其结构原理图如图 2-16 所示。

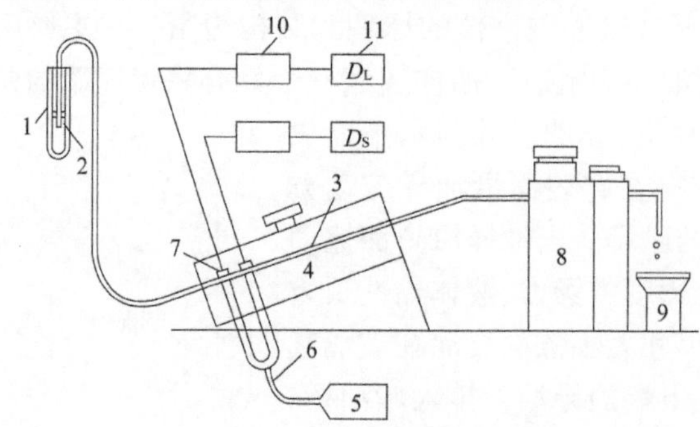

图 2-16　直读式铁谱仪结构原理图

1-油样;2-毛细管;3-沉积管;4-磁铁;5-灯;6-光导纤维;7-光电探头;8-虹吸泵;9-废油;10-电子线路;11-数显屏

取自机械的油样，经黏度和浓度稀释后，在毛细管虹吸作用下经位于磁场上方的玻璃沉积管，油样中的铁磁性磨损微粒在高梯度磁场作用下，依粒度顺序排列在沉积管壁不同位置上(图2-17)。沉积管入口处是大于5μm的大颗粒磨损微粒的覆盖区，在距入口处5mm处沉淀的是1～2μm的小颗粒磨损微粒的覆盖区。在这两个区域的固定点分别引入两束光源，并由两只光敏探头(光传感器)接收穿过磨损微粒层的光信号，经处理后即得沉淀在入口处大于5μm的大颗粒磨损微粒的覆盖区的读数D_L和距第一光源5mm处沉淀的1～2μm小磨损微粒的覆盖区读数D_S。

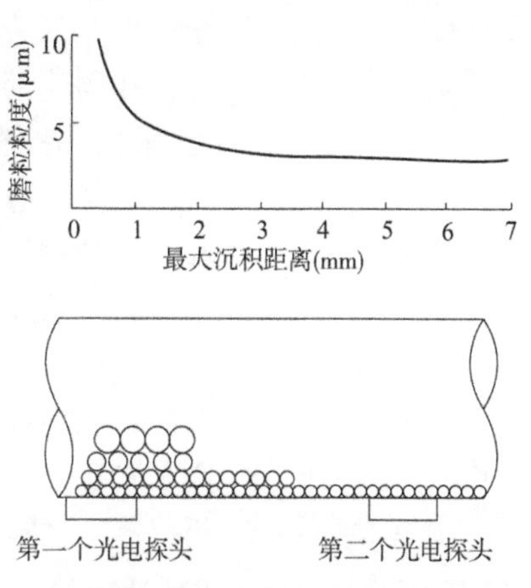

图2-17 磨损微粒在管壁上的排列

测量中随着流过沉淀器管的油样的增加，光传感器所接收的光强度逐渐减弱，当2mL油样流过沉淀器管后，光传感器所接收到的两个光密度值才代表大小颗粒的磨损微粒读数D_L和D_S，从而得到各种特征量，如：磨损微粒量(D_L+D_S)、磨损严重度(D_L-D_S)、大小颗粒比(D_L/D_S)以及磨损严重性指数($I_S=D_L^2-D_S^2$)。

3)旋转式铁谱仪

分析式铁谱仪和直读式铁谱仪是应用比较广泛、比较成熟的铁谱分析仪器，特别是分析式铁谱仪，它既可研究谱片上磨损微粒的形貌、大小、成分等，又可做定量分析。但这些仪器对污染严重的油样(如在野外环境下工作的机械的润滑油)的定量和定性分析效果不好。这是因为分析式铁谱仪在制谱过程中，润滑油中的污染物会滞留在谱片上。如果数量很多，将影响对磨损微粒的观测。图2-18是KTP型旋转式铁谱仪的外形图，图2-19是其工作原理图。

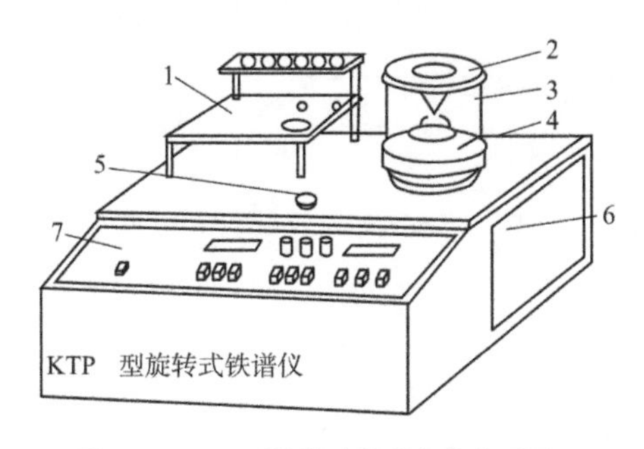

图2-18 KTP型旋转式铁谱仪的外形图

1-油样试管架；2-定位漏斗；3-集油箱；4-磁场装置；5-水准器；6-直流电机及转轴组成(在仪器内部)；7-自动控制系统和操作控制盘

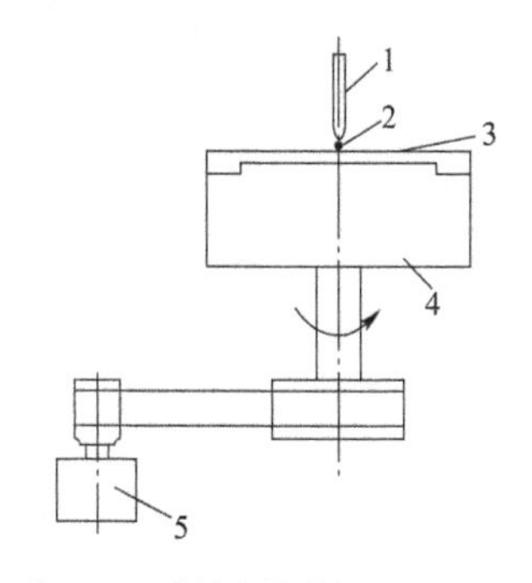

图2-19 旋转式铁谱仪的工作原理

1-定量移液管；2-油样；3-玻璃基片；4-磁场装置；5-电机

对于KTP型旋转式铁谱仪，工作位置的磁力线平行于玻璃基片，当含有铁磁性磨损微粒的润滑油流过玻璃基片时，铁磁性磨损微粒在磁场力作用下，滞留在基片上，而且沿磁力线方向(径线方向)排列。

制谱时,图 2-19 中油样由定量移液管在定位漏斗的限位下,被滴到固定于磁场上方的玻璃基片上。磁场装置、玻璃基片在电机的带动下旋转,由于离心力的作用,油样沿基片向四周流动。油样中的铁磁性及顺磁性磨损微粒在磁场力、离心力、液体黏性阻力、重力作用下,按磁力线方向(径向)沉积在基片上,残油从基片边缘甩出,经收集由导油管排入储油杯,基片经清洗、固定和甩干处理后,便成了谱片(图 2-20)。

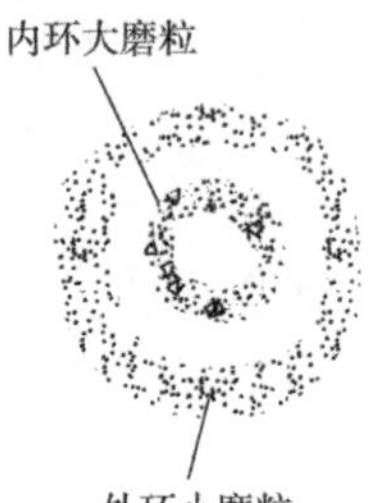

图 2-20　谱片上磨损微粒的分布

4)在线式铁谱仪

分析式铁谱仪、直读式铁谱仪和旋转式铁谱仪均需技术人员从被监测机械中抽取油样,送到化验室或分析中心去完成。在线式铁谱仪则是安装于机械的润滑油路中,用以对机械工况实施在线监测的铁谱分析仪器。这样,既保证了监测的及时性,可对设备的早期磨损及时发出预报,同时又避免了采取油样的麻烦,提高了监测的可靠性和工作效率。目前,在线铁谱仪已可由计算机自动对油样标定,校准与操作使用更为方便。

在线式铁谱仪的工作原理与其他铁谱仪不同,它是通过测量达到某一固定的磨损微粒时油液的体积了解磨损微粒浓度。如果达到某一固定的磨损微粒时油液体积大,则说明油样中含有的磨损微粒少或小;油样体积小,则说明磨损微粒多或大。当零件磨损严重时,沉淀一定数量磨损微粒的油样体积就减小。为了提高在线监测的准确度,在线铁谱仪应安装在被监测设备润滑系统的最能收集到主要磨损零件信息的部位,这样就可以比较可靠地对设备的磨损故障给出早期预报。

图 2-21 所示为安装在机械润滑系统中的在线铁谱仪。在线式铁谱仪由在线铁谱传感器和分析显示单元两部分组成。其中,后者主要由电磁铁、光电转换器、信号放大器、电容传感器及其测量电路、油路切换装置、采样动作控制装置、微处理器等部分组成。

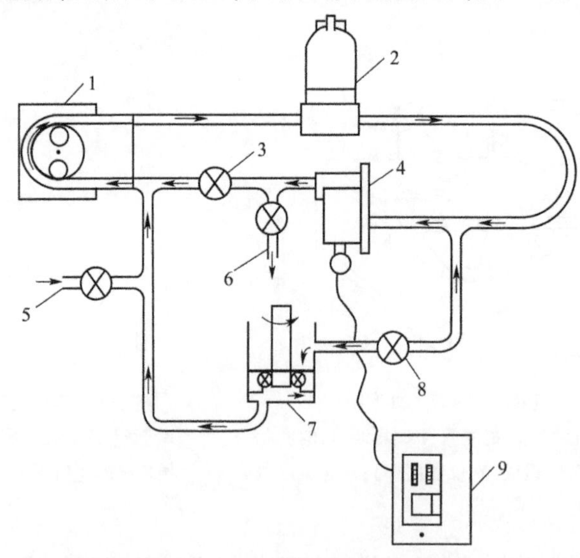

图 2-21　润滑系统中的在线铁谱仪

1-蠕动泵;2-带孔的膨胀室;3-传感器流量截流阀;4-在线铁谱传感器;5-注油管;6-传感器排泄管;7-设备油路;8-调节阀;9-在线铁谱分析仪

2.4.3 铁谱分析过程

铁谱分析对操作人员的经验依赖性大，操作人员的操作会影响铁谱分析诊断结论的准确性。因此，了解铁谱分析过程，进行合理操作对铁谱分析相当重要。

1)了解被监测机械

为了通过铁谱分析对被监测对象作出全面正确的诊断结论，必须对监测的设备有一个全面的了解，主要了解以下几方面的内容：

(1)了解被分析机械的结构及润滑方式，如载荷情况、摩擦副的相对运动类型、润滑油总量、润滑方式等。

(2)摩擦副的材料与性能，如摩擦副材料的成分、热处理情况、表面硬度等。

(3)机器的运转条件，如机器是处于正常载荷还是超载、超速运行状态，温度情况如何，有无异常等。

(4)设备运转历史及其维护情况，如上次大修的时间、原因、所采取的措施等。

(5)润滑油性能，如生产厂家、牌号、批号等。

总之，有关被监测机械的一切有用的基本信息，都需在进行油液分析前进行全面了解。

2)取样位置和取样方法的选择

取样是油液分析技术的重要环节，取样的关键是要保证取出的油样具有代表性。如果每次取样都规范，那么，每次油样所提供的有关机械部件的信息就具有可比性，诊断依据可靠，诊断结论正确。如果取样不当，磨损微粒浓度及其粒度分布也会发生显著的变化，这就有可能对机械状态作出错误的判断。因此，合理油液取样相当重要。

一般，对于循环油路，取样部位一般在回油管路、经过过滤器之前的位置或油箱中取样。对于非循环油路，一般在停机后规定的时间内取样，每次取样位置应相对固定。最常用的两个取样位置是润滑油箱和润滑油回油管路。为使所取油样具有充分代表性，以反映实际机器的磨损情况，取样点一般应选在过滤器之前，并能够流经机械系统全部摩擦副表面的位置。

(1)油箱取样。

油箱取样是一种静态或接近静态的取样方法，必须考虑磨损微粒的沉降效应。因为分散在油箱中的磨损微粒在重力作用下，具有自然沉降效应，所以，从油箱的底部、中部和上部三个位置取样得到的磨损微粒光密度数据相差很大，尤其是大磨损微粒的光密度读数，甚至会相差数十倍。如果从油箱底部取样，磨损微粒的沉降效应会使油液中的磨损微粒浓度偏高，不具有代表性；靠近油面取样则会使油液中的磨损微粒浓度偏低。

建议从油箱中取样时，按以下方法实施：

①最好在机械系统运转状态下取样，或者在停机后尽可能短的时间内取样，因为停机2h后大磨损微粒的下沉会大大降低油样的磨损微粒浓度。

②停机后取样要考虑磨损微粒的沉降，这时取样应离开油液的顶部区，且取样深度应随停机时间改变。通常每延迟1h，取样深度应增加25mm左右。最简便的方法是将取样管插入油面高度1/2处以下，但取样管不能插得太深或触及油箱底壁。

③考虑到大磨损微粒首先沉降，必要时可将取样管插至接近油箱底部取样，但这时要避免吸入沉积在油箱底部的大磨损微粒和其他杂质，通常规定取样管距箱底沉淀物的距

离不少于25mm。

④如果系统中装有固定取样管路(如油箱上装入的导管),则在每次取样前必须放油冲洗取样管,以避免死区影响,通常放油量应为取样导管内存油量的两倍以上。

(2)回油管路取样。

一般回油管路上取样为动态取样,根据管中油液的流动速度和其他条件,回油管路中的流动油液可能出现层流区和紊流区。实验室条件下在层流的断面上取样可得到满意的油样,但对实际装备紊流断面上取样能得到更好的结果。实际应用中,取样点的位置选择原则如下:

①取样处的油液应尽可能流经系统全部摩擦副的磨损表面,从而使所取的油样能够反映整个机器系统的磨损状态。

②在过滤器前选择取样点,所取油样的磨损微粒浓度更能反映机械润滑系统油液磨损微粒浓度的实际情况,所取油样更具代表性。

③取样点选择在紊流断面位置可得到更好的结果。

在回油管路上取样时应在机械运转状态下进行,这时可获得机械系统瞬时磨损状态的代表性油样。

3)取样时间间隔

铁谱分析油样的取样时间间隔主要根据被监测的机械摩擦副的特性、机械的使用情况以及对机械工况监测和故障诊断准确性的要求而定。经验表明,不同的机械、不同的运行期、不同的磨损状态对应不同的取样时间间隔。时间间隔太短会使分析的数据变化甚微,造成人力物力浪费;间隔时间太长,又常使分析准确度降低,造成漏判。

机械的典型磨损过程大致分为磨合期、正常稳定磨损期和剧烈磨损失效期三个阶段。机械的大部分损坏主要发生在运转初期的磨合期和机器磨损失效期,这时取样间隔时间应短一些。通常,在一台新装备刚投入运转(或机械大修后重新运转)初期,可1h取一次油样;若未发现不正常运转,以后每隔数小时取样一次;稳定运行后可间隔数天取样一次。

机械经过较长时间运转后,零部件进入磨损失效期,取样次数应增加,取样间隔时间应短一些,并密切注意机械运转动向,为机器故障诊断提供准确的信息。而正常稳定磨损期,可加长取样间隔时间。表2-10推荐了几种装备在正常磨损期内的取样间隔时间,以供参考。

取样间隔时间参考值(单位:h) 表2-10

机　械	磨合阶段	正常磨损阶段	失效前
地面液压系统	80	200	80
煤矿井下液压系统	20	50	20
地面传动装置	100	300	100
煤矿井下传动装置	30	100	30
重型燃气轮机		250~500	
柴油机		200	
蒸汽轮机		50	
飞机燃气轮机		50	
航空液压系统		50	

4)取样容器及要求

铁谱分析的取样瓶应为清洁的无色透明玻璃瓶。取样瓶的旋盖内应加有不与油质发生反应的聚四氟乙烯内盖,以保证密封。为了方便分析前初步观察油样的状态,最好取样瓶的侧壁为平面。取样瓶不能用塑料瓶,以防止塑料与润滑油接触可能产生或分解出塑料颗粒、凝胶体和腐蚀性液体,也以防止油样在塑料瓶中久放使塑料瓶发黏,油液中的磨损微粒易黏附在油样瓶的内壁上,降低油样的代表性。取样瓶的容积一般应大于15mL,以保证采集和保存足够量的油样。瓶中的油样量不应超过油样瓶容积的3/4,留有1/4以上的容积空间,便于油样处理时振荡油样,使油样中的磨损微粒呈均匀分布状态。认真填写样品瓶所贴的标签,包括取样日期、油品种类、取样部位、机器运转时间、取样人员等情况,做好原始记录。

5)油样处理

铁谱油样取出后,由于重力作用,磨损微粒会产生自然沉降。为保证从大的取样瓶中取出的少量油样具有代表性,必须使磨损微粒在大油样瓶中均匀散布,为此需要对油样进行加热、振荡。

为制取合适的铁谱基片,要求油样的黏度、磨损微粒浓度在一个比较合适的范围内,为此需要对油样进行稀释,调整其黏度与磨损微粒浓度。

(1)加热、搅拌。

为使油样更具代表性,从取样瓶中取出的分析油样前,就对油样进行加热并搅拌处理:

①油样加热到(65±5)℃,并保持30min以上;

②旋紧瓶盖,剧烈振摇样瓶样品3~5min,使沉淀而聚集的磨损微粒充分分散。

(2)稀释。

油样稀释包括浓度稀释和黏度稀释。

①浓度稀释。在润滑油中加入一定比例的与原油样同一牌号的洁净润滑油,以降低油要中所含磨损微粒的浓度,防止磨损微粒在铁谱片入口处堆积。分析油样较为理想的磨损微粒浓度应控制在:分析铁谱仪油样为$10\% \leqslant A_L(A_S) \leqslant 30\%$,极限浓度为50%;直读铁谱仪油样为$5 \leqslant D_L \leqslant 100$,$5 \leqslant D_S \leqslant 70$。

②黏度稀释。在原润滑油样或经过浓度稀释后的油样中加入一定比例的有机溶剂以降低分析油样的黏度。黏度溶剂一般采用四氯乙烯,油样与溶剂的体积稀释比,分析式铁谱仪一般为3:1,直读式铁谱仪一般为1:1。

6)制备铁谱片

铁谱片的制备在铁谱仪上完成。供分析铁谱仪使用的玻璃基片,其规格为60mm×25mm×0.18mm,若谱片还要做扫描电镜分析,则可选取60mm×20mm×0.18mm的基片。铁谱基片的有效工作长度为56mm,在基片的中央用聚四氟乙烯乳液制作出U形栅栏,然后放到烘箱中加热到特定固化温度,U形栅栏的作用是供制作铁谱片时引导油液沿基片中心线(也就是磁铁装置磁极间气隔的中心线)经导流管流向废油收集瓶。铁谱基片U形栅栏外涂有一黑点,作为工作面的记号。

铁谱基片放进分析式铁谱仪时与磁极表面呈一固定的角度,称为基片倾角,目的是使油液能依靠自重流向出口,并且使基片沿长度方向上形成磁场梯度。目前,国际通用的铁谱基片倾角参数取为1°。

7)铁谱的定性与定量分析

铁谱的定性分析是使用铁谱显微镜对铁谱片上沉积的颗粒形状、尺寸大小、形貌和成分进行分析,建立磨损状态类型和磨损微粒形态的相互关系,判别磨损程度,确定失效情况和磨损部位的过程。磨损微粒识别和判断是最为重要又比较复杂困难的一个环节,目前主要还是靠分析人员通过铁谱显微镜观察来完成。它要求分析人员具有摩擦学知识、失效分析及故障诊断学知识以及与被监测的机械设备的结构、性能等有关知识。通常根据磨损微粒的成分、尺寸、形状及表面形貌的磨损微粒产生的原因,从而推断磨损机理,为故障诊断提供依据。

铁谱的定量分析是用一个或几个参数的数值来描述设备磨损特征和磨损状态的方法,是铁谱诊断技术的重要环节。

2.4.4 铁谱定性分析

铁谱定性分析与诊断是根据磨损微粒的形状、尺寸大小、形貌和成分的分析,建立磨损状态类型与磨损微粒形态的相互关系,判别摩擦副的磨损程度,确定失效情况和磨损部位,进行机械故障诊断。

1)磨损微粒的识别

根据不同的金属零件,磨损微粒按其产生的方式可分以下几类。

(1)钢铁磨损颗粒。钢或合金组成的摩擦副在运动中产生的颗粒,按其磨损情况、颗粒尺寸和形貌分为三大类,即摩擦磨损颗粒、切削磨损颗粒、滚动疲劳磨损颗粒。根据磨损颗粒形成的机理不同,将它的形貌特征列于表2-11中。

钢铁磨损颗粒的形貌与尺寸特征　　表2-11

<table>
<tr><th colspan="2">颗粒类型</th><th>颗粒形貌与尺寸特征</th><th colspan="2">磨损性质与监测注意事项</th></tr>
<tr><td colspan="2">摩擦磨损颗粒</td><td>平均长度为0.5～15μm或更小,厚度一般为0.5～1μm</td><td colspan="2">正常磨损阶段,如机械磨合期与稳定运转期</td></tr>
<tr><td colspan="2">切削磨损颗粒</td><td>形如切削加工时的切削,具有环形、曲线形、螺旋形等形状,尺寸长而粗,平均长度为25～100μm,宽度为2～5μm</td><td rowspan="4">不正常磨损</td><td>出现大量长度为50μm的切削颗粒</td></tr>
<tr><td rowspan="3">滚动疲劳磨损颗粒</td><td>剥落颗粒</td><td>扁平鳞片形状,有一个光滑的表面和不规则的周边,长度为10～100μm,长度与厚度之比为1:2～1:5</td><td rowspan="3">注意监测层状磨损微粒与球形疲劳磨损微粒同时迅速增长的时间,这是发生疲劳而将导致剥落的前兆</td></tr>
<tr><td>球形颗粒</td><td>有两种,一种直径小于3μm,为疲劳球形颗粒;另一种直径大于10μm,为非疲劳球形颗粒</td></tr>
<tr><td>层状颗粒</td><td>非常薄的金属层状颗粒,表面有洞穴,四周不规则为其形状特征,最大长度尺寸为20～50μm,长度与厚度之比30:10</td></tr>
</table>

续上表

<table>
<tr><th>颗粒类型</th><th>颗粒形貌与尺寸特征</th><th colspan="2">磨损性质与监测注意事项</th></tr>
<tr><td>滚动与滑动联合磨损颗粒</td><td>齿轮副磨损产生的颗粒，有一个圆滑的表明和不规则的形状，厚度较厚是它的主要特征，一般可达几微米，长度为 20～30μm，长度与厚度之比约为 4:1</td><td rowspan="2">不正常磨损</td><td rowspan="2">注意出现厚度较大的块状磨损颗粒，磨损颗粒数量和大小磨损颗粒比值迅速增大是损坏的前兆</td></tr>
<tr><td>严重滑动磨损颗粒</td><td>由正常磨损阶段转变而来，磨损颗粒形状包含上述各种不正常磨损阶段的各种磨损颗粒形状，特点是表明不光滑，有黑条纹或直角边缘。尺寸大于 20μm，最大可达 200μm 或更大</td></tr>
</table>

(2)轴承合金磨屑。轴承合金没有磁性，在铁谱片上不按磁场方向排列，以不规则方式沉淀，大多数偏离铁磁性颗粒链，或处在相邻两链之间，它们的尺寸沿谱片的分布与铁磁性颗粒从大到小有序排列有着明显的区别。轴承合金磨屑主要有铜合金和铅、锡合金两类。

①铜合金。铜合金有特殊的红黄色，易于识别，除了金以外，没有其他的普通金属颜色与其相似。一些金属颗粒的回火色容易与铜合金颗粒相混淆，然而铁颗粒具有磁性，可与铜区分开来(铁颗粒在磁力链上)。也有一些金属如钦、奥氏体不锈钢或巴氏合金也可呈棕色，但颜色不如铜合金那样均匀。

②铅、锡合金。铁谱片上经常可以看到许多游离的铅、锡合金磨屑，这类合金有良好的塑性，故它们的形成机理是擦伤后的辗片而不是剥落。在铁谱上看到铅、锡合金磨屑往往已被氧化。如果轴承润滑不良，或者在启动和停车时轴承的油膜被破坏产生氧化磨损，这时就会产生被氧化的铅、锡合金磨屑，在拆卸检修中也能见到铅、锡氧化物剥落形成的“黑疤”。

铅、锡轴承的另一种磨损是腐蚀磨损。柴油机燃料中的硫会形成硫酸，汽油发动机中油氧化形成的有机酸都会侵蚀铅、锡轴承，腐蚀磨损造成极细的颗粒，往往在铁谱片的出口端大量沉积。

(3)铁的氧化物。铁的氧化物可大致分为红色和黑色两种。铁谱片上出现红色氧化物，表明润滑系统中有水分存在，红色氧化物是铁和氧在常温下反应的最终生成物。如果铁谱片上出现黑色氧化物，说明系统润滑不良，在磨屑生成过程中曾出现过高热阶段。

①铁的红色氧化物磨屑。铁的红色氧化物磨屑有两类，一类是多晶体，用白色反射光照射时呈橘黄色，在反射偏振光下呈饱和橘红色。这种磨屑被称为红色氧化铁。如果铁谱片上有大量红色氧化铁存在特别是大磨屑存在，说明油样中必定有水。第二类是有些扁平的滑动磨损颗粒，在白色反射光下呈灰色，在透射白光下呈无光的红棕色，因反光程度高，容易与金属屑混淆，但仔细观察会发现，这种磨屑在双色照明下不如金属颗粒红亮，在断面薄处有透射光。铁谱片中有这类磨屑出现，说明润滑不良，应当改善。

②铁的黑色氧化物。铁的黑色氧化物颗粒外缘为表面粗糙不平的堆积物，在铁谱显微镜的分辨率接近低限时，有蓝色和橘黄色小斑点。它含有 Fe_3O_4、$\alpha\text{-}Fe_2O_3$ 和 FeO 的混合物质，具有铁磁性，将以铁磁性颗粒的方式沉积。铁谱片上若存在大量黑色铁的氧化物，

说明润滑严重不良。

③深色金属氧化物。深色金属氧化物一般是局部氧化的铁性磨屑,出现这些颗粒说明在其生成过程中曾经受过过热氧化,这是润滑不良的反映。大块的深色金属氧化物的出现,是部件毁灭性失效的征兆。大量的较小的深色金属氧化物与正常摩擦磨损颗粒一起沉积时,还不是发生毁灭性失效的表征。

(4)润滑剂的变质产物和摩擦聚合物。

①腐蚀磨屑。腐蚀磨屑是一种非常细小的颗粒,尺寸在亚微米级,其沉积部位是在铁谱片的出口处。

②摩擦聚合物。摩擦聚合物的特征是细碎的金属磨损颗粒嵌在无定形的透明或半透明的基体中。这种聚合物是由于润滑剂在临界接触区受到超高应力作用,而使润滑油分子发生聚合反应生成大块凝聚物。油样中存在摩擦聚合物一般表示可能存在问题,但还需要进一步分析。若油品使用合适,油中适当有一些摩擦聚合物可以防止胶合磨损。但摩擦聚合物过量则对机器有害,它会使润滑油黏度增加,堵塞油过滤器,使大的污染颗粒和磨屑进入摩擦表面,造成更大程度的磨损。如果在通常不产生摩擦聚合物的油样中见到摩擦聚合物,则意味着已出现过载现象。

③二硫化钼。二硫化钼是一种有效的固体润滑剂,铁谱片上的二硫化钼往往表现出多层剪切面,而且有带直角的直线棱边。虽然它具有金属光泽,但颜色为灰紫色。二硫化钼具有反磁性,往往被磁场所排斥。

新油中也会存在少量的颗粒,其是否为使用过程中混入的污染、尘埃、煤尘、石棉屑、过滤器材料等,应根据实际情况加以识别。

2)铁谱加热分析技术和湿化学分析技术

为了更进一步对铁谱片进行判读,获得更多信息,还可对铁谱基片进行加热和湿化学处理分析。除了铁系金属以外,该方法还可有效区别铝、银、铬、镉、镁、钼、钛、锌等白色金属。

铁谱片加热分析法的具体程序是:将铁谱片置于标准的实验室加热板上,然后放入高温烘箱,利用表面温度计测温,加热至选定的温度,加热时间为90s,待铁谱片冷却后在铁谱显微镜下用白色反射光和绿色透射光进行观察和拍照。然后比较各种加热温度下的磨屑回火颜色,对磨屑进行材料的识别。表2-12为铁谱片加热检测的实例,铁谱基片加热是通过对铁谱片进行加热处理,借助磨屑的回火颜色不同来鉴别其磨屑的材料成分,从而判定机器发生磨损的具体部件。这种检测方法对分析、判别多部件磨损工况下润滑油中各类材质的磨屑成分是一种极为有效的方法。目前已能通过该技术对铁谱片上的铸铁、低合金钢、不锈钢等多种金属磨屑材料进行鉴别。如将铁谱片加热到330℃,低碳钢磨屑变为调和的蓝色,铸铁磨屑会变为淡黄色,而铝、铬和铅屑仍为白色;加热到500℃,铬、铅和钼屑仍为白色。

表2-13是铁系材料试样经加热后的回火颜色与温度的关系。采用铁谱片加热分析法时应注意,通常回火颜色只在铁谱片的入口区大磨屑沉积部位才能显示,由于某些原因影响,在50mm处以下的小磨屑一般不显示回火颜色。表2-14是白色和有色金属磨损微粒的铁谱加热和湿化学分析鉴别标准。

铁谱片加热检测举例(加热时间90s) 表2-12

材料	加热温度(℃)			
	330	400	480	540
碳素钢、低合金钢	蓝色	灰白色	—	—
中合金钢(含量为3%~8%)	淡黄色到青铜色	深青铜色,部分有蓝色斑点	—	—
高镍合金	不变色	不变色	大多数颗粒上带有显蓝的青铜色	所有颗粒呈现蓝色或蓝灰色
高合金钢	不变色	一般不变色,某些颗粒上轻微发黄	淡黄色到青铜色,部分颗粒上有轻微蓝色	大部分颗粒仍为淡黄到青铜色,部分颗粒呈蓝色斑点

铁系材料试样经加热后的回火颜色与温度的关系 表2-13

温度(℃)	表面颜色变化				
	碳素工具钢	轴承钢	铸铁	镍钢	不锈钢
204	蓝色	部分蓝色	青铜色	不变化	不变化
232	蓝色	蓝色	青铜色	不变化	不变化
260	蓝色	蓝色	蓝色	不变化	不变化
287	蓝灰色	蓝灰色	蓝色	不变化	不变化
315	灰色	灰色	灰色	不变化	不变化
398	灰色	灰色	灰色	青蓝色	不变化
420	灰色	灰色	灰色	蓝色	青铜色
471	灰色	灰色	灰色	蓝色	蓝色(呈杂色)
510	灰色	灰色	灰色	蓝色	蓝色(呈杂色)

白色及有色金属磨损颗粒的铁谱湿化学分析和加热分析 表2-14

金属	溶液		温度(℃)			
	HCl	NaOH	330℃	400℃	480℃	540℃
铝	可溶	可溶	不变化	不变化	不变化	不变化
银	不溶	不溶	不变化	不变化	不变化	不变化
铬	不溶	不溶	不变化	不变化	不变化	不变化
镉	不溶	不溶	黄褐色	—	—	—
镁	可溶	不溶	不变化	不变化	不变化	不变化
钼	不溶	不溶	不变化	微带黄褐色到深紫色	—	—
钛	不溶	不溶	不变化	淡褐色	褐色	深褐色
锌	可溶	不溶	不变化	不变化	褐色	蓝褐色

2.4.5 铁谱定量分析

磨损颗粒的最大尺寸与磨损方式有关,如果测量出或计算出铁谱片上大颗粒的尺寸以及它们在颗粒总数中所占的比例,就可以推断抽取油样时机器所处的磨损方式和磨损程度,这是铁谱定量而分析的第一个理论依据。同时,机械的磨损率是磨损工况的重要指标,机械磨损率的改变,必然导致润滑油中磨屑生成和沉积的平衡浓度改变,因此,可以把铁谱片上磨屑的总数作为定量铁谱分析的另一个指标。

铁谱技术定量分析最简单的方法是密度计法。

光密度计是用光敏元件测定铁谱片上光亮度的仪器。假设铁谱片上沉积磨屑是单层覆盖(这可以通过油样稀释实现),那么铁谱片上的光亮度就与透光面积成反比,即与磨屑的覆盖面积成正比,因此,用光亮度值就可以推算铁谱片上磨屑量的多少。若设清洁的玻璃谱片上的光亮度为 I_0(此时磨屑覆盖面积为0),带有磨屑沉积的谱片光亮度为 I_p,则磨屑沉积的光密度定义为:

$$D_i = \lg \frac{I_0}{I_p} \tag{2-1}$$

由于光强度与透明光面积成比例,所以:

$$\frac{I_0}{I_p} = \frac{A_0}{A_0 - A_p} \tag{2-2}$$

式中:A_0——铁谱显微镜上光密度孔径面积;

A_p——光密度孔径被颗粒遮盖的面积。

由式(2-1)和式(2-2)可得:

$$D_i = \lg \frac{I_0}{I_p} = \lg\left(\frac{A_0}{A_0 - A_p}\right) \tag{2-3}$$

由式(2-3)可得颗粒遮盖面积的百分率,亦称百分覆盖面积 A_i:

$$A_i = 1 - \frac{1}{10D_i} \tag{2-4}$$

对磨损微粒的监测表明,在正常磨损过程中所产生的磨损颗粒的最大尺寸一般在15μm以下,其中大多数是2μm或更小一些的磨损颗粒;而在任何不正常的磨损过程中,大多数磨损颗粒的尺寸大于15μm。

通常,以 D_L 表征大磨损颗粒数,以 D_S 表征小磨损颗粒数。用直读式铁谱仪对设备的润滑油进行连续监测时,正常磨损过程中 D_L(或 A_L)值近似等于 D_S(或 A_S),即 $D_L \approx D_S$。当设备出现非正常磨损时,一方面磨损的速率急剧上升,光密度读数明显增大;另一方面,大磨损微粒的相对尺寸急剧增大,大颗粒与小颗粒的数量比例发生明显变化,即 D_L(或 A_L)的值将远大于小颗粒 D_S(或 A_S)的值。利用代表大颗粒的参数 D_L(或 A_L)和代表小颗粒的参数 D_S(或 A_S),可以得到一系列参数。

1)磨损烈度指数

磨损烈度指数可从数量上表征磨损变化程度和磨损速率:

$$\begin{cases} I_S = (D_L + D_S)(D_L - D_S) = D_L^2 - D_S^2 \\ I_A = (A_L + A_S)(A_L - A_S) = A_L^2 - A_S^2 \end{cases} \tag{2-5}$$

对旋转式铁谱仪,三圈磨损微粒各自的光密度读数为 A_L、A_M 和 A_S,则磨损烈度指数为:

$$I_A = A_L^2 - (A_M + A_S)^2 \tag{2-6}$$

式(2-5)中,$D_L + D_S$ 值的大小表明非正常磨损状态发生时,磨损微粒增加的情况,反映不同时间磨损数量的变化,通常称为总磨损量。

2)总磨损量

总磨损量 I_G 也称磨损微粒量,为大小磨损微粒量的总和[$(D_L + D_S)$或$(A_L + A_S)$]。当同一机械每次测量值稳定时,说明机械处于正常状态;当每次测量值迅速增加时,说明机械处于异常状态。

累计磨损量 I_T 按照式(2-7)计算:

$$\begin{cases} I_T = \sum(D_L + D_S) \\ I_T = \sum(A_L + A_S) \end{cases} \tag{2-7}$$

式(2-7)中累积总磨损 $\sum(D_L + D_S)$ 表示系统每次测量总磨损量的累积值。

3)磨损严重度

磨损严重度[$(D_L - D_S)$或$(A_L - A_S)$]表征非正常磨损状态变化程度,反映不同磨损时间里磨损颗粒尺寸比例的相对变化。相应的累计磨损严重度为:

$$\begin{cases} \sum(D_L - D_S) \\ \sum(A_L - A_S) \end{cases} \tag{2-8}$$

该值表示大颗粒读数和小颗粒读数之差的累积值。

由总磨损量和磨损严重度的定义可知,磨损烈度指数 I_0 或 I_A 正是从总磨损和磨损度两方面综合评价设备在不同时刻的磨损程度,表征了设备实际状态。

4)大小颗粒比

大小颗粒比是指大颗粒与小颗粒的比值 A_L/A_S。当同一机械每次测量得到的大颗粒磨损微粒数 A_L 和小颗粒磨损微粒数 A_S 的值稳定时,大小颗粒比稳定,说明机械处于正常磨损状态;当机械磨损严重时,测量得到大颗粒 A_L 比小颗粒 A_S 增加得多。因此,大小颗粒比值迅速增加时,说明机械处于异常磨损状态。

5)大颗粒百分比

大颗粒百分比 PLP 即大颗粒在颗粒总量中所占有的百分数,以式(2-9)计算:

$$\mathrm{PLP} = \frac{D_L - D_S}{D_L + D_S} \times 100\% \tag{2-9}$$

或以式(2-10)计算:

$$\mathrm{PLP} = \frac{A_L - A_S}{A_L + A_S} \times 100\% \tag{2-10}$$

定量参数的选择,主要取决于监测参数的选择,对于大多数设备,通常使用以下方法来定量分析设备磨损情况:

(1)分别以 D_L、D_S 和 I_D 为纵坐标,以运转时间为横坐标划出曲线,根据曲线急剧上升情况来判磨损状态。

(2)分别以 $\sum(D_L + D_S)$ 和 $\sum(D_L - D_S)$ 为纵坐标,以运转时间为横坐标画出曲线,以曲线突然互相靠近的一点作为磨损严重程度的表征。

(3)以大颗粒累积值 $\sum D_L$ 作为取样时间函数,绘成曲线。由于每一新读数均被加到以前所有读数的总和上,而该累积值总和又相对于取样时的设备运行小时绘成曲线,因此,若读数相同且取样频率也相同,则图形为一直线;如果读数增加,所得曲线的斜率也增加,则表明异常磨损的开始。

6)铁谱片图像的数值处理法

图像分析系统利用扫描摄像机将显微镜里的图像输入图像分析仪,按照给定的灰度反差对几何图形进行定量分析。其测量的基本参数有面积、周长、弦长、方位、投影长度和计数等。若利用计算机软件对这些基本参数按照一定的数学模型进行处理,就可以再派生出一系列所需要的参数,这就为探索与磨损机理有关的磨损微粒的几何形态的内在规律,进一步发现能反映磨损特征的参数提供了充分的依据。目前已使用的数学模型有韦布分布函数、线性回归法、中心取矩法等。

2.4.6 铁谱分析应用实例

【实例 2-3】 齿轮箱磨损状态监测。

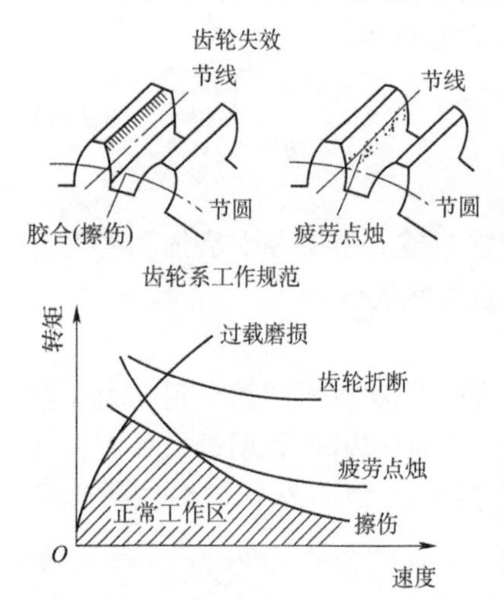

图 2-22 齿轮传动的工作状况及失效形式

图 2-22 所示为齿轮传动的工作状况及对应的齿轮失效形式。图中,横坐标是齿轮工作时的线速度,纵坐标是齿轮工作载荷(或转矩),这两个参数的大小变化将决定齿轮的工作状况及其主要失效形式。通过铁谱技术的监测与诊断,可以预报齿轮传动异常磨损的发生和磨损状态的转变。

图 2-23 所示为采用铁谱技术监测一齿轮箱磨损状态的结果图。图 2-23a)、图 2-23b)和图 2-23c)分别为大、小磨损微粒铁谱读数 D_L、D_S 和磨损烈度指数 I_S 与齿轮工作时间的关系曲线。从图中可以看出,在齿轮箱磨合时表现出较高的磨损率,随着齿轮箱磨合过程结束,磨损率下降并趋于稳定,在齿轮箱进入破坏性磨损期时其磨损率又迅速增大。

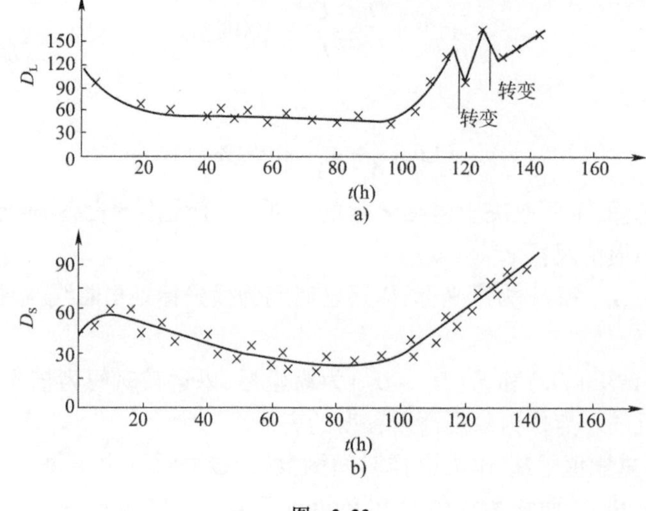

图 2-23

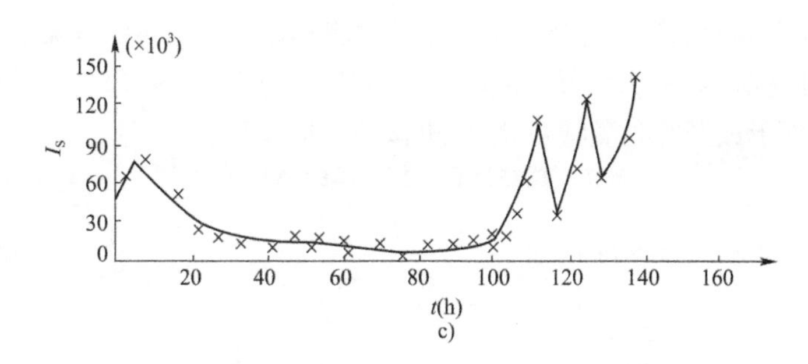

图 2-23 齿轮箱寿命试验 D_L、D_S及 I_S与时间 t 的关系

【实例 2-4】 滚动轴承和滑动轴承磨损状态监测。

轴承是各类机器中轴的重要支承零件,其失效或损坏将直接影响机器工作的可靠性。当轴承接近疲劳时,球形磨损微粒的大量出现以及总磨损量 $I_G=(A_L+A_S)$ 和磨损度指数 $I_A=(A_L^2-A_S^2)$ 值的突然增大,可视为轴承疲劳剥落的先兆。图 2-24 所示为对某轴承疲劳失效过程监测出的铁谱曲线。

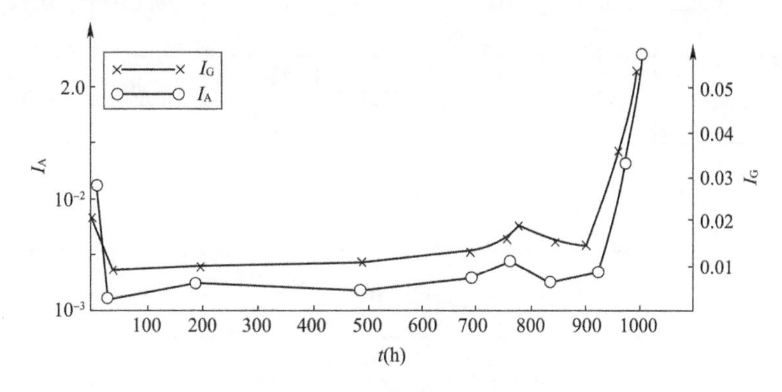

图 2-24 某轴承疲劳失效的铁谱曲线

2.5 其他油样诊断方法简介

油样分析技术一般可以分为两类:一类是分析油液中的不溶物质,即机械磨损颗粒的检测;另一类是油样本身的物理化学性质分析,即润滑油的常规分析及监测。

2.5.1 油样常规分析

润滑油常规分析是指采用油品化验的物理化学方法对润滑油的各种理化指标进行测定。在针对机械诊断这一特定目标时,需要分析的项目一般为油液的黏度、水分、酸值、水溶性酸或碱和机械杂质等。各类润滑油在这些项目上都有各自的正常控制标准。某工厂根据理化指标推荐的换油标准见表 2-15。

(1)黏度。黏度的作用在于当机械运转时,在相对运动部件的表面上形成油膜,使部件间的相互摩擦变为油膜内润滑油层之间的内摩擦。一般称相对运动油层间具有内摩擦力的性质为黏性,用黏度来衡量。黏度是评定润滑油使用性能的重要指标。实际中常使用动力黏度、运动黏度和恩氏黏度等,工业上采用的是运动黏度。只有正常的黏度才能保证摩擦副工作在良好的润滑状态下，过大会增加摩擦阻力，过小又会降低油膜的支撑能力。如果润滑油变质(如氧化)，其黏度值必然有所变化，因此，必须及时检测润滑油的黏度，以保证机械处于良好的润滑状态，减少机械的磨损故障。

某工厂根据理化指标推荐的换油标准 表 2-15

项　目	压缩机油	汽轮机油	石油基液压油		油包水液压油	液力传动油	齿轮油	轴承油
			一般机械	精密机械				
外观	—	不透明 有杂质	—	—	有菌发臭	—	有杂质	—
黏度(%)	±20	±15 (±10)	±15	±10 ±5	+10 -25	-20	±15	±10
酸值大于(mgKOH/g)	1	1(0.5)	2	2	3.0	—	腐蚀 不及格	1(0.3)
机械杂质大于(%)	1.5 (压风机上) 0.2	0.1	0.1	0.05	—	0.1	0.5	0.27
水分(%)	—	>0.2	0.1	0.1	<30 >50	0.2	0.5	0.2
凝点大于(℃)	-20 (压风机上) -5	-8	—	—	—	—	-15	—
清净度大于(mg/100mL)	—	—	40	10	—	—	—	—
Pb 值大于(kg)	—	—	20	20	—	—	20	—
残炭(%)	>3	—	—	—	—	—	—	—
腐蚀性	对铜片、钢片有腐蚀							
添加剂元素含量	硫、磷、铅等元素含量降低一定量							

(2)水分。水分是指润滑油中含水量的重量百分数，是润滑油质量的另一个重要指标。润滑油含水能造成润滑油乳化和破坏油膜，从而降低润滑效果，增加磨损。同时，水分还会促进机件的腐蚀，加速润滑油的变质和劣化。尤其是对加有添加剂的油品，含水会使添加剂乳化、沉淀或水分分解而失去效用。

(3)酸值。酸值是指中和 1g 润滑油中的酸所需要的氢氧化钾的毫克数，以 mgKOH/g 表示。在润滑油的储存和使用过程中，润滑油与空气中的氧发生化学反应，生成一定量的有机酸，这些有机酸会引起连锁反应，使油品中的酸值越来越高，引起润滑油的变质，造成机械的腐蚀，影响使用。因此，酸值是鉴别油品是否变质的主要指标之一，也是评价润滑油防锈性能的重要指标。

(4)水溶性酸或碱。如果润滑油中含有可溶于水的无机酸、碱过多，特别容易引起氧化、胶化和分解化学反应，以至腐蚀机械，尤其是与水或汽接触的油品更是如此。例如，变压器油中，由于水溶性酸碱的存在，不仅会引起腐蚀，而且还会引起严重事故。

(5)机械杂质。机械杂质是指存在于润滑油中所有不溶于溶剂(如汽油、苯)的沉淀状或悬浮状物质，多数为砂、黏土、灰渣、金属磨损微粒等。机械杂质的含量常以重量百分比计量，它是反映油品纯洁性的质量指标。如果润滑油中机械杂质含量过高，会增加摩擦副的磨损及堵塞滤油器。

以上指标是衡量润滑油使用性能最简单的常用尺度。通过对这些指标的测定，一方面监测润滑系统，另一方面预测、预防机械润滑不良而可能出现的故障。

2.5.2　颗粒计数法

颗粒计数是评定油液内固体颗粒（包括机械磨损颗粒）污染程度的一项重要技术。它是对油样中的含有颗粒进行粒度测量，并按粒度范围进行计数，从而得到有关颗粒粒度分布的重要信号。

早期颗粒计数是靠光学显微镜和肉眼对颗粒进行测量和计数，后来采用图像分析仪进行二维的自动扫描和测量，但它们都需要先将颗粒从油液中分离出来。随着颗粒计数技术的发展，研制成功了各种类型的先进自动颗粒计数器，它们不需要从油样中分离出固体颗粒便能自动地对其中的颗粒大小进行测量和计数，因而在判断油液的污染程度方面非常有效。

颗粒计数方法主要有两种：

（1）显微镜颗粒计数。将油样经滤网过滤，然后将滤膜烘干，放在普通显微镜下统计不同尺寸范围的污染颗粒数目和尺寸。由于能直接观察磨损颗粒的形状、尺寸及分布情况，可定性了解磨损类型和磨损颗粒来源。该技术装备简单，但操作费时，人工计数误差较大，再现性也较差。

（2）自动颗粒计数。自动颗粒计数器都是利用传感器技术，当颗粒经过时将反映其大小的信号输出并同时计数。它不需要从油样中分离出固体颗粒，而是自动地对油样中的颗粒尺寸进行测定和计数。

目前的自动颗粒计数器大多属于线流扫描型，按工作原理来分又可分为遮光型、散光型和电阻变化型，一般由传感器、放大器、电路和计数装置组成。它们的共同点是都是使油样流经具有狭窄通道的传感器，而当颗粒经过时便有反映其大小的信号输出并同时计数。

国外最普遍使用的是基于遮光原理的计数器，其原理如图2-25所示。当光束受到流经光电管元件的油中的微粒遮断时，就对光电管的减弱信号的脉冲进行计数，根据脉冲信号分析，可将颗粒按大小分析情况分类。

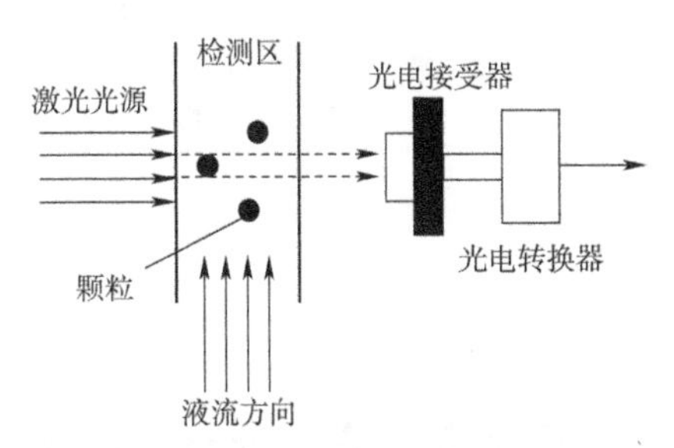

图2-25　遮光型颗粒计数器原理

颗粒计数计的优点在于它不但能记录油液中颗粒的数量，而且还能给出每个颗粒的尺寸大小，分析其统计规律，因此，它在判断油的污染程度上很有效。但它不能分辨被记录的颗粒种类，分不清这些颗粒是磨损颗粒还是外部侵入的固体污染颗粒。因此，这种仪器在反映机械磨损工况方面，远不如在判断油污染程度上那样敏感。

第3章　温度诊断

与机械有关的磨损、疲劳、裂纹、变形、腐蚀、剥离、渗漏、堵塞、松动、熔融、绝缘老化、油质劣化、黏合污染、异常振动等物理、化学过程，都直接或间接地与温度变化相关。尤其是机械内部有许多相对运动的零部件，零部件的相对运动将产生摩擦和磨损，继而导致零部件、润滑油或冷却液的温度升高。如果机械运行正常，其发热量应在一定范围内，如果某部分出现过热，则表示机械可能存在某种故障。因此，温度能反映机械运行状态的优劣。

温度测量一般都是利用物体的热膨胀、热电变换、热电阻、热辐射，以及熔点、硬度、颜色等随温度变化而变化的物理或化学效应实现的，按测温方式不同可分为接触式测温和非接触式测温两大类（图3-1）。

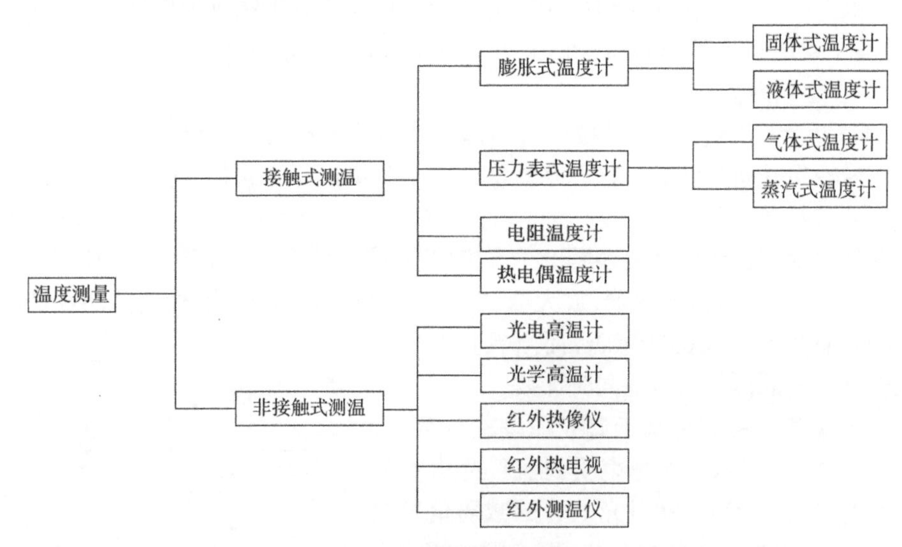

图3-1　常用测温方式分类

接触式测温基于热平衡原理测温，仪器简单、可靠，测量精度较高，但因测温仪器与被测介质需要进行充分的热交换，需要一定的时间才能达到热平衡，所以存在测温的延迟现象。同时，由于受材料耐高温性能的限制，不能应用于很高的温度测量。

非接触式测温通过热辐射原理测温，测温元件不需与被测介质直接接触，测温范围广，不受测温上限的限制，也不会破坏被测物体的温度场，反应速度一般比较快，但缺点是容易受到物体的发射率、测量距离、烟尘和水汽等外界因素的影响。非接触式测温不存在因需要热接触和热平衡所导致的应用范围上的限制，许多接触式测温无法测量的场合，都能采用红外测温来解决。红外测温可用于测量温度很高、距离很远、有腐蚀性介质、导热性差的物体，可用于测量目标微小、热容量小、带电或运动中的物体，也可用于记录温度变化的动态过程。同时，红外测温还具有响应时间快、使用安全及使用寿命长等优点。

3.1 接触式测温

接触式测温是将测温元件与被测机械相互接触而测温的，目前在机械上使用的主要有热电偶、膨胀式温度计、压力表式温度计、电阻温度计等。

3.1.1 热电偶测温

热电偶是最古老的热探测器之一，也是工业上最常用的温度测量仪器。

热电偶测温的优点是：

①测量精度高。热电偶直接与被测对象接触，不受中间介质的影响。

②测量范围广。常用的热电偶从 -50 ~ 1600℃均可测，某些特殊热电偶最低可测到 -269℃，最高可达2800℃。

③构造简单，使用方便。热电偶通常由两种不同的金属丝组成，而且不受大小和开头的限制，外有保护套管，用起来非常方便。

此外，它还有制作方便、热惯性小、响应时间快、使用寿命长、机械强度高、耐压性能好等优点，既可用于流体温度测量，也可用于固体温度测量；既可用于静态测量，也可用于动态测量；还能直接输出直流电压信号，便于温度信号测量、传输、自动记录和控制，因此，在温度诊断中被广泛使用。

1）热电偶测温原理

热电偶是基于热电效应，即塞贝克效应（Seebeck Effect）的原理进行测温的。热电效应是指当两种不同导体两端结合成一封闭回路时，若两接合点温度不同，则会在回路中产生热电势。因此，热电偶是将热能转变成电能的传感器，其原理如图3-2所示。当A、B两根导线连接成闭合回路时，回路中就产生热电势：

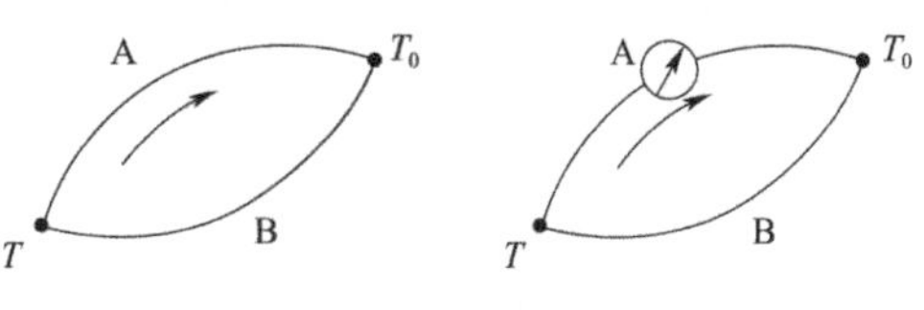

图3-2 热电效应

$$E_{AB}(T_0,T) = e_{AB}(T) - e_{AB}(T_0) - \int_{T_0}^{T} \sigma_A dT + \int_{T_0}^{T} \sigma_B dT \tag{3-1}$$

式中：σ——材料的汤姆逊系数，与材料的特性有关。

热电偶之所以能产生热点效应，其根本原理在于：金属原子（离子）对于金属中的自由电子的束缚能力与温度有关，而不同种类的金属原子（离子）对自由电子的束缚能力是不同的。如果将两种不同的金属熔接在一起，熔接界面的两边金属对自由电子的束缚能力不同，对电子束缚能力大的一侧金属就会带负电，另一侧金属会带正电。两侧金属存在电势差，而这个电势差随着熔接点温度变化而变化。这个电势差通常在几十微伏特，虽然很小，但是已经能精确测量了。通过对电势差-温度进行标定，就可以进行对温度进行测量了。现在的国际标准已做得很详尽,正规厂商生产的热电偶都是满足标准表的,使用时只要进行校正就可以进行测量了。

从热电效应中可以看到,对于由特定的两种材料制成的热电偶,其热电势 $E_{AB}(T_0,T)$ 只与两端温度 T_0、T 有关。若保持冷端温度 T_0 不变,则热电势是热端温度 T 的函数:$E_{AB}(T_0,T)=E_{AB}(T)$。因此,热电偶具有以下性质:

①热电偶的热电势只与结合点温度有关,与 A、B 材料的中间温度无关,这称为热电偶的中间温度定律。

②若在回路中插入第三种导体材料,只要第三种材料两端温度保持不变,将不影响原回路的热电势,这称为热电偶的中间导体定律。

③两种金属构成的热电偶的热电势,可以用这两种金属分别与第三种金属构成的热电势之差来表示,这称为热电偶的标准电机定律。

基于热电偶的性质,得到热电偶的用途如下:

①可用第三根导线引入电位计显示温度变化而不影响原回路热电势[图 3-3a)]。

②如果被测物体是导体,如金属表面、液态金属等,可直接将热电偶的两端 A、B 插入液态金属[图 3-3b)]或焊接在金属表面[图 3-3c)]上。这时,被测导体(液态金属或金属表面)就成了第三种导体。

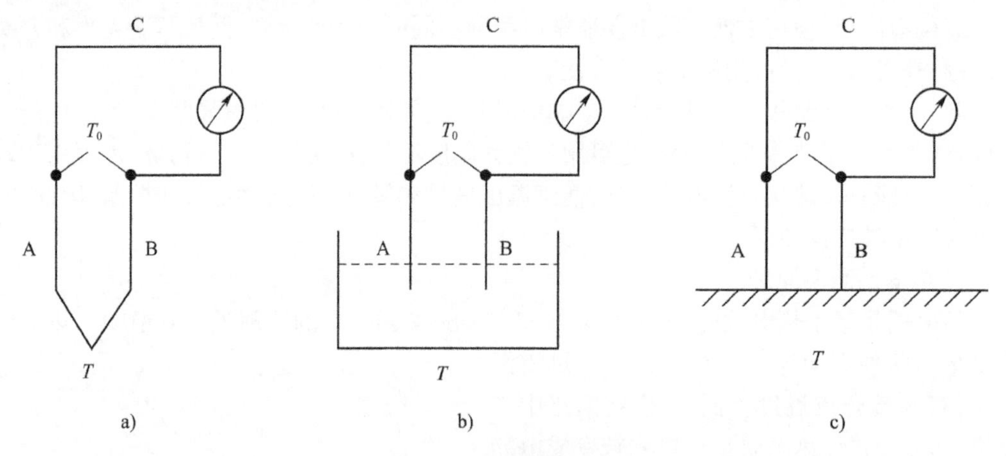

图 3-3 热电偶测温原理

2)常用热电偶

常用热电偶可分为标准热电偶和非标准热电偶两大类。标准热电偶是指国家标准规定了其热电势与温度的关系、允许误差,并有统一的标准分度表,它有与其配套的显示仪表可供选用。非标准化热电偶在使用范围或数量级上均不及标准化热电偶,一般也没有统一的分度表,只用于特殊场合的测量。

理论上,任何两种导体都可以配制成热电偶,但实际上纯金属虽然复现性好,但因其产生的热电势太小而无实用价值;非金属热电势大,熔点高,但其复现性和稳定性差,应用上也存在问题,仍处于研究中。目前常用的热电偶主要是有钝金属与合金、合金与合金两种类型的热电偶。纯金属-合金热电偶有铂铑 10-铂等;合金-合金热电偶有镍铬-纯铜、镍铬-镍硅等,表 3-1 列出了常用热电偶及其特性。

常用热电偶及其特性 表3-1

项目		热电偶名称			
		铂铑$_{39}$-铂铑$_{6}$（WRLL）	铂铑$_{10}$-铂（WRLB）	镍铬-镍硅（WREV）	镍铬-考铜（WREA）
分类号		LL-2	LB-3	EV-2	EA-2
热电极识别	正极	铂铑$_{39}$合金	铂铑$_{10}$合金，较硬	镍铬合金，无磁性	镍铬合金，色较暗
	负极	铂铑$_{6}$合金	纯铂，较软	镍硅合金，有磁性	考铜合金，银灰色
测温上限	长时间	1600℃	1300℃	1000℃	600℃
	短时间	1800℃	1600℃	1300℃	800℃
100℃热电势		0.034mV	0.643mV	2.1mV	6.95mV
主要特性		性能稳定，精度高，适用于氧化性和中性介质，但热电势小，价格贵，40℃以下冷端温度不用修正	复制精度和测量准确度较高，适用于精密测量以及作基准热电偶，热电势较小，价格贵	复制性好，热电势大，线性好，化学稳定性较高，价格便宜，是工业生产中最常用一种热电偶	热电势大，灵敏度高，价格便宜，但考铜合金丝受氧化易变质，质材较硬，不易得到均匀的线径

工业热电偶主要由热电偶丝、绝缘套管、保护套管、接线盒等组成。

3）热电偶的分类

（1）按固定装置形式不同分类。热电偶作为工业中的主要测温手段，用途十分广泛，因而对固定装置和技术性能有多种要求。热电偶固定装置常见的有无固定装置式、螺纹式、固定凸缘式、活动凸缘式、活动凸缘角尺形式、锥形保护管式等。

（2）按装配方式及结构不同分类。热电偶可分为可拆卸式热电偶、隔爆式热电偶、铠装热电偶和压弹簧固定式热电偶等特殊用途的热电偶。

4）热电偶测温时的注意事项

在用热电偶测温时，通常会出现以下容易被忽视但却会影响测温结果的因素。

（1）响应时间的影响。接触式测温要求测温元件要与被测对象达到热平衡。需要保持一定时间，才能使两者达到热平衡。保持时间的长短，同测温元件的热响应时间有关。热响应时间主要取决于传感器的结构及测量条件，差别极大。所以，要根据不同类型的热电偶选择合适的升温速率、热平衡时间。

（2）绝缘电阻的影响。耐磨热电偶在高温下，其绝缘电阻随温度升高而急剧减小，因此将产生漏电流，该电流通过绝缘电阻已经下降的绝缘物流入仪表，使仪表指示不稳或产生测量误差。因此，在热电偶安装之前不要忽视对其绝缘电阻的测试，只有当满足检定规程要求时，才能进行温度允差检定。

（3）热电偶长度的影响。热电偶在离开测温区后要有足够宽的温度梯度区，热电偶的热电动势也就产生在这一区域。要有效阻止热电偶热端（测量端）的热量传给冷端（接线端），最基本的方法就是使热电偶的冷端远离热端。一般来说，由于热电偶长度不够带来的误差是负的，修正值是正的，长度越短，误差越大，因此，在安装检定之前需要确定热电偶的长度。

（4）热电偶丝弯曲的影响。热电偶丝细而软，极易变形，当偶丝发生折叠、扭曲等塑性变形使热电极的偶丝产生应力时，就会改变热电偶的热电特性，从而影响测量结果的准确性。因此，检测前一定要把热电偶丝拉直。

(5)热电偶丝污染的影响。热电偶丝被污染，甚至被氧化，会使热电极偶丝表面不光亮、发暗发黑，这时热电极的热电特性极不稳定，测量数据的准确性较差。因此，要清洗有污染的电极，消除污染层。

3.1.2 热电阻测温

热电阻又称电阻温度计，是中低温区最常用的一种温度检测仪器。它利用导体、半导体的电阻值随温度变化而变化这一特性来进行温度测量，其主要特点是测量精度高，性能稳定。

热敏电阻基本上是用半导体材料制成的，有负电阻温度系数(NTC)和正电阻温度系数(PTC)两种。

根据材料的不同，电阻温度计分为金属丝电阻温度计和半导体热敏电阻温度计两种。

1)金属丝电阻温度计

当温度变化时，金属丝电阻温度计的电阻值也发生变化，当材料的温度由 t_0 增加到 $t(t=t_0+\Delta t)$ 时，其电阻值 R_t 为：

$$R_t = R_0(1+\alpha\Delta t) \tag{3-2}$$

式中：R_0——t_0 时的电阻值；

α——电阻温度系数。

电阻温度系数随材料的不同而不同，在电阻温度计中一般希望 α 越大越好。因此，测量电阻 R_t 就可知道温度 t。

金属丝电阻温度计具有测温精度高、线性好、稳定性好、电阻温度系数大等优点。

常用的金属丝电阻温度计有铂电阻和铜电阻两种。铂电阻材料为金属铂，符号为WZB。铂电阻测温精度高，适用于中性和氧化性介质，稳定性好，具有一定的非线性，且其温度越高电阻变化率越小，测温范围在 -26 ~ 600℃之间，可用作国际实用温标基准器来校准其他温度计。铜电阻材料为金属铜，符号为 WZG。铜电阻的测温范围在 -50 ~ 150℃之间，具有价格便宜、线性度好等优点，但也有电阻率低、高温会氧化等缺点。我国最常用的铂电阻有 $R_0=10\Omega$、$R_0=100\Omega$ 和 $R_0=1000\Omega$ 三种，分度号分别为 Pt10、Pt100、Pt1000；铜电阻有 $R_0=50\Omega$ 和 $R_0=100\Omega$ 两种，分度号分别为 Cu50 和 Cu100。其中，Pt100 和 Cu50 应用最为广泛。

此外，镍、锰和铑等金属材料也可用于制造热电阻。

2)半导体热敏电阻温度计

半导体热敏电阻温度计是由半导体金属氧化物(如 MnO_2、NiO 等)制成。半导体热敏电阻温度计与金属丝电阻温度计相比具有电阻温度系数大(比金属大 10 ~ 100 倍)、灵敏度高、可测 0.001 ~ 0.005℃的微小温差、可制成各种形状、宜动态测量、精度达毫秒级、半导体本身电阻大(3 ~ 700kΩ)、远距离测量时导线电阻影响可不考虑、抗腐蚀性好、在 -50 ~ 350℃稳定性好等优点。半导体热敏电阻温度计的缺点是非线性大、老化快、对环境温度反应灵敏、互换性差、易受环境的干扰、使用时需经常校准。

热电阻测温系统一般由热电阻、连接导线和显示仪表等组成。使用中必须注意:热电阻和显示仪表的分度号要一致;为了消除连接导线电阻变化的影响,必须采用三线制接线法。

3.1.3 易熔合金测温

易熔合金测温法是利用易熔合金(易熔塞)测量温度。它是基于纯金属,如锡(Sn)、镉(Cd)、铅(Pb)、铋(Bi)、铟(In)等,以及某些共熔合金(如铋锡合金)具有固定熔点的特点,把这些具有固定熔点的金属(合金)丝嵌入被测零件表面,当零件经过一定时期的运转后观察金属丝是否融化,以确定该点的温度范围。此法优点是安装方便,尤其对运动零件的测温简单易行,结果直观。但每次只能测一种工况下的温度值,且各点的温度难以准确测定。

以发动机活塞温度为例,安装好多个易熔塞后,在稳定工况下,机械运行时间应不少于15～20min。然后取出活塞,清除积炭,仔细确定哪些易熔塞已经熔化,哪些半熔化或未熔化。将其结果标注在试验前已经填好的易熔塞标号表中,做进一步分析。

3.1.4 硬度塞测温

硬度塞测温是基于金属材料淬火后,若在不同的温度下回火,其表面硬度将产生永久性硬度变化的原理进行测温。图3-4所示为GCr回火后硬度与回火温度的关系,回火温度越高,金属的表面硬度越低。因此,只要选择适当的金属材料加工成小螺钉,经过淬火后,将其装入被测物体的表面,在机械运行一定时间后,取出这些螺钉,放在硬度计上测其表面硬度,并根据事先绘制出的该材料的温度-硬度曲线,即可知道被测物体的温度。

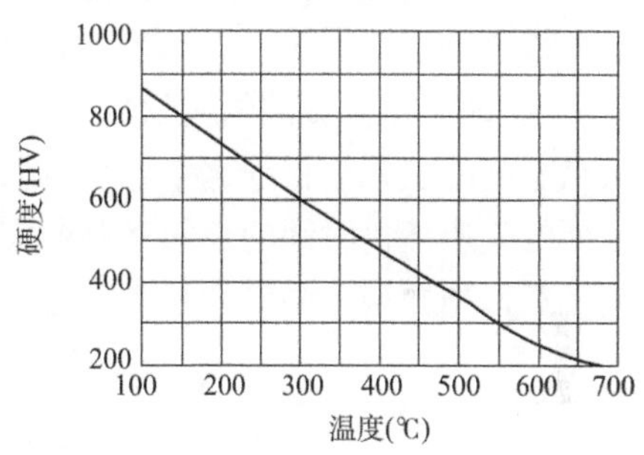

图3-4 GCr回火后硬度与回火温度的关系

该方法的优点是安装方便,不需要引线,易进行温度场的测量;其缺点是测量精度不高,且硬度计需要专业人员操作,操作不当可能导致较大的测量误差。

3.1.5 示温涂料测温

示温涂料测温法是利用某些物资的颜色会随着温度的变化而变化的特征来进行测温的。例如,复盐碘化汞(HgI_2)、碘化亚铜(Cu_2I_2)的温度达到70℃时,就会从红色变为黑色。

示温涂料法测温通常要求示温涂料随温度变化的过程不可逆。为了便于进行零件温度分布的实际观察,可通过选取某些在多点温度下会相继变色的物质,或者通过混合多种具有单个变色温度的材料而制取示温涂料。

根据示温涂料法原理,可制成变色表面温度示温片和示温带。测温时,只要将表面温度示温片(示温带)黏附在被测机械的干燥表面,并保持良好接触即可。当被测表面温度达到该指示器所代表的温度时,便会显示出数字或图形(图3-5)。此法的测温范围在40～260℃之间。变色温度与温度的延续时间有关,延续时间越长,变色温度越低。因此,有时需要用变色温度-时间关系曲线校正测试结果。

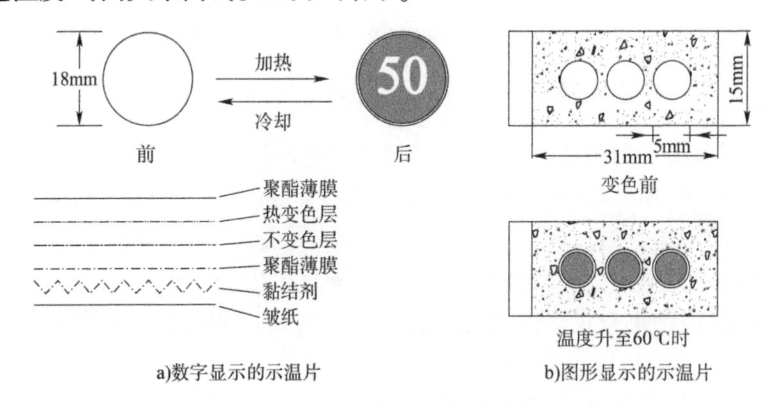

a)数字显示的示温片　　b)图形显示的示温片

图 3-5　表面示温指示器

3.1.6　示温蜡片测温

示温蜡片测温法是利用某些物质在不同的温度下能够发生熔化或变色的特性进行测温。国产示温蜡片的额定显示温度有 55℃、60℃、70℃、80℃、90℃和 100℃六种。使用时,可根据机械额定工作温度选择相应的示温蜡片贴在监测部位。当被测部位温度超过示温蜡片额定温度时,示温蜡片即熔化脱落,显示过热。如果需要了解机械表面的温度变化过程,则可在机械的相应部位上贴上 2 ~ 3 种温度在变化范围内的示温片,便可显示出机械温度的变化。根据这个原理,制成了结构简单、便携式的测温笔。它可根据画在机械表面的笔痕变色时间的长短来判断温度范围。目前已有 70℃、80℃、125℃等温度的测温笔。某系列国产示温蜡片基本信息见表 3-2。

某系列国产示温蜡片基本信息　　表 3-2

型　号	额定温度(℃)	颜　色	误差(℃)
SW-55	55	柠檬黄	误差 ±1
SW-60	60	黄色	误差 ±1
SW-70	70	绿色	误差 ±1
SW-80	80	红色	误差 ±1
SW-90	90	酱色	误差 ±1
SW-100	100	蓝色	误差 ±1

3.2　红外非接触式测温

接触式测温必须使测温元件与被测机械的表面良好接触,得出的测量温度才正确。接触式测温测出的温度值实际上是测温计的感温元件的温度,需要一定的接触响应时间,感温元件才能与被测机械“同温”。实际上,感温元件与被测机械的温度可能会有一定的差值,因而会造成一定的测量误差。对于一些特殊场合,如温度特别高或特别低、腐蚀介质、导电介质、导热性差的机械等,接触式测温甚至无法测温,这就需要采用非接触式测温。

红外测温集光电成像技术、计算机技术、图像处理技术于一身，通过接收物体发出的红外线（红外辐射），将其热像显示在荧光屏上，从而准确判断物体表面的温度分布情况。它在生产过程中、产品质量控制和监测、设备在线故障诊断和安全保护以及节约能源等方面发挥了着重要作用。近几十年来，红外测温仪在技术上得到迅速发展，性能不断完善，功能不断增强，品种不断增多，适用范围也不断扩大，市场占有率逐年增长。

目前，应用红外技术的测试仪器较多，主要有红外测温仪、红外热电视、红外热像仪等。红外热电视、红外热像仪等利用热成像技术将看不见的“热像”转变成可见光图像，使测试效果直观、灵敏度高，能检测出机械细微的热状态变化，准确反映机械内部、外部的发热情况，对发现机械隐患非常有效。

3.2.1　红外测温原理

红外光也叫红外线，它由英国科学家 F. W. 赫胥尔于 1800 年发现。红外线与可见光一样是电磁波的一种，是自然界存在的一种最为广泛的电磁波辐射。宇宙中电磁波的波谱从波长小于 $10^{-6}\mu m$ 的宇宙射线到电力传输用的波长达 $10^{5}\mu m$ 的长波，范围很宽。

红外线在电磁波连续频谱中处于无线电波与可见光之间的区域。可见光的波长在 0.4 ~ 0.76μm 之间，其中波长最短的是紫光，最长的是红光。比紫光波长短的叫紫外线，比红光波长长的叫红外线，它们都是不可见光。图 3-6 所示是各种光在电磁波中的位置。

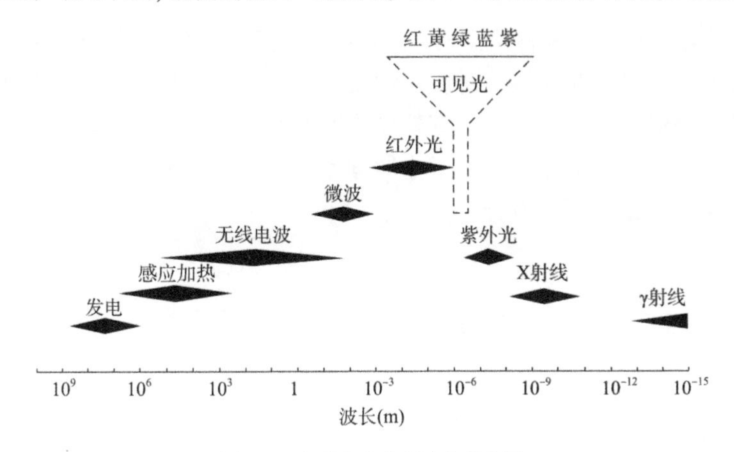

图 3-6　各种光在电磁波中的位置

红外线的波长为 0.76 ~ 1000μm，可进一步分为近红外线（0.76 ~ 3μm）、中红外线（3 ~ 6μm）、远红外线（6 ~ 15μm）和超红外线（或称极红外线，15 ~ 1000μm）。红外线和其他光一样以光速传播，可被吸收、散射、反射、折射等，遵循光波相同的定律。

根据斯忒藩-玻尔兹曼（Stefan-Boltzman）定理，任何物体，只要其温度高于绝对零度（−273.16℃）都要向外辐射能量。从紫光到红光热效应逐渐增加，而最大的热效应在红外光区域。辐射的能量与温度有关，物体温度越高，向外辐射的能量就越多。物体的辐射强度 W 与其热力学温度 K 的四次方成正比：

$$W = \sigma \varepsilon K^{4} \tag{3-3}$$

式中：W——物体单位面积辐射功率（W/m^{2}）；

σ——斯忒藩-波尔兹曼常数($\sigma = 5.67 \times 10^{-8} W/m^2K^4$);

ε——物体的比辐射率。

比辐射率是指真实物体的辐射度与绝对黑体的辐射度之比。绝对黑体是指任何温度下全部吸收任何波长的辐射。在同样的温度和相同表面的情况下,绝对黑体辐射的功率最大。绝对黑体的比辐射率 $\varepsilon = 1$,理想的绝对黑体在自然界中是不存在的。自然界中真实物体的比辐射率 ε 总是小于1。表3-3为各种常见机械材料的比辐射率。

各种材料的比辐射率　　表3-3

材料	温度(℃)	辐射率	材料	温度(℃)	辐射率
铝	20~1000	0.04~0.20	镍	100~1205	0.045~0.86
黄铜	20~600	0.03~0.61	铂	50~1100	0.05~0.18
青铜	50~150	0.10~0.55	铸铁	50~1300	0.21~0.95
铜	5~1300	0.01~0.88	钛	200~1000	0.15~0.60
铬	50~1000	0.10~0.38	钨	200~3300	0.05~0.39
铁	20~525	0.05~0.85	锌	50~1200	0.04~0.60
钢	20~1100	0.11~0.98	石棉	20~1000	0.40~0.96
铅	20~200	0.28~0.93	纸	20~1000	0.70~0.96

3.2.2 红外探测器

各种红外仪器之所以能够测到红外线,是因为它们有一个专门对红外线敏感的元件,人们通常把这种元件叫作红外探测器。红外探测器又称"扫描器"或"红外摄像仪""摄像头"等,是红外仪器的核心部件之一。红外探测器就是能够把入射的微弱红外光转换为可以测量的电信号的光电转换器。根据工作原理不同,红外探测器可分为热敏探测器和光子探测器,它们的分类如图3-7所示。

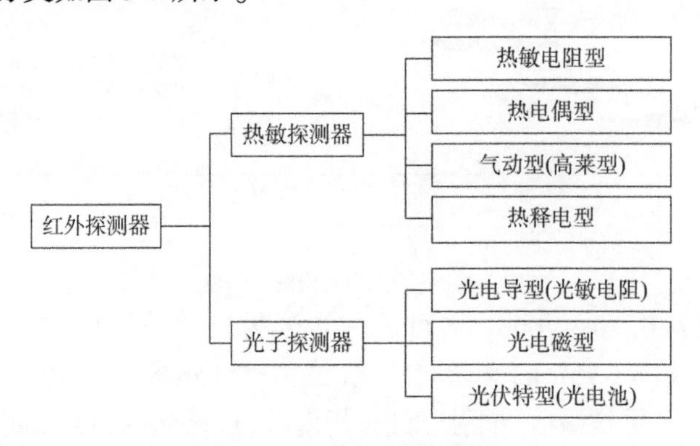

图3-7　红外探测器的分类

1)热敏探测器

物体吸收辐射,晶格振动加剧,辐射能转换成热能,温度升高。由于物体温度升高,与温度有关的物理性能发生变化。这种物体吸收辐射使其温度发生变化从而引起物体的物理、机械等性能相应变化的现象称为热效应。热敏探测器就是利用探测元件吸收入射的红外辐射能量而引起温升,在此基础上借助各种物理效应把温升转变成电信号的一种探测器。红外光具有很强的热效应,热敏探测器就是利用红外辐射产生热效应的原理制成的。

热敏探测器光电转换的过程分为两步:第一步是热探测器吸收红外辐射引起温升,这一步对各种热探测器都一样;第二步利用热探测器某些温度效应把温升转变成电信号。因红外辐射使敏感元件温度升高比较缓慢,所以,相对于光子探测器而言,热敏探测器的响应时间较长,大约在毫秒级以上。热敏探测器对入射的各种波长辐射线基本上具有相同的响应率[图3-8a)],因此,它属于无选择性红外探测器。

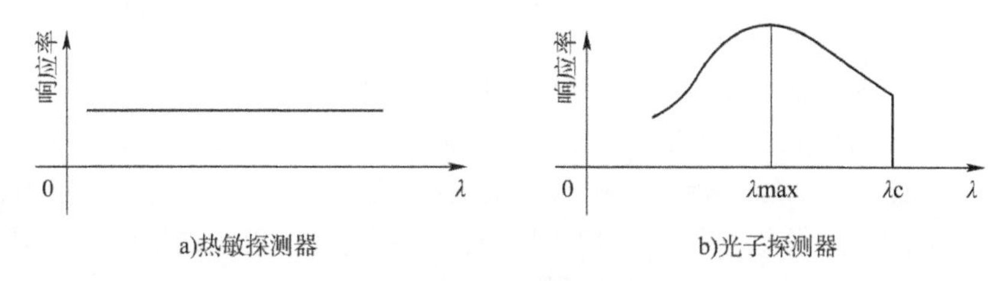

图3-8 不同红外探测器的响应率

热探测器常被分为四种:气动探测器(高莱管)、热电偶或热电堆、热敏电阻、热释电探测器。

(1)气动探测器(高莱管)。利用充气容器接受热辐射后温度升高气体体积膨胀的原理,测量其容器壁的变化来确定红外辐射的强度。这是一种比较老式的探测器,但在1947年经高莱改进以后的气动探测器,用光电管测量容器壁的微小变化,使灵敏度大大提高。

(2)热电偶或热电堆。热电偶是基于温差电效应工作的。单个热电偶提供的温差电动势比较小,满足不了某些应用的要求,所以常把几个或几十个热电偶串接起来组成热电堆。热电堆可以比热电偶提供更大的温差电动势,新型的热电堆采用薄膜技术制成,因此称为薄膜型热电堆。

(3)热敏电阻。热敏电阻的阻值随自身温度变化而变化。它的温度取决于吸收辐射、工作时所加电流产生的焦耳热、环境温度和散热情况。

(4)热释电探测器。热释电探测器是发展较晚的一种热探测器。热释电探测器的探测率比光子探测器的探测率低,但它的光谱响应宽,在室温下工作,已在红外热成像、红外摄像管、非接触测温、入侵报警、红外光谱仪、激光测量和亚毫米波测量等方面获得了应用,成为一种重要的红外探测器。

2)红外光子探测器

除热敏探测器外,还有一类探测器是利用光电效应进行测温,称为红外光子探测器。它是利用红外辐射的光子投射到半导体器件(光敏元件),使半导体器件的电子-空穴对分离而产生电信号,测量其电信号就可得到红外辐射能量。由于不同波长的红外光子具有不同的光子能量,对于某一特定的物质,存在着一个特定的红外波长,如果红外光波长大于这一波长,光子与物质相互作用的程度较弱,因此无法探测,这一特定波长就叫作探测器的响应截止波长 λ_c。因此,光子探测器一般都工作在特定的波段[图3-8b)]。表3-4列出了一些目前典型的各波段光子探测器。常见的如碲镉汞、锢镓砷探测器,响应率很好,可达 10^{-10}s 级。

典型的各波段光子探测器　　表 3-4

波长范围(μm)	工作在该波段的典型红外光子探测器
0.7～1.1	硅光电二极管(Si)
1～3	铟镓砷(InGaAs)、硫化铅(PbS)探测器
3～5	锑化铟(InSb)、碲镉汞(HgCdTe)探测器
8～14	碲镉汞(HgCdTe)探测器
>16	量子阱(QWIP)探测器

3)光子探测器和热敏探测器的比较

与热敏探测器相比较,光子探测器对红外光的探测率较高,通常被用于需要高灵敏探测的仪器中。光子探测器,尤其是中、长波红外探测器,通常要求工作在深低温环境中。这是因为,在常温下,探测器会有较大的暗电流,信噪比低。所以,一般要采用制冷机或者液氮将光子探测器的工作温度降到 -190℃左右,这给一般应用增加了麻烦。但是,光子探测器具有响应速度快的特点,其响应时间一般在微秒(μs)或纳秒(ns)级,因此在一些快速测量的场合,只能采用光子型探测器。如随着我国火车不断提速,列车轴温测量红外系统的探测器从原来的热敏探测器逐渐更换为半导体致冷的光子红外探测器,其原因就是原有的热敏探测器毫秒(ms)级的响应时间已经来不及测量靠得较近的两个火车轮轴的温度。光子探测器和热敏探测器的性能比较见表 3-5。

光子探测器和热敏探测器的性能比较　　表 3-5

种　类	灵敏度	响应速度	制冷	使用	其　他
光子探测器	高	快	需要	不太方便	灵敏度随波长变化
热敏探测器	低	慢	不需要	方便	耐用、价低、对波长响应变化微小

4)红外探测器的特征参数

红外探测器性能的优劣主要用探测器材料、工作类型、工作温度、工作波长、响应时间以及响应率、探测率来衡量。

(1)响应率 R。响应率是指输出信号电压(或电流)与输入红外辐射功率之比。为了便于测量,避免探测器噪声和背景辐射的影响,通常输入的红外辐射功率是经过调制的,输入与输出都是指调制成某一正弦频率分量的均方根值和平均值。

(2)探测率 D。探测率是指当单位功率的红外辐射入射在单位探测面积的探测器上时,所能获得的单位带宽的信噪比。表 3-6 是几种红外探测器及其主要技术性能。

几种红外探测器及其主要技术性能　　表 3-6

探测器材料	工作类型	工作温度(K)	峰值波长 λ_p(μm)	峰值探测率 D($cm \cdot Hz^{1/2} \cdot W^{-1}$)	响应时间(s)/频响
InAs	光伏	77	2.8	7×10^{11}	5×10^{-7}
PbS	光电导	77	3.8	6×10^{10}	3.2×10^{-5}
PbTe	光伏	77	5	8.7×10^{10}	2.5×10^{-3}
TGS	热释电	295	1000	1×10^{9}	10Hz
Ge-B	高莱管	295	1000	2×10^{-10}(NEP)	1.5×10^{-2}

3.2.3 红外成像仪

红外成像就是将肉眼看不见的红外能量变成肉眼可见的红外热图像显示出来的技术。红外成像系统的主要部分是红外探测器和监视器(图3-9)。红外探测器主要由成像物镜、光机扫描机构、制冷红外探测器、控制电路及前置放大器等组成。红外监视器包括视频放大部分、A/D转换部分和信号处理部分等。

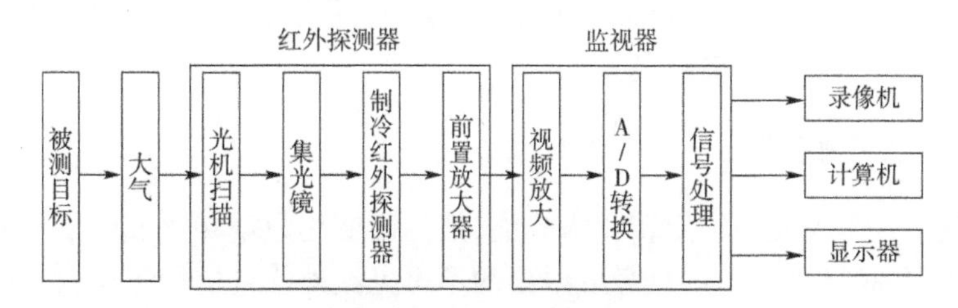

图3-9 红外成像系统的组成

红外成像可分为主动式红外成像和被动式红外成像。

1)主动式红外成像

主动式红外成像的原理如图3-10所示,它是用一个红外辐射源照射被测物体,被测物体将反射红外辐射,用传感器接收摄取被测物体反射的红外辐射信号,经放大和处理后在显示器上形成二维热图像。

2)被动式红外成像

被动式红外成像的原理如图3-11所示。温度在绝对零度以上的物体,都会因自身的分子运动而辐射出红外线。将红外探测器将物体辐射的功率信号转换成电信号后,成像装置的输出信号就可以完全一一对应地模拟扫描物体表面温度的空间分布,经电子系统处理,传至显示屏上,得到与物体表面热分布相应的热像图。运用这一方法,能实现对目标进行远距离热状态图像成像和测温。

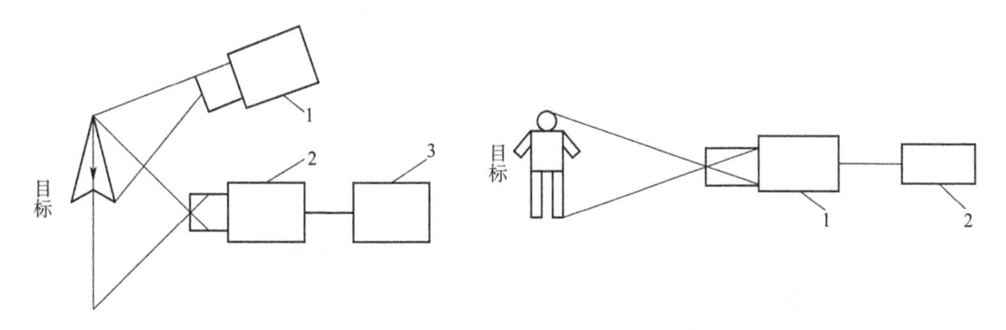

图3-10 主动式红外成像原理
1-红外光源;2-摄像机;3-监视器

图3-11 被动式红外成像原理
1-摄像机;2-监视器

红外热像仪一般分为光机扫描成像系统和非扫描成像系统。光机扫描成像系统一般在扫描仪的前方安装光学镜头,依靠机械传动装置使镜头摆动,形成对目标的逐点逐行扫描,入射的光束经过反射后,又汇成一束平行光投向聚焦反射镜,使能量汇聚到探测元件上,原件将接受的电磁波能量转换成电信号,并最终转换成光能量,在胶片上形成影像。

光机扫描成像系统采用单元或多元(元数有8、10、16、23、48、55、60、120、180至更多)光电导或光伏红外探测器,用单元探测器时速度慢,主要是帧幅响应的时间不够快,多元阵列探测器可做成高速实时热像仪。

非扫描成像的热像仪,如近几年推出的阵列式凝视成像的焦平面热像仪,属新一代的热成像装置,在性能上大大优于光机扫描式热像仪,有逐步取代光机扫描式热像仪的趋势。

由于被动式红外成像无须外部红外热源照射、使用方便,因而得到广泛的使用,从而成为红外技术的一个重要发展方向。

3.2.4 红外测温仪

红外测温仪是将吸收的辐射转化为热能,把温度变化数据转化成电子信号,并进行放大显示的仪器,它通过接收物体自身发射出的不可见红外能量进行工作,特别适用于高温远距离非接触式测温。通常,红外测温仪由光学系统、红外探测器、电信号处理器、温度指示器、瞄准器、电源及机械结构等附属设备组成(图3-12)。其中,光学系统的作用是收集被测目标物体的辐射能量,使之会聚到红外探测器的接收光敏面上。红外探测器的作用是把接收到的红外辐射能量转换成电信号输出。电信号处理系统是将探测器产生的微弱信号放大,进而进行线性化输出、辐射率调整、环境温度补偿、系统噪声抑制等处理。

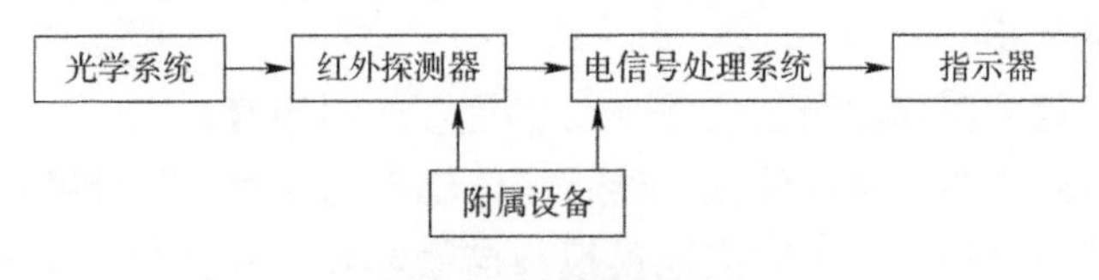

图3-12 红外测温仪组成

3.3 温度诊断实例

机械温度诊断就是利用各种测温技术,测量机械的温度以及其变化和分布,来判断机械故障的一种诊断方法。

3.3.1 接触式温度诊断

目前,机械上常用的温度测量方法是接触式测量,按测量的对象不同又分为流体温度测量和零件温度测量。

1)流体温度测量

流体温度测量主要是测量机械系统中各种流体介质的温度,通常又分为稳定温度测量和动态温度测量。前者是指稳定的或变化缓慢的温度测量,如冷却液温度、机油温度、润滑油温度、环境温度等;后者是指急速变化的温度,如燃烧火焰温度、燃气温度、排气温度等。

流体温度监测仪器及监测部位见表3-7。

流体温度监测仪器及监测部位　　表3-7

监测参数	监 测 仪 器	监 测 部 位
进气温度	液体热电温度计	总进气管中
排气温度	热电偶温度计	排气管总管凸缘下50mm处
进出水温度	电阻温度计、热电偶、压力式液体温度计	冷却液进出口
润滑油温度	电阻温度计、热电偶、压力式液体温度计	主油管内、避免在死油区
环境温度	液体温度计	在被测对象周围约1.5m处

2)零件温度测量

零件的温度测量主要是测量各种零部件的表面温度和体内温度,如活塞、活塞环、汽缸壁、汽缸盖、排气阀、阀座、喷油器、热交换器、齿轮、轴承以及电气元器件等。

零件的温度测量一般采用直接测温法,如触摸法、示温法、硬度塞法、热电偶,有时也可采用非接触测量。

温度测量中,以零件内部的温度测量最为困难,常常需要采取一定的措施才能进行测量,而热电偶能够对各种工况下零件体内温度实现连续测量。红外测温可以在机械的外部测量零部件甚至是整个机械的温度,监测机械的运行状态,故在一些重要的机械故障诊断中应用。红外测温也是机械故障诊断的发展方向。

3)测温实例

【实例3-1】　排气阀温度的测定。

内燃机的排气阀是热负荷最严重的零件之一。排气阀常见的一些故障,如黏结、烧蚀等,往往由于过高的温度而造成。因而,准确地测定排气阀温度,对于寻找排气阀的故障原因极为重要。

图3-13是发动机排气阀测温装置简图。测温时,在被测排气阀杆中心处,利用硬质合金钻头钻一个小深孔,孔底部距气阀底平面1.5mm。将双孔瓷管内的热电偶丝放入深孔中,热电偶的头部与底面焊接在一起。孔内加石英粉作为填充物。为保护热电偶,阀杆顶部加一小帽,导线从小罩帽两端缺口处引出,并用环氧树脂粘固。

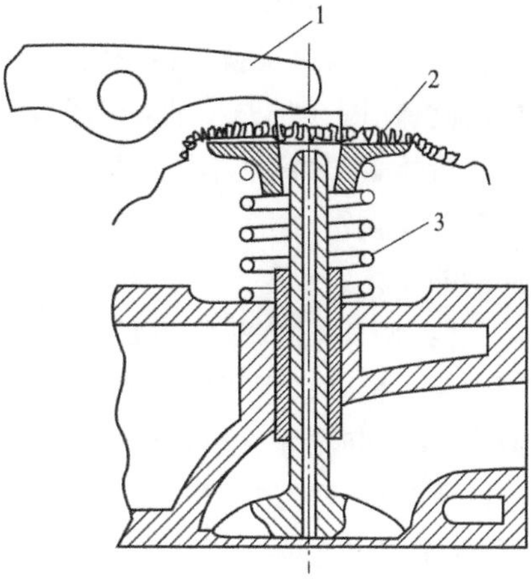

图3-13　发动机排气阀测温装置简图

1-摇臂;2-热偶丝;3-弹簧

【实例3-2】　活塞温度测定。

活塞温度是反映发动机性能的重要指标。柴油机铝合金活塞有三个危险区,其相应的允许温度分别是:活塞顶部为370~400℃;第一环槽为200~220℃;活塞销处为260~270℃。如果活塞顶部温度超过400℃,就会使活塞开裂;如果第一环槽温度超过220℃,活塞环就会发生黏结,在环槽底部产生积炭,加速环槽的磨损;如果活塞销的温度超过270℃,则因材料强度的下降,在压力作用下销孔将发生变形。所以,在诊断发动机故障的过程中必须对活塞的热负荷状况有所了解,寻找影响活塞温度的主要因素,或探索活塞温度对发动机工作过程的影响。

测量活塞温度的热电偶丝外表需涂一种聚酰来胺的高温绝缘漆,它在-200~

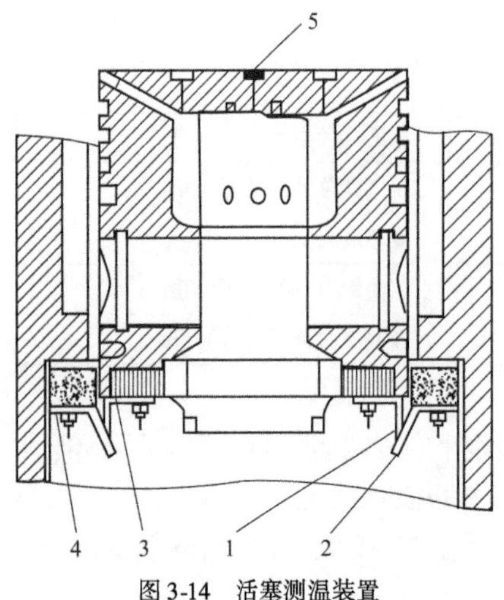

图 3-14　活塞测温装置

1-直片状动触头;2-直片状静触头;3-动触头固定环;4-静触头固定环;5-热电偶热点

400℃范围内具有较高的机械和绝缘性能,同时具有耐水、耐油等性能。除了小型发动机可将热电偶直接焊接到活塞上,一般都需将热电偶的热接点焊在与活塞相同材料的套帽上。图 3-14 所示是活塞测温装置。

3.3.2　红外温度诊断

红外温度诊断应用广泛,几乎遍及各行各业,如可进行电力设备的状态检测,通过定期对大型发电厂和变电站、输电线路等设备和接头进行热像监视,测量其温度分布确定机械设备内部缺陷位置;在冶金工业中用热像图监视温度对钢质量进行控制;在化工工业中检测热交换器等化工设备的密封性、焊缝焊接性、管路堵塞等。

【实例 3-3】　轴承磨损故障的红外诊断。

利用红外测温来获取轴承温度,并分析轴承工况是轴承故障诊断的常用方法。机械中大量使用轴承,轴承在工作过程中因相互摩擦会产生热量,这些热量一部分散入空间,另一部分传给箱体,通过箱体向外扩散。性能好的轴承的运动件之间的相互摩擦小,工作过程中产生的热量就少,从热源——轴承到箱体外缘的温差就小,因此,测量到的等温线相对就疏[图 3-15a)];性能差的轴承相对运动的运动件之间摩擦大,在工作过程中产生的热量就多,热量来不及扩散,在箱体上从热源——轴承到箱体外缘的温差就大,测量到的等温线就密[图 3-15b)]。因此,通过等温线的疏密就可比较两个相同工作状态的轴承性能的好坏。

【实例 3-4】　箱体热变形的红外诊断。

当一根轴在箱体两端的轴承一个性能好、一个性能差时,性能差的轴承摩擦产生的热量多,箱体热膨胀大、变形大;性能好的轴承摩擦产生热量少,箱体热膨胀小、变形小。不同的热膨胀将导致轴两端产生倾斜(图 3-16)。轴的倾斜不仅影响运行,而且增加轴承的磨损,加剧其损坏。一般直接测量热变形困难,用红外测温实测两侧箱体四周温度分布,即可了解箱体两侧热变形情况。若箱体两侧温差大,则可判断热变形大的轴承有故障,需及时更换故障轴承。

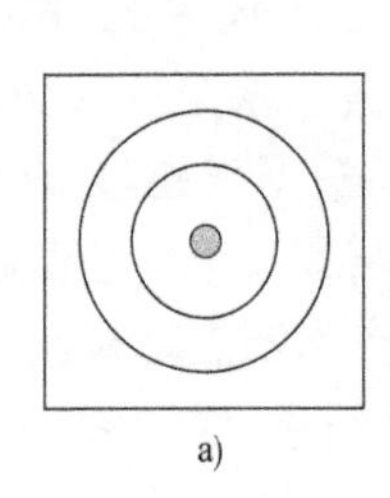

a)

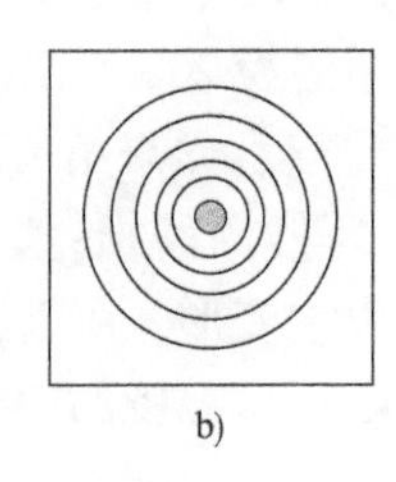

b)

图 3-15　轴承磨损的红外诊断示意图

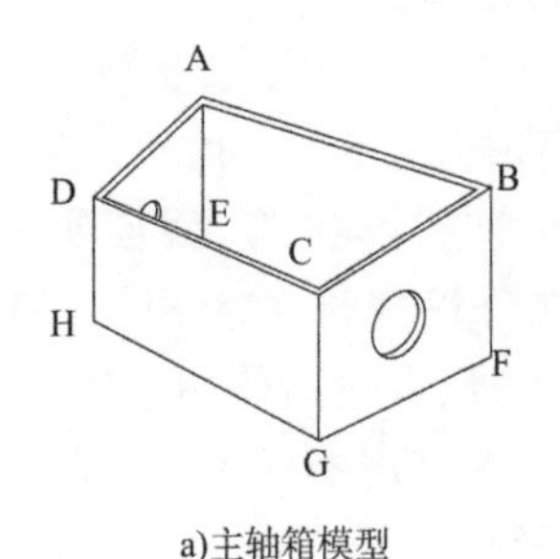

a)主轴箱模型

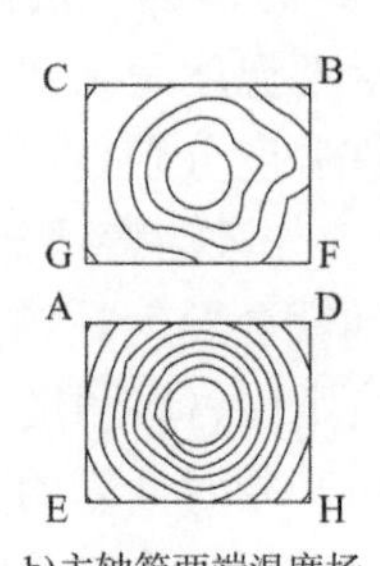

b)主轴箱两端温度场

图 3-16　机床主轴箱热变形

【实例 3-5】 红外无损探伤。

红外无损探伤的原理为：当加热被测金属材料时，热量将沿金属表面流动，若材料内部无缺陷，热流将均匀［图 3-17a)］；若材料内部有缺陷，则热流特性将改变，形成不规则区域［图 3-17b)］。因此，测量被测金属材料表面温度分布，即可发现金属材料内部缺陷所在。

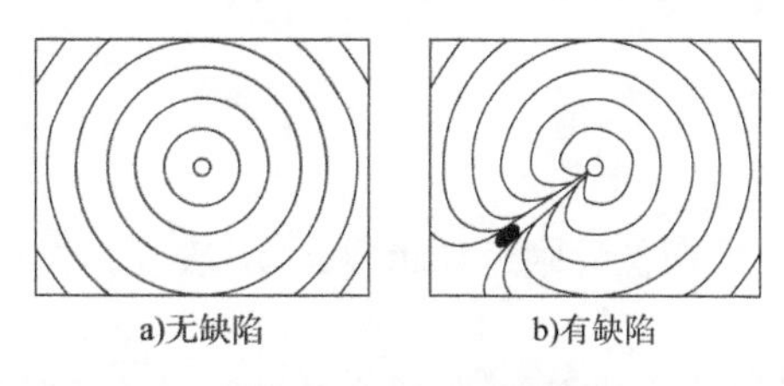

图 3-17 红外无损探伤

红外无损探伤具有以下特点：一是加热和被测设备简单，二是各种材料的各种缺陷都能测量。

红外无损探伤可分为主动红外探伤和被动红外探伤两类。红外无损主动探伤的方法是：用一外部热源加热被测金属材料，同时(随后)测量材料表面温度(或温度分布)，即可判断材料内部缺陷。它主要应用于多层复合材料、蜂窝材料的缺陷和脱胶的探查，以及焊接件焊接质量的检测等。红外无损被动探伤的方法是：加热或冷却试件，在一个显著区别于室温的温度下保温到热平衡，利用被测物体自身的红外辐射不同于环境辐射的特点来检测物体表面温度或温度分布，表面温度梯度不正常表明试件中存在缺陷。被动式红外无损缺陷探伤的主要特点是不需要外部热源，特别适用于现场探伤。

第4章　振动诊断

机械振动，是指物体在平衡位置附近作重复运动，表现为位移、速度、加速度量值的大小随时间上下交替变化。

振动是机械运行过程中的必然现象，如坐在公共汽车上人体感到的晃动，汽车经过不平路面时的颠簸，行车、停车过程中的冲击，发动机的抖动等，都为振动。许多机械产生故障就会表现为振动过大，振动过大又会加速机件磨损，形成恶性循环。

振动在机械运转过程中或多或少都会出现。即使在良好的状态下，由于机械在制造和安装中的误差（如不平衡、不对中）及其本身的性质（如齿轮传动机构等）也会产生振动。

大部分机械内部异常时，如轴承磨损或疲劳破坏、齿轮的断齿或点蚀等，会导致振动量的增加以及振动频率成分或振动形态的改变。不同的故障是由于机械故障所施加的激励不同引起的，因而产生的振动会具有各自的特点，这是故障判别的依据。因此，从机械振动及其特性就可了解机械内部状态，从而判断其故障。

振动诊断技术是发展最快、研究最多的机械故障诊断方法之一，同时也是机械故障诊断中最常用的诊断方法。它通过测量机械外部振动，并对振动信号在时域、频域、幅域、相关域等进行处理和分析，提取机械故障的特征信息来判断机械内部故障。

振动诊断技术包括振动测量、信号分析与处理、故障判断、预测与决策等几个步骤。具体地说，振动诊断技术是对正在运行的机械直接进行振动测量（对非工作状态机械设备作人工激振再进行振动测量），对测量信号进行分析和处理，将得到的结果与正常状态下的结果（或与事先制定的某一标准）作比较，根据比较结果判断机械内部结构破坏、碰撞、磨损、松动、老化等故障，然后预测机械的剩余寿命，采取决策，决定机械是继续运行还是停机检修。

4.1　振动信号测试

4.1.1　测振方案拟制

1）确定测振对象

机械种类繁多，结构复杂，如果把每台机械及其中的每个零部件都作为诊断对象不仅不可能，而且也不经济。因此，作为诊断对象的机械或部件应具有以下一些特征：①停机后会对整个系统产生严重影响，如经济损失大或会造成人员伤害或整机严重损坏等，如电力网的发电机械，飞机、机械及汽车中的发动机等；②维修费用高的机械或部件；③对结构故障反应比较敏感的机械、总成或部件。

2）选择测点

诊断对象选好后，需确定在哪个部位进行测定。

通常，应选择最容易显示问题所在的点作为测试点。以轴承为例，选择测点的基本原则是：

①尽可能选择机械振动的敏感点和离装备核心故障部位最近的关键点和易损点；②测量点尽量靠近轴承的承载区，与被监测的转动部分最好只有一个界面，尽可能避免多层相隔，使振动信号在传递过程中减少中间环节和衰减量；③测量点必须有足够的刚度，轴承底部和侧面是较好的测量点。

旋转机械振动测量首选测量转轴振动，也可测量外壳或轴承座的振动情况。对于一般旋转机械，轴和轴承的振动最能反映出机械的工作状态，故有测轴和测轴承两种测定方法。表4-1列出了轴承振动和轴振动测试的比较。总体来说，测轴振动时，测试点选在轴上，在轴上安装传感器；测轴承振动时，测试点选在轴承上，传感器安装在轴承上。对高速旋转体，由于振动不能及时地传递到轴承上，因此测轴振动为好；而对非高速旋转体，由于振动能及时地传递并反映到轴承上，因此可测轴承振动。轴的径向振动测量如图4-1所示，测量轴径向振动时探头的安装位置如图4-2所示，轴径向振动探头与轴承的最大距离见表4-2。

轴承振动和轴振动测试的比较 表4-1

项　目	轴承振动	轴振动
测量设备	传感器易于安装、拆卸； 测定容易； 测量设备价格较低	传感器安装受到限制； 测定振动比轴承困难； 测量设备价格较高
性能特点	测振灵敏度小（当轴轻而本体刚度大时，对振动变化反应迟钝）； 有关参考数据丰富，掌握的限值范围广； 测量设备可靠性高	测振灵敏度高（在任何情况下，对振动变化的反应都比较灵敏）； 可直接测得基本界限值（如不平衡，轴内应力等）； 界限值不通用； 测量设备（特别是传感器）可靠性低
环境影响	测量结果受周围环境的影响小	测量结果受周围环境的影响大
应用场合	监测机械的各种振动	能得到更详细的关于转子振动的信息，可作高精度现场平衡数据

轴径向振动探头与轴承的最大距离 表4-2

测量轴承直径（mm）	最大距离（mm）
0～76	25
76～508	76
>508	152

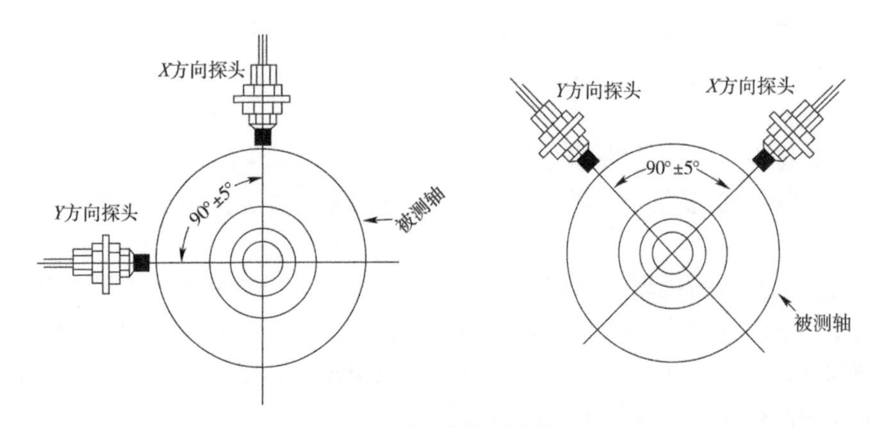

图 4-1 轴的径向振动测量

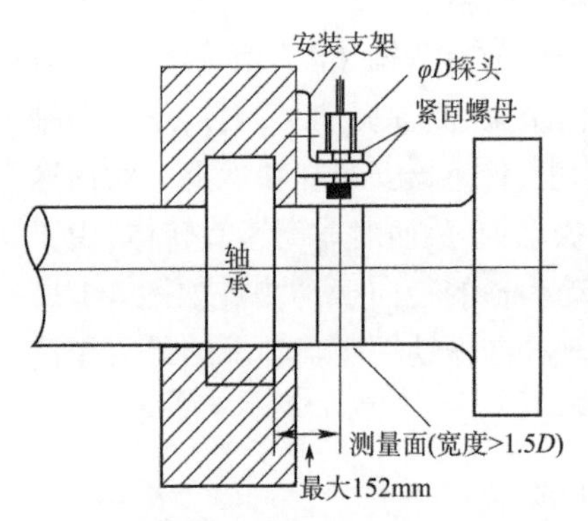

图 4-2 测量轴径向振动时探头的安装位置

选择测点时还应注意以下两个问题:①方向性。低频振动有方向性,因此需在三个方向测量振动;高频振动一般无方向性,在一个方向上测量即可。转轴的振动测量一般可在一个平面相互垂直的两个方向测轴颈径向振动;机壳的振动测量原则上要测量三个方向的振动,但对机械不平衡故障可测水平方向径向振动,不对中故障测轴向振动。②同一点。对于某点的各次测量需保持在同一点上,因此第一次测量时需做标记。

3)测振参数的选择

根据应用参数的不同,有位移、速度和加速度三种测振参数,并对应位移传感器、速度传感器和加速度传感器三种不同的传感器。位移、速度、加速度虽然可以通过微积分关系互换,但转换后灵敏度受到影响。简谐运动的位移、速度、加速度关系如下:

位移:

$$x(t)=A\sin(\omega t+\varphi) \tag{4-1}$$

速度:

$$v(t)=A\omega\cos(\omega t+\varphi)=\dot{x} \tag{4-2}$$

加速度:

$$a(t)=-A\omega^2\sin(\omega t+\varphi)=-\omega^2x=\ddot{x} \tag{4-3}$$

显然,当频率 ω 小时,位移测定灵敏度高;频率 ω 大时,加速度测定灵敏度高,因此得到测定参数的选择原则为:低频选位移和速度,中频选速度,高频选加速度。

图 4-3 是按频带选定测定参数指南,图 4-4 是美国齿轮制造协会(AGMA)所提出的预防损伤曲线,它们都可用来作为确定测定参数的依据。

在振动故障诊断中,对于不同的故障类型所选择的测振参数也不同。对于位移量或活动量成为异常故障时,如机床的振动、钟表的异常等,选位移为测振参数。对于以振动能量和疲劳为异常故障时,如旋转机械的振动,选速度为测振参数。当冲击力等力的大小成为异常故障时,如轴承和齿轮缺陷引起的振动,选加速度为测振参数。

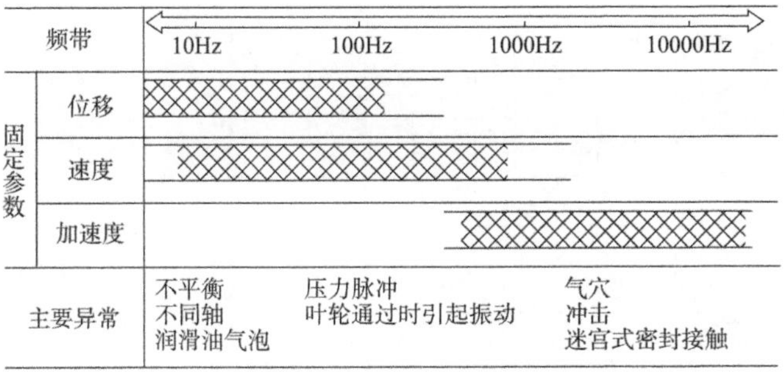

频带
10Hz
100Hz
1000Hz
10000Hz
固定参数
位移
速度
加速度
主要异常
不平衡
不同轴
润滑油气泡
压力脉冲
叶轮通过时引起振动
气穴
冲击
迷宫式密封接触

图 4-3 按频带选定测定参数指南图

振动速度
一定的速度级
一定的位移级
一定的加速度级
0
10
1000(Hz)

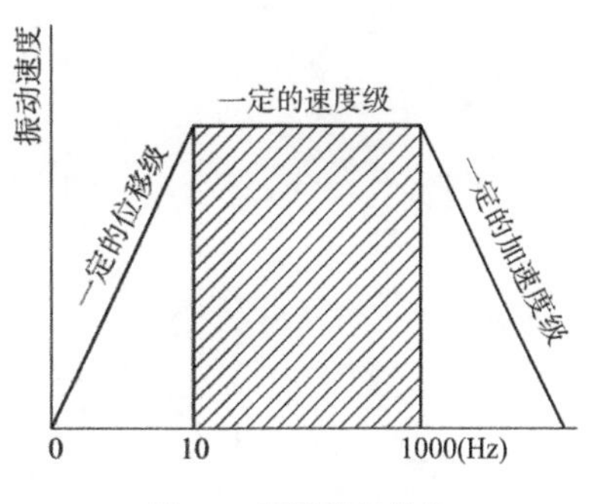

图 4-4 预防损伤曲线

4)测振周期选择

测定周期一般根据以下原则确定:①对于劣化进展相对缓慢的机械可以选择较长的测定周期;对于劣化进展较快的机械,则选择较短的测定周期;对于发生故障不确定又很重要的机械,则采用实时监测;②对于同一机械,测定周期也会变化,需要根据其当时所处的状态来确定;③对于刚投入使用的完好的机械,可采用较长的测定周期;对于运行接近于预期寿命的机械,则选用较短的周期或进行连续监测。

5)状态判断标准

得到机械振动信号后,必须将机械振动信号与其振动标准相比较才能对机械的运行状态作出判断。常用判别标准有绝对判别标准、相对判别标准和类比判别标准三种。

绝对判别标准是对某类机器长期使用、维修、测试的经验总结,由行业协会、国家或国际制定图表形式的标准。用使用时测出的振动值与相同部位的判断标准的数值相比较来作出判断。一般这类标准是针对某些类型重要机械而制定的(例如国际通用标准 ISO 2372 和 ISO 3945)。

绝对判别标准会规定正确的测定方法、测量位置及测量工况等情况。测定故障时,使机械某一部位实测值与相应同一部位的“判别标准”相比较,作出良好、注意、不良的判断。图 4-5 是诊断滚动轴承损伤的振动标准,图 4-6 是振动位移标准,图 4-7 是低频振动下的速度标准。绝对判别标准是优先使用的标准,但标准制定较困难,从而限制了它的使用。

指示值(BRG)
危险
注意
良好
轴的转速(r/mm)
修正值
轴承内径(mm)

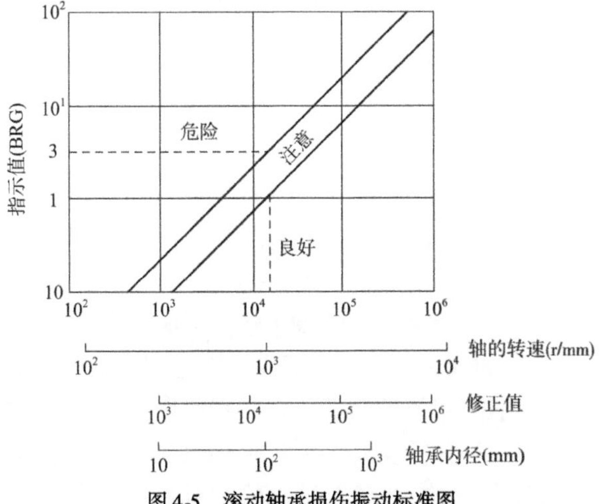

图 4-5 滚动轴承损伤振动标准图

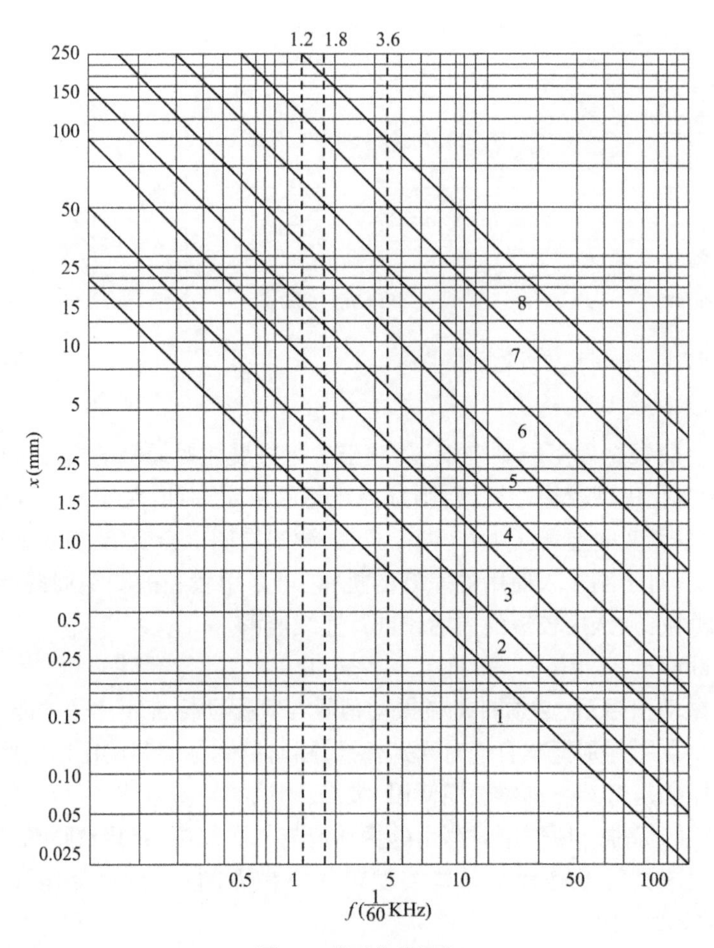

图 4-6　振动位移标准

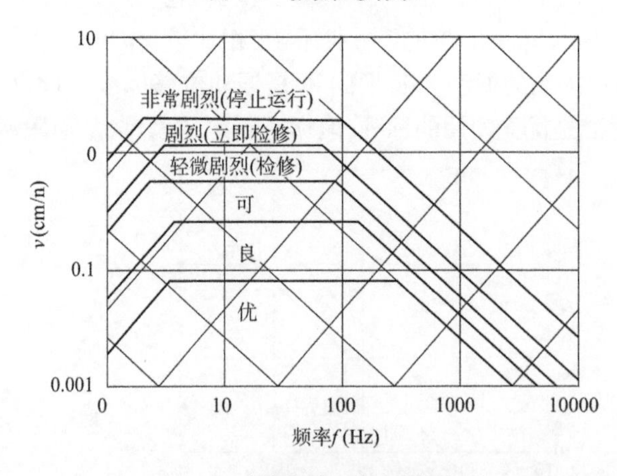

图 4-7　低频振动下的速度标准

相对判别标准是对机械的同一部位定期测定，按时间先后进行比较。一般将正常状态的值定为初值，根据实测值与初值的倍数比来进行判断，倍数比通常按照过去的经验和人的感觉，由实验给出。表 4-3 是一般机械在低频（<1000Hz）和高频（$\geqslant 1000$Hz）的相对判别标准。图 4-8 所示是旋转机构、齿轮及轴承的相对判别标准。

一般机械在低频和高频的相对判别标准 表4-3

振动频率	注意区域	异常区域
低频	实测值/初值 = 1.5 ~ 2	实测值/初值 = 4
高频	实测值/初值 = 3	实测值/初值 = 6

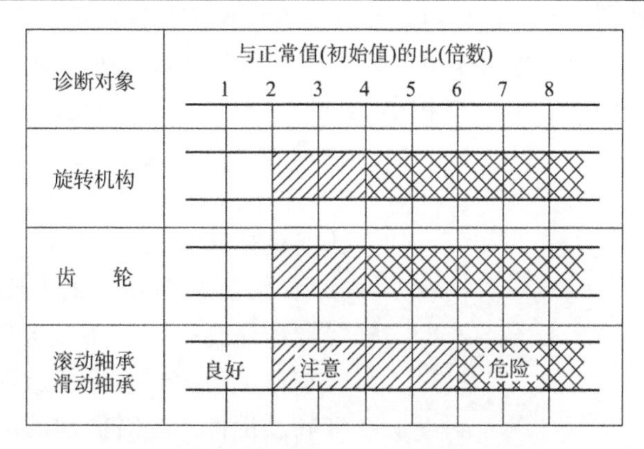

图4-8 旋转机构、齿轮、轴承的相对判别标准

类比判别标准通常在无标准可参考的情况下采用。它是当数台同样规格的机械在相同条件下运行时，通过对每台机械的同一部位进行测定和相互比较来掌握其异常程度的方法。通常情况下，如果某台设备的振动值超过其余设备的振动值一倍以上，视为异常。如用听诊器听多个轴承故障以及发动机气门故障检测就是使用通过相互比较判断故障的相对判别方法。

此外，推荐采用统一的颜色来表示设备的运行振动状态。例如：①深绿色代表良好；②浅绿色代表合格；③浅红色代表容许值；④深红色代表劣化状态。

4.1.2 测振传感器

机械振动测量方法一般有机械法、光测法和电测法等几种。机械法主要利用物体相对运动、惯性原理进行振动测量，它虽然具有使用方便的优点，但不适用于高频振动的测量，而且机械法测量的灵敏度相对较低。光测法是利用光干涉原理进行测量，可适用于高频振动测量。目前机械测量中广泛使用的是电测法。

电测法将所测机械量（位移 x、速度 v、加速度 a 或力 F 等）转换成为电量（电流 I、电压 U、电荷 Q、电容 C 或电感 L 等），通过测量这些电量得到被测机械量。机械电测法是一种非电量电测技术，它主要通过传感器将机械量（非电量）转换成为电量，配以测量仪器进行测量。

1）测振传感器的分类

测振传感器的种类很多，分类方法也多，一般有图4-9所示几种分类方法。

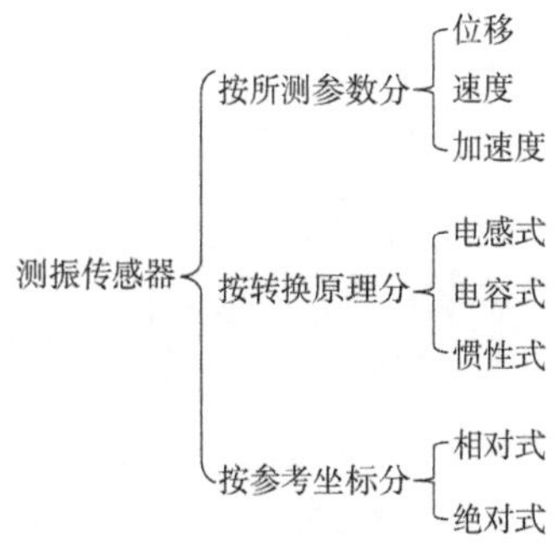

图4-9 测振传感器的分类

目前常用的测振传感器有压电式加速度传感器、磁电式速度传感器和电涡流位移传感器等。

2)常见测振传感器

(1)压电式加速度传感器。压电式加速度传感器是利用某些晶体材料,如石英晶体(SiO_2)、压电陶瓷、有机压电薄膜等,在某一方向承受外力时,晶体内部会由于极化而在表面产生电荷。这种将机械能转换成电能的现象称为压电效应,利用压电效应原理制成的传感器称压电式传感器。常用的压电式传感器有压电式加速度传感器、压电式力传感器、压电式压力传感器和压电式阻抗头等。压电式加速度传感器是应用最广的振动、冲击传感器,与其他传感器相比,它具有体积小、质量轻、量程大、灵敏度高、紧固耐用、工作频率范围宽(不考虑安装条件,一般在 0.1Hz ~ 20kHz 范围内)等特点,但其灵敏度受温度、噪声等的影响大,低频时测量精度差,对电磁场、声场、辐射场等外界感染比较敏感,因此通常需要配用高阻抗前置放大器。图 4-10 是压电式加速度传感器测量示意图,它主要用于测量非转动部件的绝对振动的加速度,适应高频振动和瞬态振动的测量。

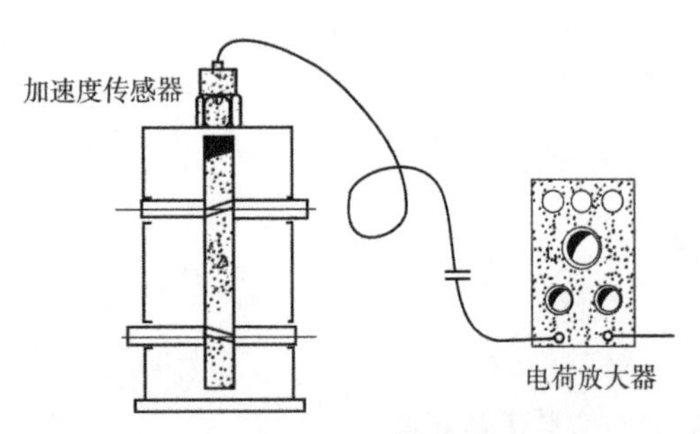

图 4-10　压电式加速度传感器测量示意图

(2)磁电式速度传感器。磁电式速度传感器又称感应式、电动式或动圈式速度传感器。磁电式速度传感器的主要组成部分是线圈、磁铁和磁路,其结构如图 4-11 所示。磁路里留有圆环形空气间隙,而线圈处于气隙内,并在振动时相对于气隙运动。根据动圈运动方式的不同,磁电式速度传感器可分为相对式和惯性式两种。相对式速度传感器可以测量两个物体之间的相对运动。它们的工作原理大致相同,都是基于导线在磁场中运动切割磁力线,在导线中就产生感应电流——电磁感应原理进行的。磁电式速度传感器具有线圈阻抗低,对需配用的测量仪器的输入阻抗和电缆长度要求不高,结构比较简单,价格低廉,维修方便,抗干扰能力较强,且在几百赫兹下的频率范围内有较大的电压输出等优点。它的缺点是工作频带窄,一般在 10 ~ 1000Hz 范围内。它主要用于化工、发电机组、建筑物、地震等的振动监测。

图 4-12 是磁电式速度传感器测量示意图。它主要用于测量非转动部件的绝对振动的速度,不适于测量瞬态振动和很快的变速过程,输出阻抗低,抗干扰力强,但传感器质量较大,对小型对象有影响。在传感器固有频率附近存在较大的相移。

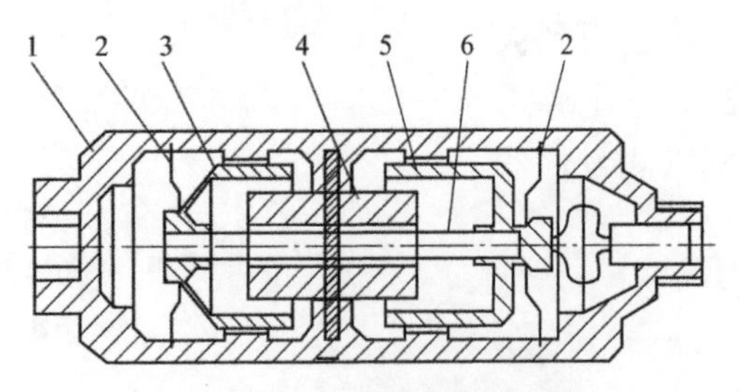

图 4-11　磁电式速度传感器结构图

1-壳体;2-弹簧;3-阻尼环;4-磁钢;5-线圈;6-芯轴

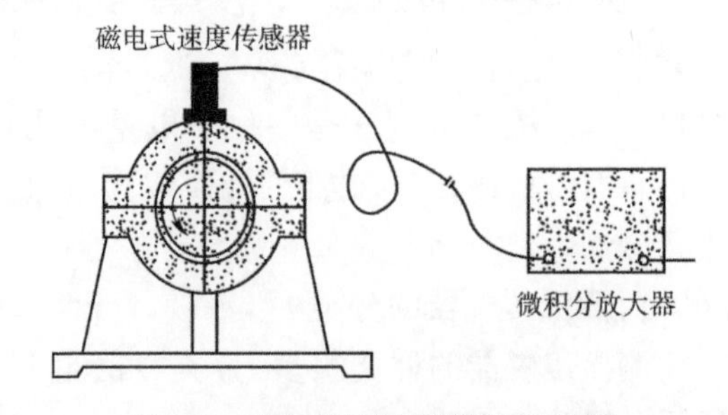

图 4-12　磁电式速度传感器测量示意图

(3)电涡流式位移传感器。电涡流式传感器是一种非接触式位移传感器。它利用两个带电线圈相互接近时会产生互感从而改变其测得的电压的原理(图4-13)进行测量。由于被测金属体内产生感应电流自身闭合,故称为涡流。该涡流又反过来作用到线圈,使线圈附加一互感,从而改变线圈原有电感量,也改变了线圈原有的阻抗($Z=R+iL$)。当传感器探头(扁平线圈)与被测金属物体之间的间隙 h 变化时,互感及阻抗 Z 也变化。阻抗 Z 的变化,又引起电压 U 变化,因此,测量线圈的电压即可得到传感器探头与被测物体之间的距离变化。

图4-14是电涡流位移传感器测量示意图。由于电涡流位移传感器是不接触测量,特别适合测量转轴和其他小型对象的相对位移。但它有零频率响应,可测静态位移和轴承油膜厚度。灵敏度与被测对象的电导率和磁导率有关,相移很小。

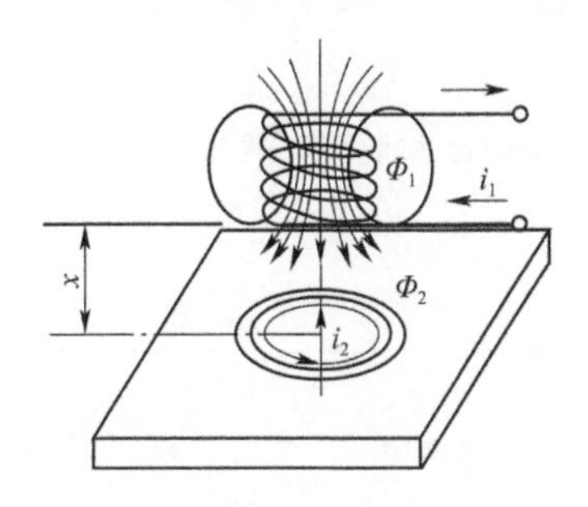

图4-13 电涡流位移传感器原理

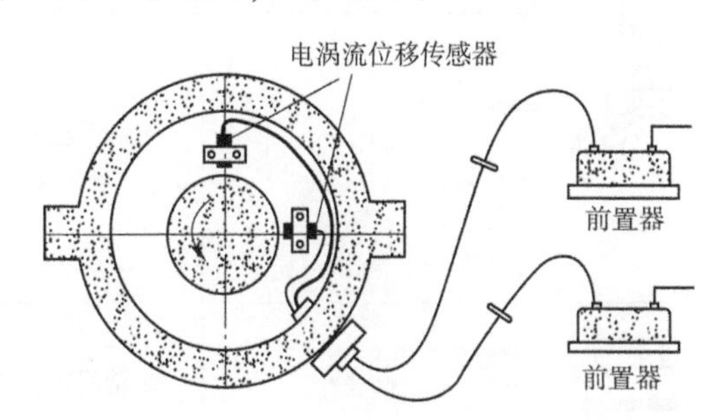

图4-14 电涡流位移传感器测量示意图

(4)电容式位移传感器。电容式位移传感器是一种非接触式位移变换装置,利用位移量转变为电容量的原理进行检测。

电容式位移传感器实际上是一种可变参数电容器,两平板组成电容器(图4-15)的电容量为 C。

$$C=\frac{\varepsilon_r\varepsilon_0 A}{\delta} \tag{4-4}$$

式中:ε_r——极板间介质的相对介电常数(空气的介电常数为 $\varepsilon=1$);

ε_0——真空中的介电常数,$\varepsilon_0=8.85\times10^{-12}$(F/m);

δ——极板间距(m);

A——两极板间的覆盖面积(m^2)。

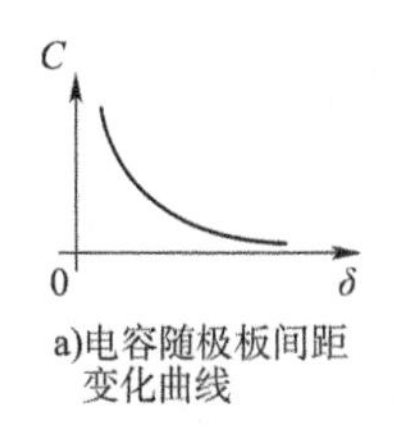

a)电容随极板间距变化曲线

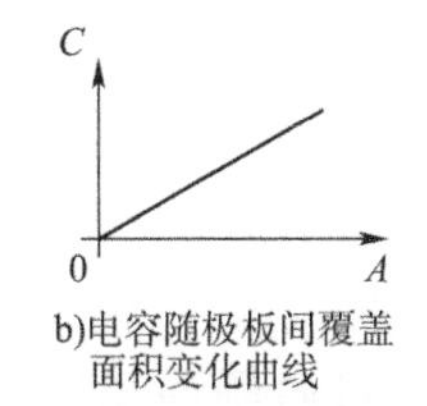

b)电容随极板间覆盖面积变化曲线

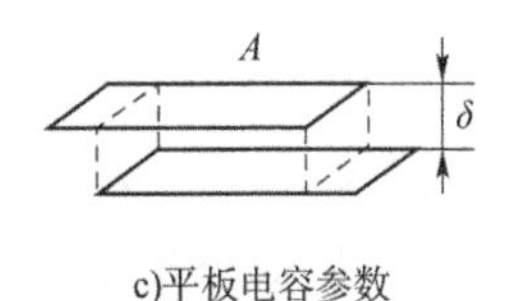

c)平板电容参数

图4-15 平板电容

从式(4-4)可见,当极板之间的相对介电常数 ε_r、极板间距 δ 和极板面积 A 发生变化时,都会引起电容的变化,改变其中任意一个,即可得到一种位移传感器。其中,极板间距 δ 变化,其他参数不变的电容式位移传感器称为极距变化型位移传感器;极板面积变化,其他参数不变的称为面积变化型位移传感器。

3）传感器的安装

振动测量中，传感器的安装相当重要。如果安装不牢，高频振动时就会使传感器与被测物体之间产生撞击，增大测量误差，严重时甚至得出完全错误的结果。表4-4列出了传感器的固定方式及其适用频率范围。

传感器固定方式及适用频率范围 表4-4

传感器固定方法	特　点
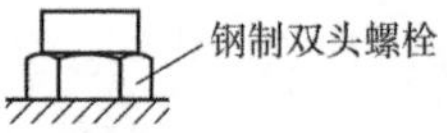 钢制双头螺栓	钢螺栓固定传感器与被测物体视为一体，上限频率为10000Hz
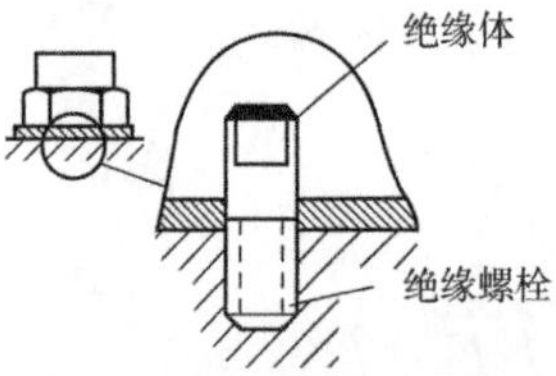 绝缘体 绝缘螺栓	绝缘螺栓固定传感器与被测物体视为一体，用于需要电绝缘时，上限频率为7000Hz
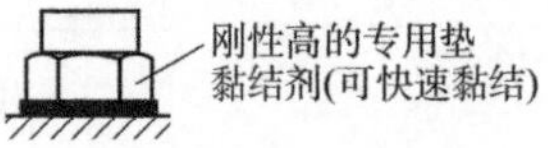 刚性高的专用垫 黏结剂(可快速黏结)	黏结固定，上限频率为10000Hz
 刚性高的蜡	频率性好，上限频率为7000Hz，不耐热
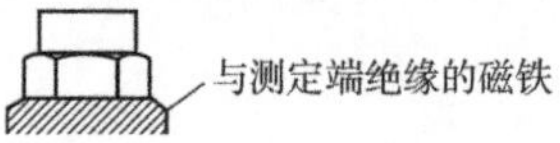 与测定端绝缘的磁铁	仅用于1000～2000Hz
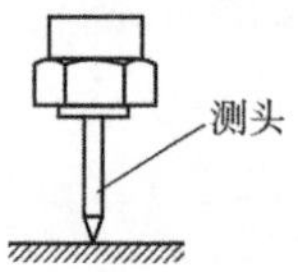 测头	用于低频，上限频率为500Hz

4.2 振动信号分析

对机械振动信号的分析，按信号处理方式的不同分为时域分析、频域分析和幅域分析。机械振动检测的特征参数主要有振动幅值、概率密度函数、自相关函数、互相关函数和自功率谱密度函数等，它们从不同的侧面反映了机械振动的性质、特点和变化规律。

4.2.1 振动信号分类

以时间t为自变量的动态信号统称为时域信号。时域信号有振动响应时间历程、振幅时间信号等。振动信号的分类如图4-16所示。

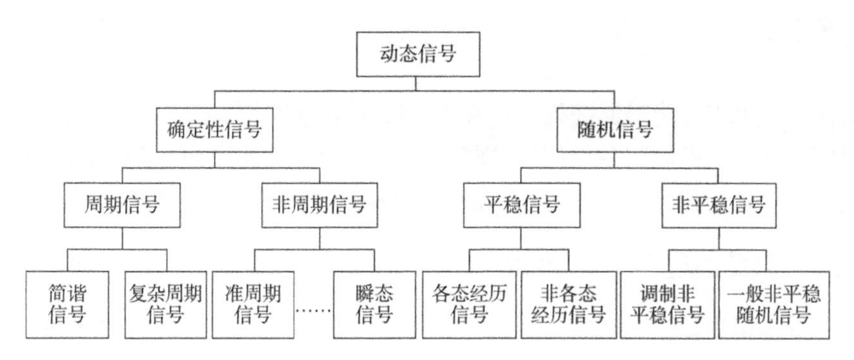

图4-16 振动信号的分类

信号可分为静态信号和动态信号。静态信号是指不随时间而变化的信号,如直流电、静载荷。动态信号是指随时间而变化的信号,如交流电、动载荷。静态信号可看作动态信号中的特例。

动态信号又可分为确定性信号和随机信号。确定性信号是指能够精确地用明确的数学关系式来描述的信号。如简谐信号 $x(t)=A\sin(\omega t)$,指数衰减信号 $x(t)=Ae^{at}$,它们都可以用明确的数学关系式来表示。随机信号是指不能用精确的数学关系式来描述的信号。汽车及座位振动信号、发动机振动和噪声信号等都是随机信号,它们都不能用精确的函数关系式来表示。随机信号具有不可复现性,即我们不能预测其未来任何瞬时值,任何一次观测只代表其在变动范围中可能产生的结果之一,但其值的变动服从统计规律。常用的用于描述随机信号特征的统计量有均值、方差、概率密度函数、自相关函数、互相关函数、功率谱密度函数等。

确定性信号可分为周期信号和非周期信号。周期信号是指每隔一定时间间隔重复出现的信号,否则为非周期信号。图4-17所示即为一个非周期信号。周期信号可分为简谐信号和复杂周期信号。准周期信号、瞬态信号都是非周期信号。准周期信号是由一系列的正弦信号叠加而成的,但各正弦信号的频率比不是有理数[如:$x(t)=\sin t+\sin(\sqrt{2}t)$],因而叠加后不具周期性。

图4-17 非周期信号示例

根据随机过程的集合平均统计参数是否随时间变化,将随机信号分为平稳随机信号和非平稳随机信号。图4-18a)为一平稳随机噪声,图4-18b)所示的噪声中有一段发生了统计特征变异,为非平稳随机噪声。

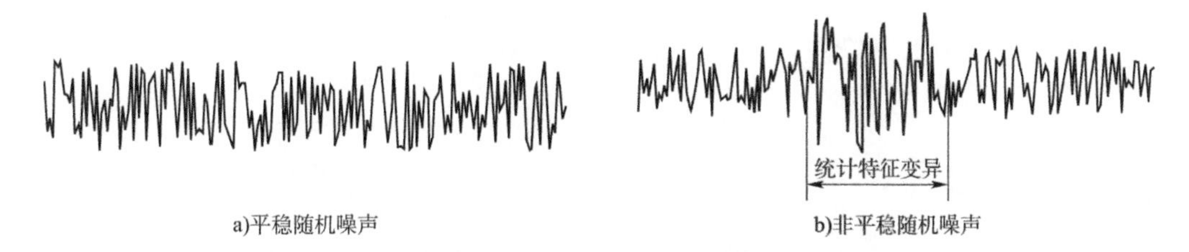

a)平稳随机噪声　b)非平稳随机噪声

图4-18 平稳随机噪声和非平稳随机噪声

平稳随机信号又分为各态历经信号和非各态历经信号。各态历经信号指无限个样本在某时刻所历经的状态,等同于某个样本在无限时间里所经历的状态的信号。各态历经信号一定是平稳随机信号,反之不然。工程上的随机信号一般均按各态历经平稳随机过程来处理。

随机信号又可以分为离散随机信号和连续随机信号两类。仅在离散时间点上给出定义的随机信号称为离散时间随机信号,即随机信号序列,通常用 $x(n)$ 表示,n 为点数。在时间轴上连续变化的信号称为连续随机信号,通常用 $x(t)$ 表示,t 为时间。

4.2.2 振动信号的波形分析

振动波形是指振动的响应时间历程($x(t)$-t 曲线)。振动波形是测试中的原始信号,理所当然地包含机械故障的全部信息。但由于干扰的影响,振动波形一般不能直接用来作为机械故障的诊断信息。但对于一些简单振动波形,对其进行时域平均后就可用来表示机械故障特征。

提取特定的周期分量,以该周期分量的周期为间隔截取信号,然后将所截的信号叠加平均的方法就是时域平均法。时域平均也称相干检波。时域平均可消除信号中的非周期分量和随机干扰,保留确定的周期分量。

例如,以某齿轮一个整周转动为周期进行时域平均,可以排除该齿轮的其他干扰,使齿轮产生以 1r 为周期的故障更为突出,从而提高信号的信噪比。图 4-19 是时域平均提高信号信噪比的例子。

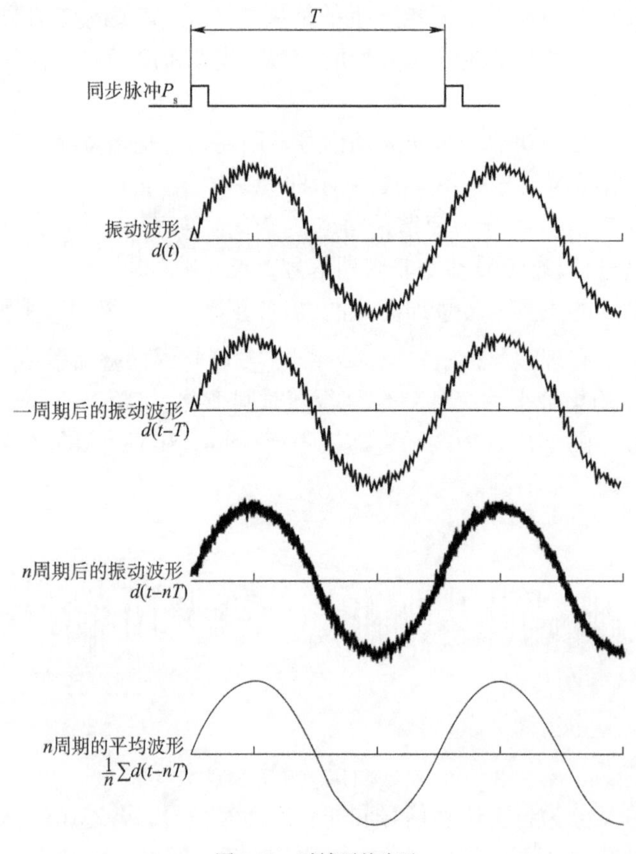

图 4-19 时域平均方法

时域平均具有如下特点:①需摄取两个信号,其中一个为参数信号(加速度 a、速度 v、位移 x 信号),另一个为时标信号,用来作为截取周期的依据。②可用在噪声环境下除去与给定周期无关的全部信息分量,抗噪性强。

振动波形诊断是利用实测振动波形与正常振动波形或发生某种故障的典型故障波形相比较来判断故障。

图 4-20 是滚动轴承正常和各种典型故障时的实测波形。正常时,信号为完全无规律的随机信号[图 4-20a)];当滚动轴承产生异常冲击时,则信号为以该冲击为周期的冲击信号[图 4-20b)],周期为 T;当滚动轴承偏心安装时,则信号产生拍振现象[图 4-20c)]等。

图 4-21 是齿轮正常和各种典型故障时的时域平均波形。图 4-21a)是齿轮正常时的时域平均信号,它为简谐函数;图 4-21b)是齿面严重磨损故障波形;图 4-21c)是偏心周节误差时的故障波形;图 4-21d)为齿轮不同轴时的故障波形;图 4-21e)为齿面局部异常波形。若实测振动波形与上面所列举的某种故障的振动波形相一致,则说明轴承或齿轮发生了该种故障。

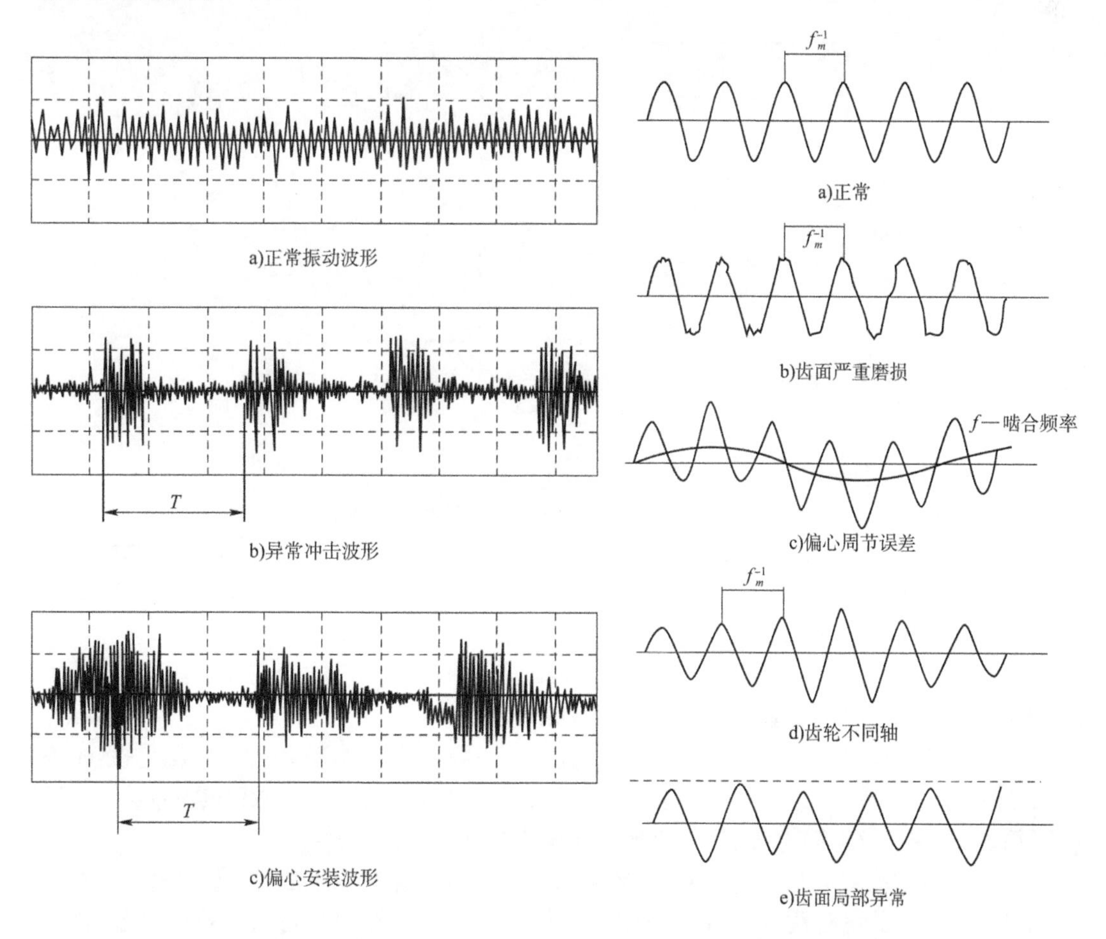

图 4-20 滚动轴承振动波形

图 4-21 齿轮振动时各种典型时域平均波形

振动波形诊断的优点是几乎不需进行信号处理就能得到信号的振动波形,从而进行机械的故障诊断;它的缺点是由于实测得到的各种振动波形受外界干扰影响大,从而影响诊断的准确性,因此,振动波形诊断仅适用于简单部件的振动诊断。

4.2.3 振动信号的振幅-时间图分析

振幅-时间图诊断法一般使用两种方法,一种是变转速工况下的振幅-时间图,另一种是稳定转速工况下的振幅-时间图。对于运行工况经常变化的机械,可以测量和记录其在开机或停机过程中振幅随时间的变化过程,根据振幅随时间变化曲线判断机械的故障。对于转速工况不变的机械,可以测量振幅随时间的变化过程,得到系统的不稳定性,从而判断故障。

1)变转速工况下振幅-时间图诊断

以旋转机械开机过程为例,变转速工况下振幅随时间的变化过程一般有如图 4-22 所示的几种情况:

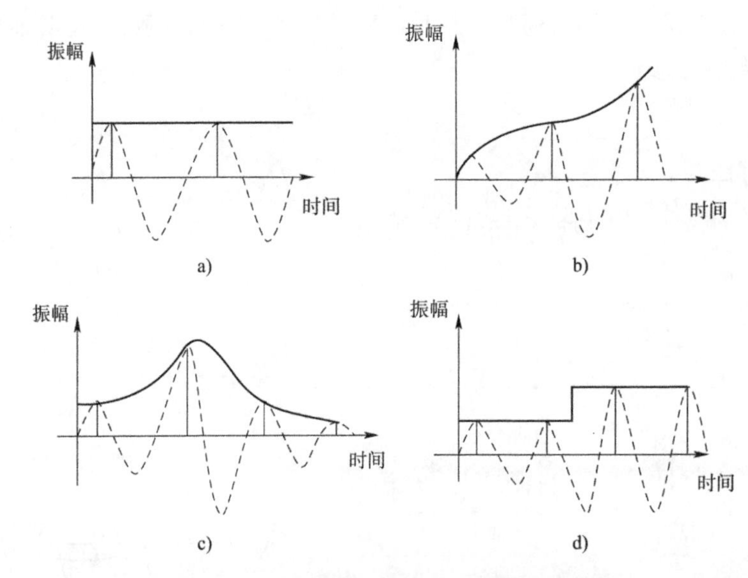

图 4-22 开机过程中各种情况下的振幅-时间图

(1)开机过程振幅不随时间变化[图 4-22a)]。可能的原因是:①其他机械及地基振动传递到被测机械而引起,这不是被测机械本身的故障;②流体压力脉动或阀门振动引起,这是被测机械本身的故障。

(2)开机过程振幅随时间而增大[图 4-22b)]。被测机械可能存在如下故障:①转子动平衡不好;②轴承座或基础刚度小;③推力轴承损坏等。

(3)开机过程中振幅出现峰值[图 4-22c)]。一般由共振引起,可能的振源包括:①临界转速低于工作转速的柔性转子,这是机械正常的工作状态,不存在故障源;②系统或部件(箱体、支座、基础等)共振,这是机械工作中不允许的,应设法纠正。

(4)开机过程中某时刻振幅突增[图 4-22d)]。可能存在如下故障:①轴承油膜振动(如半速涡动);②零件配合间隙过小或过盈量不足。如零件配合间隔过盈量不足,当达到一定的转速时,相互配合的零件之间松开,振幅突然增加;③轴与轴之间用联轴节连接,当转速过高,转矩过小时,带不动负荷。

除上述分析外,还有开机过程中振幅变化不稳定,对于这种情况一般难以诊断。因此,根据上面的分析,可根据开机过程中振幅-时间变化来寻找机械振动的振源,从而判断机械的故障。

2)稳定转速工况下振幅-时间图诊断

在稳定转速工况下,可根据振幅-时间、相位-时间曲线的变化判断故障。这种情况下,曲线变化反映系统时变,此时可能原因一般是零件松动引起。

【实例 4-1】 风机振幅、相位时间图诊断。

图 4-23 是风机振动振幅、相位在 30s 内变化情况图。从图中可以发现,相位随时间缓慢增加,检查结果表明:该风机叶轮套装过盈不足导致旋转时松动,引起振动不稳定。

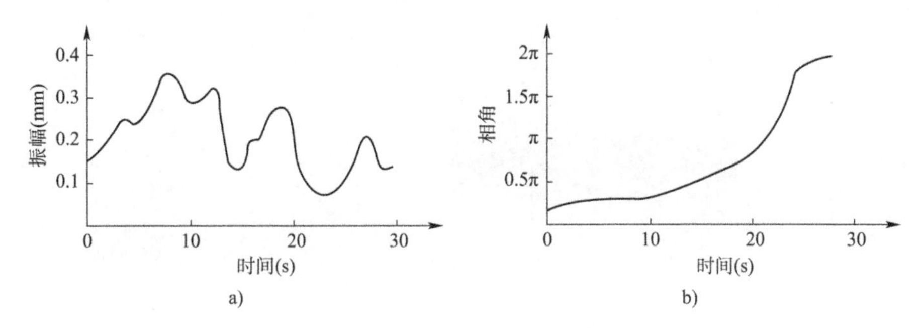

图 4-23 风机振动的振幅-时间图和振幅相角-时间图

4.2.4 振动信号的统计分析

1)信号幅值的概率密度函数诊断

概率密度在幅值范围内刻画了振动的特征,可作为故障诊断的依据。

对于随机信号,定义信号 $x(t)$ 落在区域 $(x,x+\Delta x)$ 内的概率为式(4-5):

$$P(x<x(t)\leqslant x+\Delta x)=\lim_{T\to\infty}\frac{T_x}{T} \tag{4-5}$$

则 $P(x<x(t)\leqslant x+\Delta x)$ 为信号的概率分布函数。其中,T 为信号采样总时间,T_x 为信号落在区域 $(x,x+\Delta x)$ 内的时间,$T_x=t_1+t_2+\cdots+t_N=\sum t_i$。

信号幅值的概率密度函数即为信号幅值出现在单位区间内的概率,能描述随机信号的分布规律。概率密度函数 $p(x)$ 定义为:

$$p(x)=P(x<x(t)\leqslant x+\Delta x)=\lim_{\substack{T\to\infty\\ \Delta x\to 0}}\frac{1}{\Delta x}\frac{T_x}{T} \tag{4-6}$$

不同的信号具有不同的概率分布特性。表 4-5 中列出了几种典型信号的概率密度函数图。其中,随机信号服从正态分布,其形状为钟形;正弦分布的概率密度函数为中间下凹的盆形;当正弦信号中混有随机信号时,其形状为具有双峰的鞍形。

一般来说,处于正常工作状态的振动信号幅值应当服从正态分布;当机械出现异常周期振动时,其信号的概率密度函数就会出现中间凹、两边高的双峰形。

几种典型信号的概率密度分布 表4-5

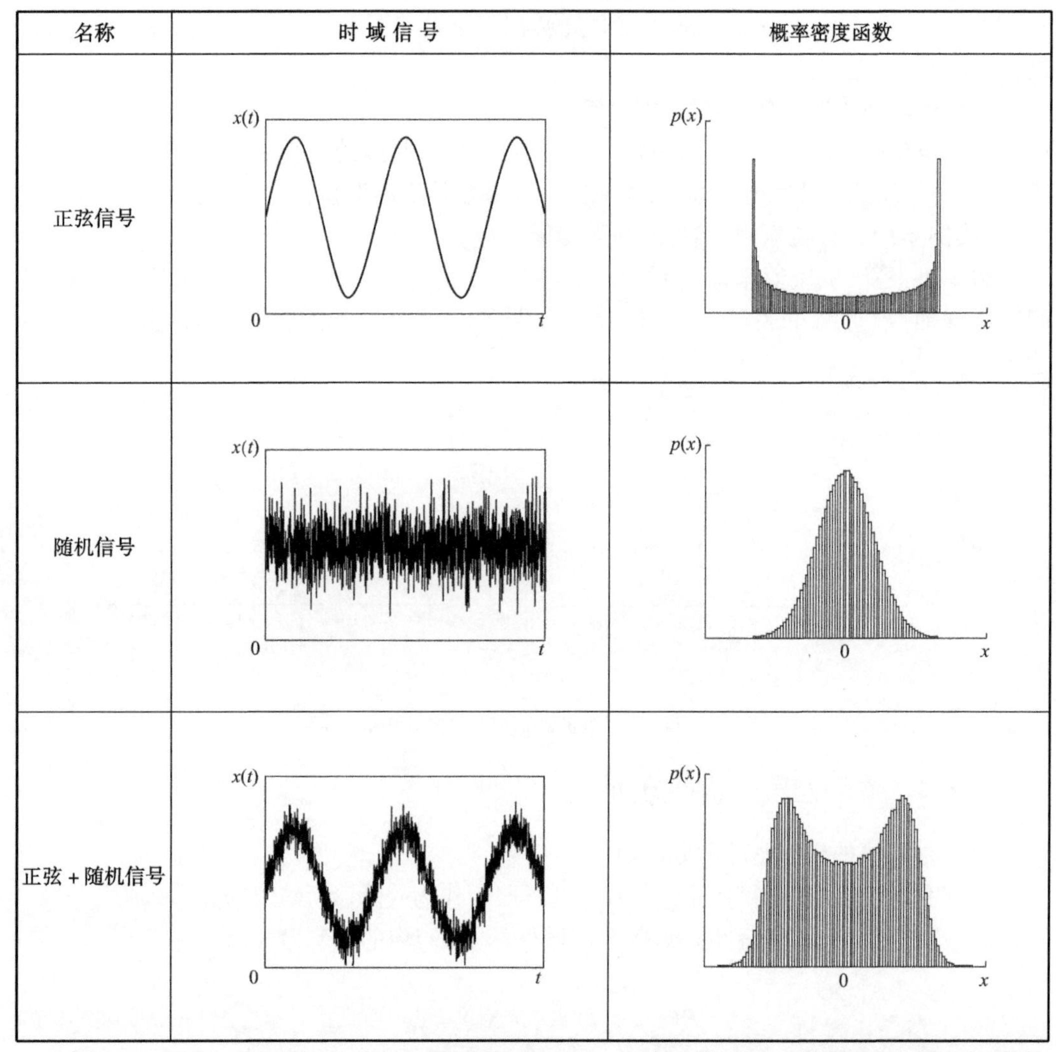

名称	时 域 信 号	概率密度函数
正弦信号		
随机信号		
正弦 + 随机信号		

图4-24是新旧轴承振动信号的概率密度函数。新轴承性能好,其振动信号的幅度较小;旧轴承性能差,振动信号的波动幅度较大,其概率密度函数的方差较大。图4-25是实测动平衡机上两个同类轴承的时域信号和概率密度函数图,正常和冲击异常在概率密度函数图上有明显差异。

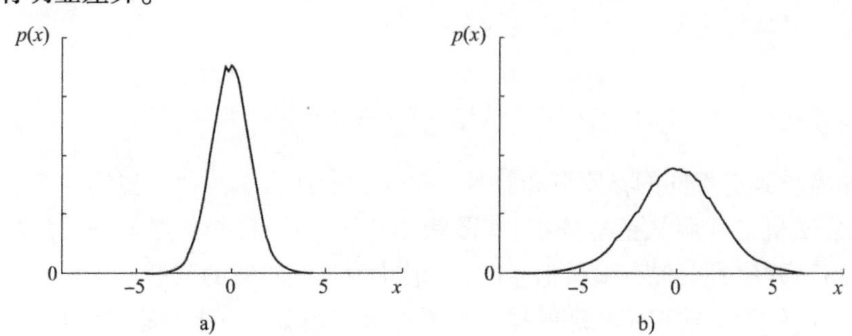

图4-24 新旧轴承振动信号的概率密度函数

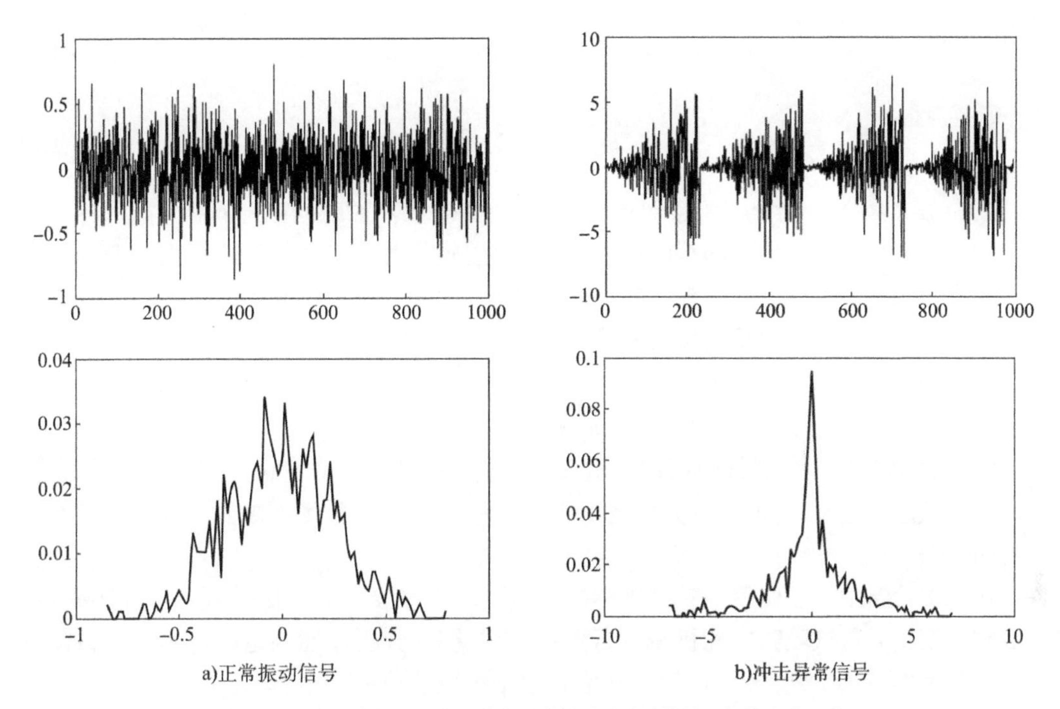

图 4-25 动平衡机上正常和冲击异常轴承的时域信号和概率密度函数

2)信号幅值的统计特征值诊断

(1)均值。信号的时间平均,即均值(Mean)。它代表了动态信号的中心位置,定量描述了信号的平均幅值,是信号上下波动的平均位置。对于离散时间序列,均值的计算公式为:

$$\bar{x} = \mu_x = \lim_{T \to \infty} \frac{1}{T} \int_0^T x(t)\,\mathrm{d}t \tag{4-7}$$

对于连续时间信号,均值的计算公式为:

$$\bar{x} = \mu_x = \frac{1}{n} \sum_{i=1}^{n} x(i) \tag{4-8}$$

信号的均值反映了信号的直流分量或静态分量,一般不直接用于诊断,但它是计算其他统计指标的基础。

(2)方差。方差(Variance)是在信号幅值分布离散程度的度量,描述的是信号和其数学期望(即均值)之间的偏离程度,代表了信号的动态分量。对于离散时间序列,方差的计算公式为:

$$\sigma_x^2 = \lim_{T \to \infty} \frac{1}{T} \int_0^T [x(t) - \mu_x]^2 \mathrm{d}t \tag{4-9}$$

对于连续时间信号,方差的计算公式为:

$$\sigma_x^2 = \frac{1}{n} \sum_{i=1}^{n} (x_i - \mu_x)^2 \tag{4-10}$$

式中:μ_x——信号幅值的均值。

(3)均方根。信号幅值的均方根(Root Mean Square,RMS)定义式为:

$$\psi_x = \sqrt{\lim_{T\to\infty}\frac{1}{T}\int_0^T[x^2(t)]\mathrm{d}t} \tag{4-11}$$

$$\psi_x = \sqrt{\frac{1}{n}\sum_{i=1}^{n}x_i^2} \tag{4-12}$$

其中,式(4-5)为连续时间信号的均方根,式(4-6)为离散时间序列的均方根。

均方根反映了动态信号的总能量(总功率),描述了动态信号的一般强度。振动速度的均方根称为振动烈度。均方根诊断是根据机械的某些特征点上振动响应的均方根值与标准均方根值的比较来判断机械内部状态,从而故障诊断的一种方法。信号的均方值 ψ_x 与信号的均值 μ_x、方差 σ_x 之间有如下关系:

$$\psi_x^2 = \mu_x^2 + \sigma_x^2 \tag{4-13}$$

信号的均方根 ψ_x(信号的有效值)既反映了信号振动的平均信息,又反映了信号的波动和离散程度。因此,它可比较完整地反映机械内部状态,可作为判断机械内部状态是否异常的依据。

均方根诊断中一般使用绝对判别标准,因此,均方根诊断的关键是判别标准的确定。一般它需根据大量试验数据和机械运行资料,经过统计分析才能制定。表 4-6 是回转机械的国际标准(ISO 2372 和 ISO 3945),它是根据机械的功率大小、安装条件、振动情况等分别判定的。表中的Ⅰ级是指小型机械,一般使用 15kW 以下电机的回转机械;Ⅱ级是指中型机械,一般使用 15 ~ 75kW 电机的回转机械;Ⅲ级指刚性安装的大型机械;Ⅳ级为超大型机械。

回转机械振动烈度国际标准 表 4-6

<table>
<tr><th colspan="2">振动强度</th><th colspan="4">ISO 2372</th><th colspan="2">ISO 3945</th></tr>
<tr><th>范围</th><th>速度有效值(mm/s)</th><th>Ⅰ级</th><th>Ⅱ级</th><th>Ⅲ级</th><th>Ⅳ级</th><th>刚性基础</th><th>柔软基础</th></tr>
<tr><td>0.28</td><td></td><td rowspan="3">A</td><td rowspan="4">A</td><td rowspan="5">A</td><td rowspan="6">A</td><td rowspan="5">优</td><td rowspan="6">优</td></tr>
<tr><td>0.45</td><td>0.28</td></tr>
<tr><td>0.71</td><td>0.45</td></tr>
<tr><td>1.12</td><td>0.71</td><td rowspan="2">B</td></tr>
<tr><td>1.8</td><td>1.12</td><td rowspan="2">B</td></tr>
<tr><td>2.8</td><td>1.8</td><td rowspan="2">C</td><td rowspan="2">B</td><td rowspan="2">良</td></tr>
<tr><td>4.5</td><td>2.8</td><td rowspan="2">C</td><td rowspan="2">B</td><td rowspan="2">良</td></tr>
<tr><td>7.1</td><td>4.5</td><td rowspan="6">D</td><td rowspan="2">C</td><td rowspan="2">可</td></tr>
<tr><td>11.2</td><td>7.1</td><td rowspan="5">D</td><td rowspan="2">C</td><td rowspan="2">可</td></tr>
<tr><td>18</td><td>11.2</td><td rowspan="4">D</td><td rowspan="4">不可</td></tr>
<tr><td>28</td><td>18</td><td rowspan="3">D</td><td rowspan="3">不可</td></tr>
<tr><td>45</td><td>28</td></tr>
<tr><td>71</td><td>45</td></tr>
</table>

对应于某一回转机械,如果实测速度的均方根值在表中的 C 类范围,则说明机械处于

临界状态，需引起足够的注意；如果实测速度均方根值超过表中C类极限数据，则认为该机械状态异常，需立即进行修理。

均方根诊断法简单易行，是一种实用性很强的诊断方法，它可适用于各种信号定期或永久的监测，在目前的一些简易便携式诊断机械中广泛使用。均方根分析的主要缺点是振动标准制定较为困难，需进行大量的实验统计才能得到。

(4)偏度。偏度(Skewness)也称偏态系数或歪度，是对统计数据分布偏斜方向和程度的度量，是统计数据分布非对称程度的数字特征，其计算方法如式(4-14)所示，是归一化的中心三阶矩。

$$S_k = E\left[\left(\frac{X-\mu_x}{\sigma_x}\right)^3\right] = \frac{k_3}{\sigma_x^3} \tag{4-14}$$

式中：k_3——三阶中心矩；

σ_x——标准差。

偏度指标的意义如图4-26所示，它表征概率分布密度曲线相对于平均值不对称的程度，直观看来就是概率密度函数曲线尾部的相对长度。

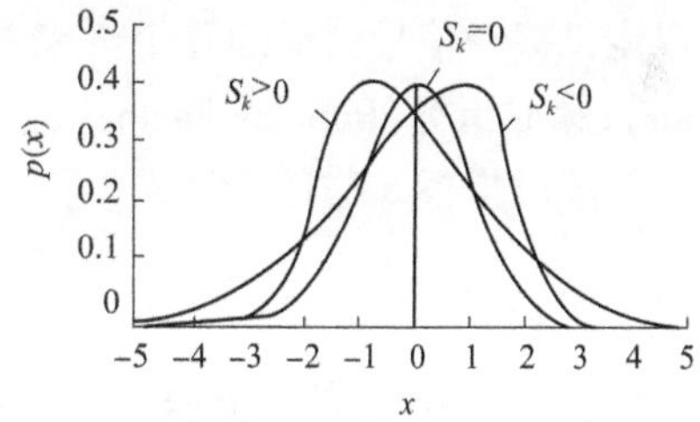

图4-26 偏度指标的意义

正态分布的偏度为0，两侧尾部长度对称。若以S_k表示偏度，$S_k<0$时，称分布具有负偏离，也称左偏态，此时数据位于均值左边的比位于右边的少，直观表现为左边的尾部相对于与右边的尾部要长，因为有少数变量值很小，使曲线左侧尾部拖得很长；$S_k>0$时，称分布具有正偏离，也称右偏态，此时数据位于均值右边的比位于左边的少，直观表现为右边的尾部相对于与左边的尾部要长，因为有少数变量值很大，使曲线右侧尾部拖得很长；而S_k接近0时，则可认为分布是对称的。若知道分布有可能在偏度上偏离正态分布，可用偏离来检验分布的正态性。右偏时一般算术平均数>中位数>众数；左偏时相反，即众数>中位数>平均数。正态分布时，三者相等。如果机械的某一方向存在着摩擦或碰撞，会造成振动波形的不对称，偏度指标就会变化。

(5)峭度。峭度(Kurtosis)也称斜度，反映的是振动信号的冲击特征。峭度指标的计算如式(4-15)所示，为归一化的四阶中心矩。

$$K = E\left[\left(\frac{X-\mu_x}{\sigma_x}\right)^4\right] = \frac{k_4}{\sigma_x^4} \tag{4-15}$$

式中：k_4——三阶中心矩。

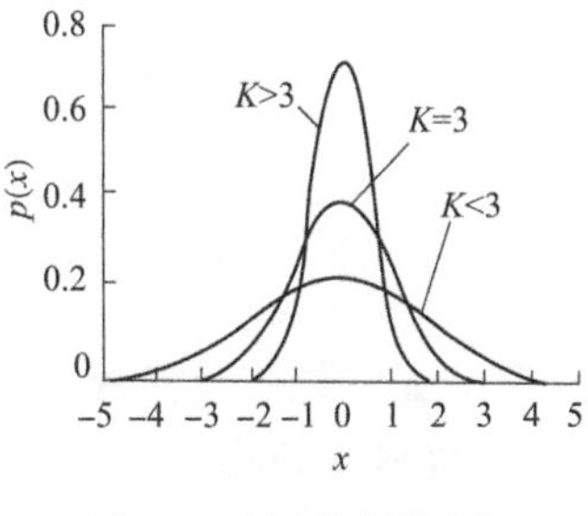

峭度指标的意义如图4-27所示。当$K=3$时，概率密度曲线具有正常峰度(即零峭度)；当$K>3$时，分布曲线具有正峭度。由此可知，当标准差σ_x小于正常状态下的标准差，即观测值分散程度较小时，K增大，此时分布曲线峰顶的高度高于正常正态分布曲线，故称为正峭度；当$K<3$时，分布曲线具有负峭度，标准差σ_x大于正常状态下的标准差，即观测值的分散程度较大时，K减小，此时分布曲线峰顶的高度

图4-27 峭度指标的意义

低于正常正态分布曲线，故称为负峭度。

在轴承无故障运转时，由于各种不确定因素的影响，振动信号的幅值分布接近正态分布，峭度指标值 $K \approx 3$；随着故障的出现和发展，振动信号中大幅值的概率密度增加，信号幅值的分布偏离正态分布，正态曲线出现偏斜或分散，峭度值也随之增大。峭度指标的绝对值越大，说明轴承偏离其正常状态，故障越严重。当 $K>8$ 时，很可能出现了较大的故障。

峭度指标是无量纲参数，它与轴承转速、尺寸、载荷等无关。一般随着故障的发展，均方根值、方根幅值、绝对平均值、峭度、峰值等都会不同程度地变大，但峭度对含有冲击成分的信号特别敏感，特别适用于间隙增大、滑动副表面破坏等表面损伤类故障，对早期故障较为敏感。

(6)其他无量纲指标。

峰值是指振动波形的单峰最大值。工程中，为了减少异常值对诊断结果的影响，通常在一个信号样本的总长中找出绝对值最大的 10 个数，求其算数平均为峰值 X_{p}。由此，可以定义振动信号波形的几个无量纲指标：波形指标(Shape Factor)、峰值指标(Crest Factor)、脉冲指标(Impulse Factor)、裕度指标(Clearance Factor)。

波形指标 S 的计算公式为：

$$S=\frac{\psi_x}{|\mu_x|} \tag{4-16}$$

式中：ψ_x——信号的均方根；

μ_x——信号的均值。

峰值指标 C 的计算公式为：

$$C=\frac{X_{\mathrm{p}}}{\psi_x} \tag{4-17}$$

脉冲指标 I 的计算公式为：

$$I=\frac{X_{\mathrm{p}}}{|\mu_x|} \tag{4-18}$$

裕度指标 L 的计算公式为：

$$L=\frac{\psi_x}{x_{\mathrm{r}}} \tag{4-19}$$

式中：x_r——方根幅值。

对于连续时间信号，x_{r} 的计算公式为：

$$x_{\mathrm{r}} = \left[\int_{-\infty}^{+\infty} |x|^{\frac{1}{2}} p(x)\,\mathrm{d}x\right]^2 \tag{4-20}$$

对于离散时间序列，其计算公式为：

$$x_{\mathrm{r}} = \left[\frac{1}{n}\sum_{i=1}^{n}\sqrt{|x_i|}\right]^2 \tag{4-21}$$

峰值指标 C 和脉冲指标 I 都是用来检测信号中是否存在冲击的无量纲统计指标，裕度指标 L 常用于监测机械的磨损状态。表 4-7 为各种指标对故障敏感性和稳定性的比较。工程实际中，可以同时选用多个指标进行状态监测，以兼顾敏感性和稳定性。

各种指标对故障敏感性和稳定性比较 表 4-7

参　数	敏 感 性	稳 定 性
波形指标	差	好
峰值指标	一般	一般
脉冲指标	较好	一般
裕度指标	好	一般
峭度指标	好	差
均方根值	较差	较好

【实例 4-2】 无量纲统计指标在机械状态监测中的应用。

图 4-28 所示为某机械故障前后各种统计指标的变化情况,可以看出,脉冲指标、裕度指标、峭度指标都能反映出机械状态的变化情况,但峭度指标对于该故障更敏感。

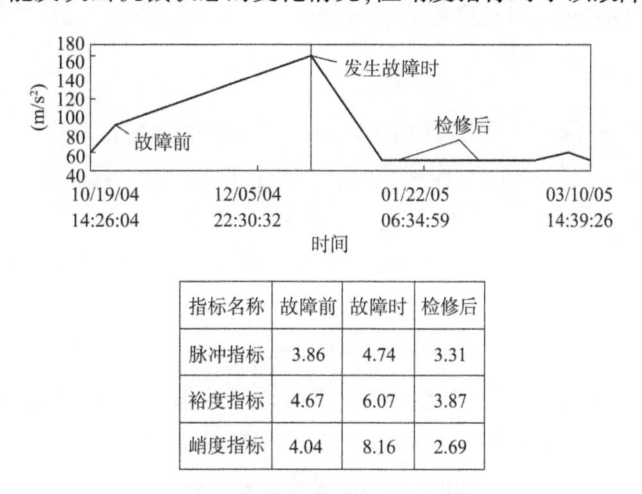

指标名称	故障前	故障时	检修后
脉冲指标	3.86	4.74	3.31
裕度指标	4.67	6.07	3.87
峭度指标	4.04	8.16	2.69

图 4-28 某机械故障前后的统计指标变化情况

【实例 4-3】 基于振动加速度无量纲指标的汽车后桥齿轮状态监测。

图 4-29 所示为基于振动加速度无量纲指标的汽车后桥齿轮状态监测,监测的参数包括脉冲指标 I、波形指标 K 和峰值指标 C。

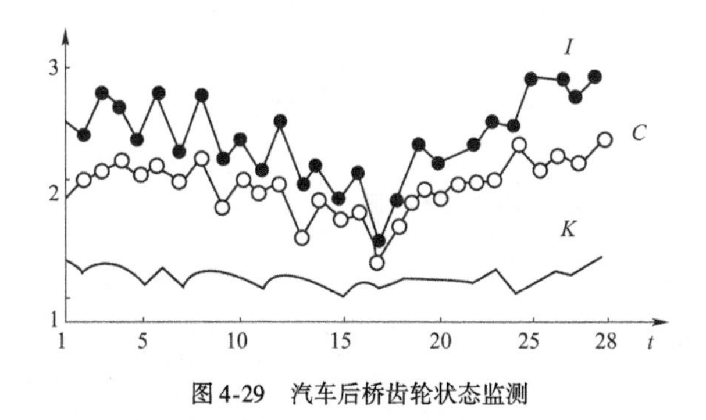

图 4-29 汽车后桥齿轮状态监测

4.2.5 振动信号的相关性分析

相关性是指两个信号(变量)的关联程度。相关性诊断包括自相关诊断和互相关诊断。

1)自相关分析

振动信号的自相关函数是描述动态信号在某一时刻的振幅 $x(t)$ 与另一时刻的振幅 $x(t+\tau)$ 之间的相互依赖关系的函数。自相关函数定义为：

$$R_x(\tau) = \lim_{T\to\infty} \frac{1}{2T}\int_{-T}^{T} x(t)x(t+\tau)\mathrm{d}t \tag{4-22}$$

式中：T——采样长度；

τ——时差。

自相关函数具有以下性质：

(1)横坐标是时差 τ。

(2)正弦信号的自相关函数是余弦信号，且自相关函数的周期与信号的周期相同。设正弦信号 $x(t)=A\sin\omega t$，则其自相关函数为：

$$R_x(\tau) = \frac{A^2}{2}\cos\omega\tau \tag{4-23}$$

并可进一步推得，周期信号的自相关函数是不衰减的周期信号。

(3)自相关函数是偶函数，对称于纵轴，因此有：$R_x(-\tau)=R_x(\tau)$。

(4)对于非周期信号，当 $\tau=0$ 时，$R_x(\tau)$ 最大，一般来说，有：$R_x(0)\geqslant|R_x(\tau)|$，$\tau\neq0$。

(5)当 $\tau=0$ 时，$R_x(0)=m_x^2+\sigma_x^2=\psi_x^2$，即当 $\tau=0$ 时，自相关函数就是均方值。

(6)对于随机信号，当 $\tau\to\pm\infty$ 时，有：

$$\lim_{\tau\to\infty} R_x(\tau) = R_x(\pm\infty) = m_x^2 \tag{4-24}$$

即随着时差 τ 的增大，随机信号自相关函数将接近于均值 m_x 的平方。特殊地，当随机信号的均值是0时，其自相关函数的值很快收敛于时差轴上，即：

$$\lim_{\tau\to\infty} R_x(\tau) = R_x(\pm\infty) = 0 \tag{4-25}$$

说明随机信号的自相关函数是衰减的。

表4-8中列出了几种典型信号的自相关函数图。正常状态下复杂机械的振动信号是无序的随机冲击，其自相关函数随着时差 τ 的增大而呈衰减趋势。当机械运行中存在周期性故障信号时，其大小要比随机信号大许多，其自相关函数中也会出现不衰减的周期信号。轴承磨损、间隙增大、轴和轴承盖撞击、滚动轴承剥蚀等故障就可以采用该方法诊断，尤其在故障发生初期，周期信号被淹没，其他方法难以发现故障，而相关分析就很容易发现随机信号中的周期成分。

几种典型振动信号的自相关函数 表4-8

名　称	时间历程	自相关图
正弦信号	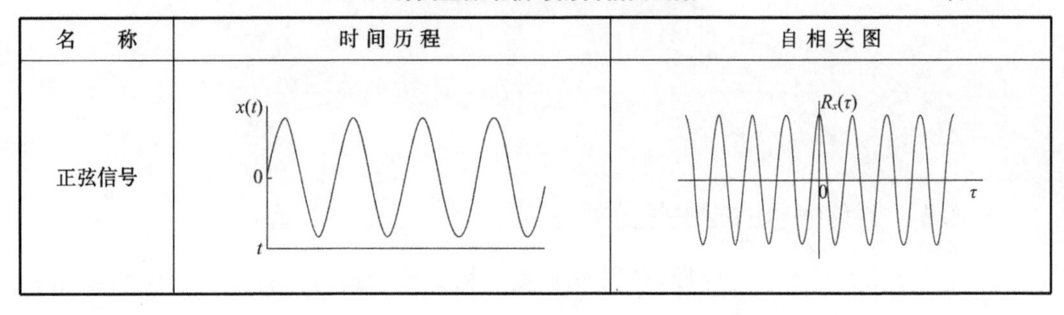	

续上表

名　　称	时间历程	自相关图
随机信号		
正弦+随机		

2)互相关分析

与自相关函数类似,互相关函数是描述两个不同的随机过程或信号之间依赖性的一个量度。两个信号间的互相关函数定义为:

$$R_{xy}(\tau) = \lim_{T\to\infty}\frac{1}{T}\int_0^T x(t)y(t+\tau)\mathrm{d}t \tag{4-26}$$

或

$$R_{yx}(\tau) = \lim_{T\to\infty}\frac{1}{T}\int_0^T y(t)x(t+\tau)\mathrm{d}t \tag{4-27}$$

式中: τ——时差;

T——样本长度;

$x(t)$、$y(t)$——两个振动信号的位移、速度或加速度。

互相关函数具有以性质:

(1)互相关函数不是偶函数,但仍然是个实函数。

(2)互相关函数的最大值一般不在 $\tau=0$ 处,而是在某一时差 τ_0 处:

$$R_{xy}(\tau_0) = \max(R_{xy}(\tau)) = \mu_x + \mu_y + \sigma_x\sigma_y \tag{4-28}$$

m_x、m_y 分别为信号 $x(t)$、$y(t)$ 的均值,当信号的均值为0时,有:

$$R_{xy}(\tau_0) = \max(R_{xy}(\tau)) = \sigma_x\sigma_y \tag{4-29}$$

互相关函数的峰值反映了两个信号之间的时差。

(3)若两个随机信号 $x(t)$ 和 $y(t)$ 没有同频率周期成分,是两个完全独立的信号,当时差 $\tau\to\infty$ 时,其互相关函数为:

$$\lim_{\tau\to\infty}R_{xy}(\tau) = \mu_x\mu_y \tag{4-30}$$

特别地,当信号是零均值信号时,有:

$$\lim_{\tau\to\infty}R_{xy}(\tau) = 0 \tag{4-31}$$

(4)频率相同的两个周期信号的互相关函数也是周期信号,其周期与原信号周期相同,例如两个周期信号分别为 $x(t)=A\sin(\omega t+\theta_x)$ 和 $y(t)=B\sin(\omega t+\theta_y)$,则其互相关函数为:

$$R_{xy}(\tau)=\frac{AB}{2}\cos[\omega t+(\theta_y-\theta_x)] \tag{4-32}$$

自相关函数仅是互相关函数的一个特例,互相关函数比自相关函数有着更为广泛的应用,可用于以下场合:

(1)确定时间延迟。假如某信号从A点传播到B点,那么在两点拾取的信号$x(t)$和$y(t)$之间的互相关函数$R_{xy}(\tau)$将在相当于两点之间时间延迟τ的位置上出现一个峰值。利用确定时间延迟的方法可以测量物体的运动速度。

(2)识别传输路径。假如信号A点到B点有几个传输路径,则在互相关函数中就会几个峰值,每个峰值对应于延迟了时间τ_n的一个路径。该方法常用于声源和声反射路径的识别。

(3)检测淹没在外来噪声中的信号。假如信号$s(t)$受到外界的干扰复合成信号$x(t)$和$y(t)$,即$x(t)=s(t)+n(t)$,$y(t)=s(t)+m(t)$。其中,$s(t)$是有用信号,可以是确定的或者随机的,而$n(t)$和$m(t)$是互不相关的噪声,那么互相关函数$R_{xy}(\tau)$将仅含有$x(t)$和$y(t)$中的相关部分,即$s(t)$的信号,从而排除了外来噪声的干扰。

(4)系统脉冲响应的测定。在随机激励试验中,假如以随机白噪声作为实验信号输入被测系统,则输入信号与输出信号的互相关函数$R_{xy}(\tau)$就是被测系统的脉冲响应。这种测量方法的优点在于,可以在系统正常工作过程中进行测量。测量时,其他信号都与试验信号无关,因而对互相关函数没有影响,不影响脉冲响应的测量。

此外,常用互相关系数测度两个信号之间的互相关性,即:

$$\rho_{xy}(\tau)=\frac{R_{xy}(\tau)-\mu_x\mu_y}{\sigma_x\sigma_y} \tag{4-33}$$

互相关系数具有以下性质:①$|\rho_{xy}(\tau)|\leqslant 1$;②若$x(t)$和$y(t)$之间没有同频率的周期成分,那么当$\tau$很大时,就彼此无关,即$\rho_{xy}(\infty)=0$。

【实例4-4】 测定轧钢运动速度。

利用两个距离为d的光电传感器A和B,得到钢板表面反射光强度变化的光电信号$x(t)$和$y(t)$。通过互相关分析,当时移等于两个测点间的时延τ_{d}时,两个信号的互相关函数为最大值,则可算得运动物体的运动速度为$v=d/\tau_{\mathrm{d}}$。

【实例4-5】 发动机各缸均匀性检测。

图4-30所示为基于互相关系数的六缸发动机各缸均匀性检测。该发动机各缸的点火顺序为1-5-3-6-2-4,理论上的点火间隔角为6缸延迟于3缸120°,3缸延迟于1缸240°,6缸延迟于1缸360°。图4-30a)中,峰值所对应的时差即为两缸压力信号之间的时延。当发动机各汽缸工作过程调整的一致时,发动机各缸压力信号相互强相关,互相关系数达到峰值1,峰值之间所对应的时延为两个汽缸的点火间隔角,分别为119.6°、238.8°、358.9°,与理论点火间隔角相当接近,说明各缸工作过程均匀性调整良好。图4-30b)为3缸与6缸、1缸与3缸、1缸与6缸压力信号的互相关系数图,它们不仅峰值存在较大差异,如而且时延分别为120.1°、233.0°、351.0°,与理论点火间隔相差较大,说明1缸未调整好。

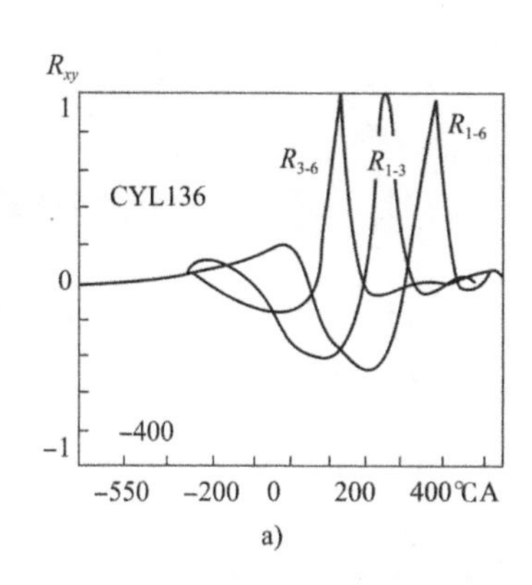

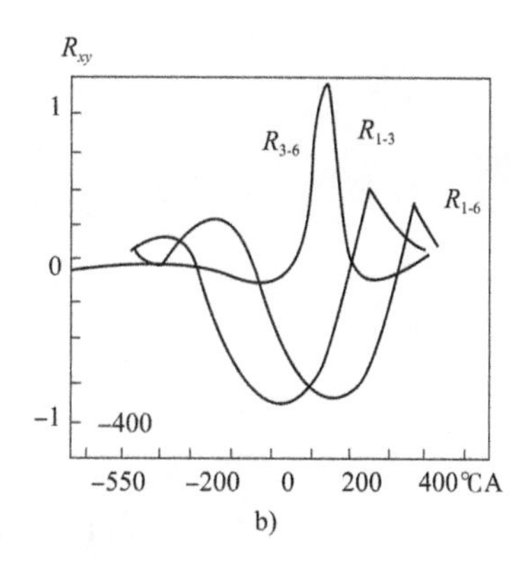

图 4-30 基于互相关函数的六缸发动机各缸均匀性检测

【实例 4-6】 诊断地下水管的漏水故障。

水管埋在地下,通常很难发现确切的漏水处,但通常漏水处都会发出滴漏的声音,故利用互相关函数可以很快诊断出水管的漏水位置。具体做法是:在管路上先开挖 A 和 B 两个点,如图 4-31a)所示,根据流量初步确定两点之间存在漏水(图中 C 点为漏水处)。在 A 点安装传感器测得信号为 $x(t)$,在 B 点安装传感器测得信号为 $y(x)$。将 $x(t)$ 和 $y(x)$ 输入相关分析仪获得互相关曲线[图 4-31b)],并从中找到互相关函数最大值对应的时差 τ_0。τ_0 表示同一水声信号分别传到 A、B 两点的时间差,则漏水点 C 与 A、B 两点的距离差为 $\Delta L = c\tau_0 = a - b$。其中,$c$ 为声音的传播速度。由此,可以确定漏水点 C 的位置。

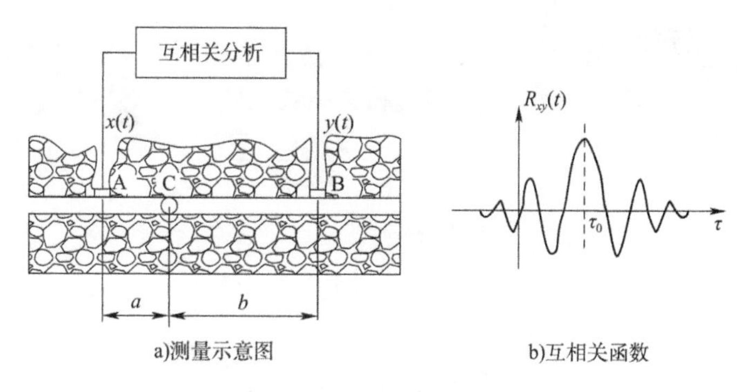

图 4-31 互相关诊断水管漏水

【实例 4-7】 利用互相关函数寻找噪声源。

实验室有一台精密仪器和多台工作机械,发现周围机械的运转会影响到精密仪器的正常工作,为弄清楚哪一台机械对其影响最大,可采用互相关分析法。

如图 4-32a)所示,在各机械所在位置测得的信号分别为 $x_1(t),x_2(t),\cdots,x_n(t)$,在精密仪器处测得信号为 $y(t)$。分别获取各机械信号 $x_i(t)$ 与 $y(t)$ 的互相关函数 $R_{x_iy}(\tau)$,根据互相关函数峰值的大小即可知道该机械对精密仪器影响程度的大小。也可在互相关函数图上找到最大峰值对应的时差 τ_0,计算出距离:

$$L = c\tau_0 \tag{4-34}$$

式中:c——声音传播速度。

如果 $L = L_i$,则说明仪器 i 对精密仪器的影响最大。

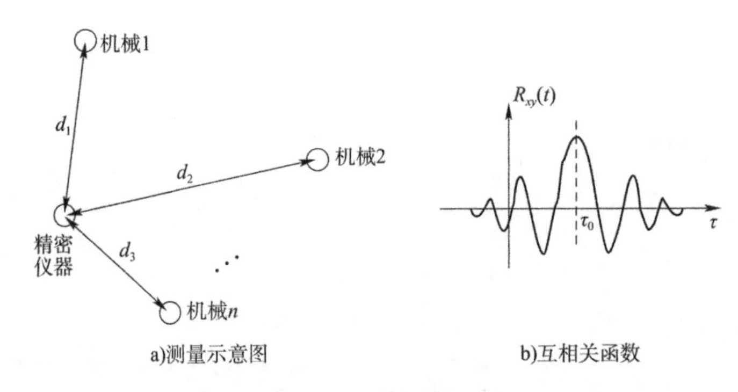

a)测量示意图　　b)互相关函数

图 4-32　噪声源测量

3)协方差与相关系数

协方差可以衡量两个信号 $x(t)$ 和 $y(t)$ 的总体误差,是两个信号总体误差的期望。协方差的计算公式为:

$$\mathrm{Cov}(x,y)=\frac{1}{n}\sum_{i=1}^{n}(x_i-\mu_x)(y_i-\mu_y),\quad \mu_x=\frac{1}{n}\sum x_i,\quad \mu_y=\frac{1}{n}\sum y_i \tag{4-35}$$

如果两个信号的变化趋势一致,则两个信号之间的协方差为正;如果两个信号的变化趋势相反,则两个信号之间的协方差为负。

协方差作为描述两个信号相关程度的量,在同一物理量纲之下有一定的作用,但若两个量为不同的量纲,则协方差在数值上会表现出很大的差异,因此定义相关系数 ρ_{xy},以消除这种差异。

相关系数 ρ_{xy} 的计算如式(4-36)所示,它基于协方差 $\mathrm{Cov}(x,y)$ 和方差 $\mathrm{Var}(x)$ 计算得到。该相关系数为线性相关系数(即皮尔逊相关系数):

$$\rho_{xy}=\frac{\mathrm{Cov}(x,y)}{\sqrt{\mathrm{Var}(x)\mathrm{Var}(y)}} \tag{4-36}$$

式中:$\mathrm{Var}(x)$、$\mathrm{Var}(y)$——x、y 的方差,即:

$$\begin{cases}\mathrm{Var}(x)=\dfrac{1}{n}\sum\limits_{i=1}^{n}(x_i-\mu_x)^2\\ \mathrm{Var}(y)=\dfrac{1}{n}\sum\limits_{i=1}^{n}(y_i-\mu_y)^2\end{cases} \tag{4-37}$$

$|\rho_{xy}|\leqslant 1$,当大于 0 时表示正相关,小于 0 时表示负相关。一般参照表 4-9 中 $|\rho|$ 的取值范围划分相关程度。

相关系数取值范围及含义　　表 4-9

相关系数的取值范围	含　义	相关系数的取值范围	含　义
$\|\rho\|=1$	完全相关	$0.2\leqslant\|\rho\|<0.4$	低度相关
$0.9<\|\rho\|<1$	极高相关	$0<\|\rho\|<0.2$	极低相关
$0.7\leqslant\|\rho\|<0.9$	高度相关	$\|\rho\|=0$	完全不相关
$0.4\leqslant\|\rho\|<0.7$	中度相关		

4.2.6 振动信号的频谱分析

实际的机械振动信号包含了机械状态的许多信息,故障的发生、发展往往会引起信号频率结构的变化。而信号的时域、幅域分析所能提供的信息量是非常有限的,往往只能粗略地回答机械是否有故障,有时也能得到故障严重程度的信息,但不能提供故障发生部位等信息。研究振动信号的频率特征,对其进行频域分析是机械检测信号处理中的最重要、最常用的分析方法。通过频域分析,可知对应每一个频率的幅值大小、幅值在单位频率内的密度,以及相位的变化情况等信息。这个分析过程也可称为频谱分析或频域分析。

在频谱分析中,通常以频率为横坐标,以振动幅值或幅值谱密度、能量谱密度、功率谱密度或相位为纵坐标用图形表示,这个图形称为频谱图。常见的频谱分析有幅值谱分析、功率谱分析、倒频谱分析等。

1)幅值谱及功率谱

(1)傅里叶变换及幅值谱。

信号的幅值谱 $X(f)$ 是信号的幅值与频率之间的相互关系。时域信号 $x(t)$ 可以通过傅里叶积分[式(4-38)]转换为频域信号。该过程称为傅里叶正变换,记作 $X(f)=F[x(t)]$。

$$X(f) = \int_{-\infty}^{\infty} x(t)e^{-j2\pi ft}dt \tag{4-38}$$

其中,j 为虚数单位;$e^{-j2\pi ft}=\cos(-2\pi ft)+j\sin(-2\pi ft)$ 称为欧拉公式。因此,式(4-38)也可以写作:

$$X(f) = \int_{-\infty}^{\infty} x(t)[\cos(-2\pi ft) + j\sin(-2\pi f)]dt \tag{4-39}$$

同样,频域信号 $X(f)$ 也可以用式(4-40)转换为时域信号。该过程称为傅里叶逆变换,记作 $x(t)=F^{-1}[X(f)]$。

$$x(t) = \frac{1}{2\pi}\int_{-\infty}^{\infty} X(f)e^{j2\pi ft}df \tag{4-40}$$

傅里叶正变换与傅里叶逆变换组成了信号的傅里叶变换对。工程上常采用快速傅里叶变换 FFT(Fast Fourier Transform,FFT)[1]完成时域信号与频域信号之间的转换。

(2)功率谱。

信号的功率谱密度可以分为自功率谱密度(简称自谱)和互功率谱密度(简称互谱)两种。

自谱定义为:

$$S_x(f) = \lim_{T\to\infty}\frac{|X(f)|^2}{2T} \tag{4-41}$$

它是非负实偶函数,为双边功率谱,工程中一般采用单边自功率谱 $G_x(f)$ 来表示:

$$G_x(f) = 2S_x(f) \tag{4-42}$$

自功率谱密度函数 $S_x(f)$ 与自相关函数 $R_x(\tau)$ 是一对傅里叶变换对:

$$S_x(f) = \int_{-\infty}^{\infty} R_x(\tau)e^{-j2\pi f\tau}d\tau \tag{4-43}$$

[1] 快速傅里叶变换(Fast Fourier Transform,FFT),是利用计算机计算离散傅里叶变换(Discrete Fourier Transform,DFT)的高效、快速计算方法的统称,由 J. W. 库利和 T. W. 图基于 1965 年提出。FFT 算法能使计算机计算离散傅里叶变换所需要的乘法次数大为减少。当变换的抽样点数越多时,FFT 对于计算量的节省就越显著。

$$R_x(\tau) = \int_{-\infty}^{\infty} S_x(f) e^{j2\pi f t} df \tag{4-44}$$

互功率谱密度函数 $S_{xy}(f)$ 又称为交叉谱，它反映了信号 $x(t)$ 和 $y(t)$ 在频域上的相关性。自谱是互谱的特例，互谱比自谱能反映更多的信息。

正如自谱与自相关函数是一对傅里叶变换对一样，互谱 $S_{xy}(f)$ 与互相关函数 $R_{xy}(\tau)$ 也是一对傅里叶变换对：

$$S_{xy}(f) = \int_{-\infty}^{\infty} R_{xy}(\tau) e^{-j2\pi f \tau} d\tau \tag{4-45}$$

$$R_{xy}(\tau) = \int_{-\infty}^{\infty} S_{xy}(f) e^{j2\pi f \tau} df \tag{4-46}$$

表4-10中列出了几种典型信号的幅值谱，自功率谱与其形状相似。其中，编号1是正弦信号的幅值谱或自功率谱形态，它只有一个频率成分 f_1，图中只有一根谱线；编号2是方波信号的幅值谱或自功率谱，方波信号属于复杂周期信号，其幅值谱（自功率谱）为具有无数个频率成分的离散谱线，而且每一个频率 f_i 都是第一个频率 f_1 的整数倍，f_1 称为基频，$f_i(i \neq 1)$ 称为倍频；编号3是随机白噪声信号的幅值谱和自功率谱形态，它是具有无限个等幅值频率成分的连续谱线（所有随机信号的幅值谱都为连续谱线）；编号4是含有随机白噪声的正弦信号（频率为 f_1）的幅值谱或自功率谱形态，它在 f_1 处有一个峰值。

典型信号的幅值谱 表4-10

编号	名　称	时域信号	幅值谱（自功率谱）
1	正弦信号	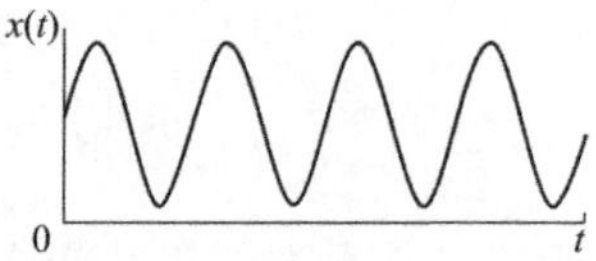	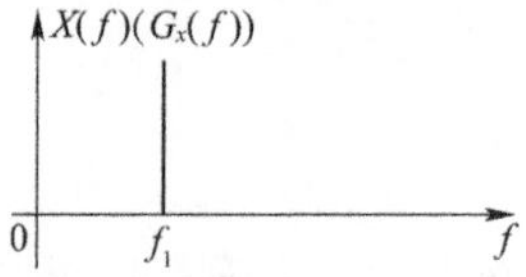
2	复杂周期信号	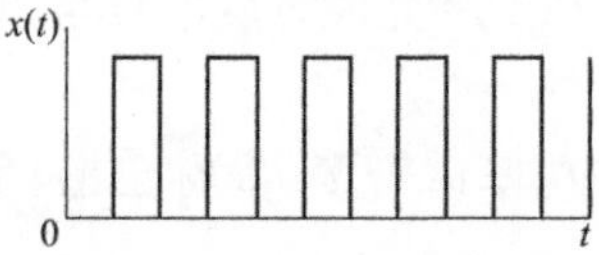	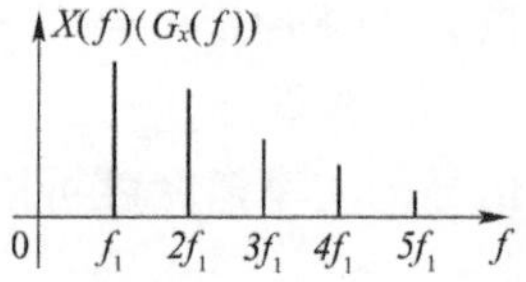
3	随机白噪声	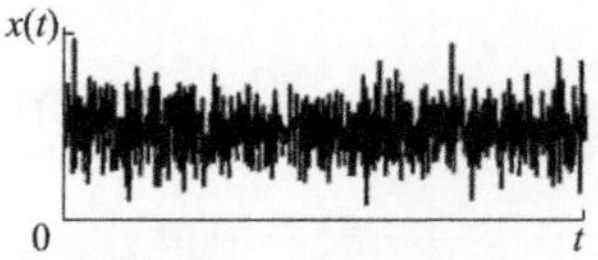	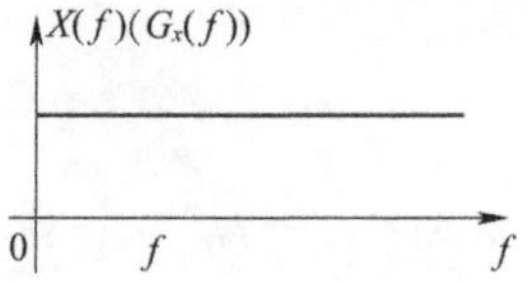
4	正弦＋白噪声	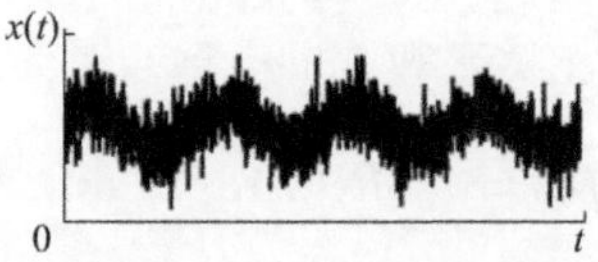	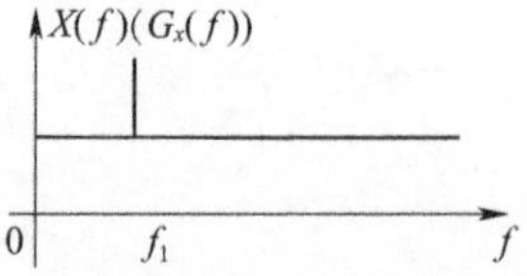

2）频谱诊断

利用功率谱、幅值谱或者它们的变化形式所提供的信息来诊断故障的方法统称为频谱诊断。频谱诊断是最基本的频域诊断方法，在机械故障诊断中经常使用。

常用的响应频谱诊断分为两种:绝对判别法和相对判别法。绝对判别法是将实测值与机械的振动标准值相比较来判断故障;相对判别法是利用机械运行中前后状态之间的谱图的变化来判断故障。

(1)绝对判别法。用绝对判别法诊断机械故障时需要有标准谱图作参照。图4-33是某机械的维护标准图。图中有3条曲线,曲线1表示良好运行状态下机械上某点的振动响应频谱;曲线2表示机械运行正常状态频谱的包络曲线;曲线3表示机械维护极限的频谱曲线。若实测振动曲线在曲线2以内,说明机械工作正常;若实测曲线超过了维护极限的频谱曲线3,则应立即停机检修。

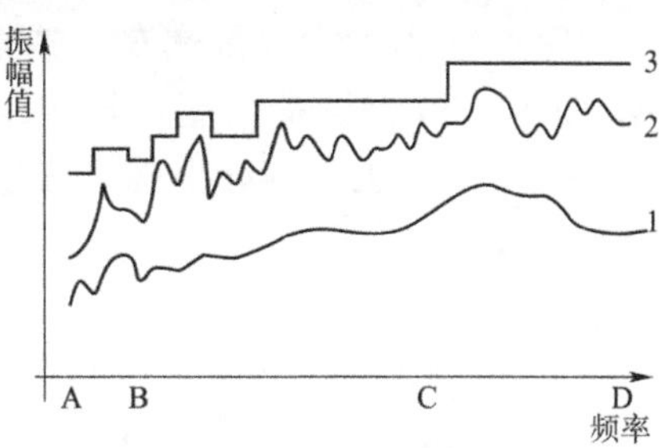

图4-33　某机械的维护标准

曲线在各谱段中的变化将反映机械的以下运行特征:①低频段(AB)的变化,往往反映转子的平衡状况;②中频段(BC)的变化,往往反映转子的对中情况;③高频度(CD)的变化,往往反映滚动轴承或齿轮啮合情况。

因此,利用该方法可以定性分析旋转机械质量不平衡、轴弯曲、油膜振动、滚动轴承磨损、齿轮啮合变坏、零件松动、开裂及结构安装情况的变化等。频谱图的变化与振源之间的对应关系见表4-11。

频谱图的变化与振源之间的对应关系　　表4-11

频谱图及其变化情况	振　源
响应频谱中工作频率分量大	①转子动平衡、静平衡不好; ②工作频率接近轴的临界转速或接近结构件的固有频率
响应频谱中低于工作频率的分量大	①轴承油膜振动; ②转轴上有裂纹; ③离心压缩机喘振; ④次谐波引起的共振
响应频谱中工作频率整数倍分量大	①转轴对中不好; ②叶片共振; ③高次谐波共振
响应频谱中高频分量较大	①齿轮振动; ②滚动轴承振动; ③阀门引起的振动

对于绝对判别法,由于需要对特定机械进行大量调研和专门的实验分析,得到统计数据才能建立其标准谱图,因此,目前一般采用相对判别法来进行故障诊断。

(2)相对判别法。相对判别法是通过将实测机械的频谱图与其正常状态的频谱图相比较来确定机械是否异常,并根据异常状态的频率特性判断故障的振源。利用相对判别法进行故障诊断的大致有3类。①与正常信号相比,增加了周期分量。根据周期分量的频率可以判断故障部位。②与正常信号相比,幅值明显增大。这种情况一般表示机械的性能变坏，振动加剧；或者机械运转时间过长，相对运动件之间磨损严重，间隙增大，引起剧烈振动。

【实例 4-8】 汽车变速器频谱分析。

图 4-34 为实验测得汽车变速器振动加速度的频谱图。其中，图 4-34a）为正常谱图，图 4-34b）为异常谱图。与正常状态的频谱图相比，异常状态下的变速器在 $f_1 = 9.2\text{Hz}$ 和 $f_2 = 18.4\text{Hz}$ 处出现了峰值，且 $f_1 = 2f_2$。由此，可以判断变速器中某一对齿轮出现了故障。

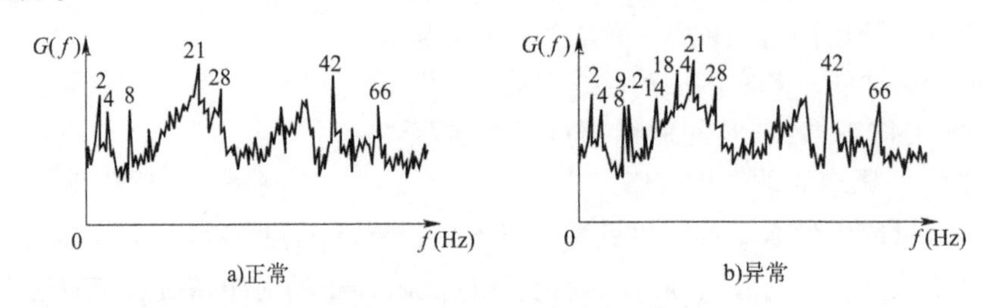

图 4-34 汽车变速器振动功率谱

【实例 4-9】 发动机排气阀门间隙正常与不正常时的频谱图。

图 4-35 所示为发动机排气阀门间隙正常与不正常时的频谱图。当排气门间隙不正常时，增加了 20kHz 以上的频率成分。

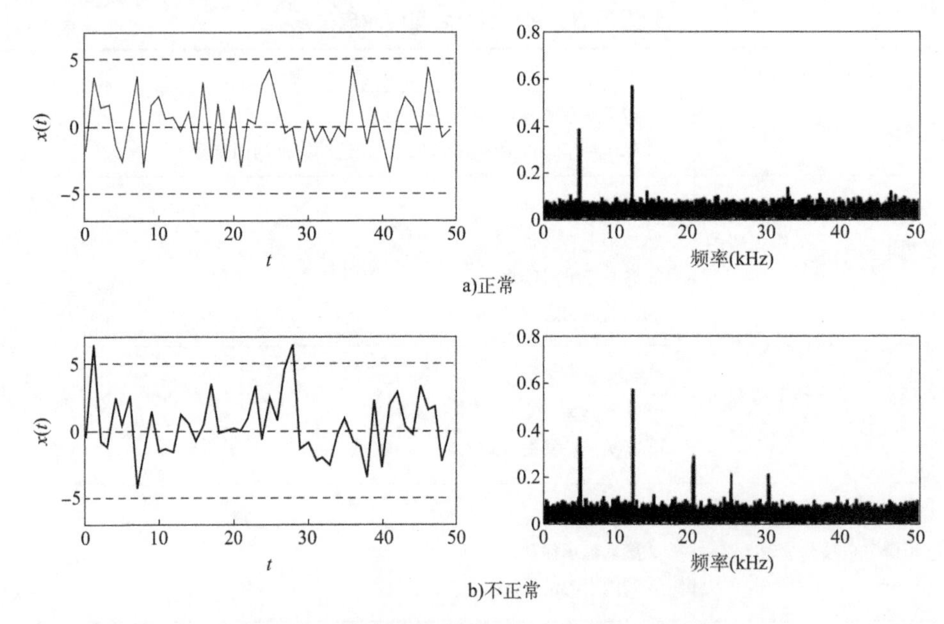

图 4-35 发动机排气阀门间隙正常与不正常时的频谱图

【实例 4-10】 新、旧滚动轴承频谱分析。

图 4-36 所示为某机械新、旧滚动轴承的频谱图。其中曲线 A 为新轴承的振动频谱，曲线 B 为轴承表面产生麻点时的振动频谱。对比两者可见，当滚动轴承性能变坏时，功率谱图在高频分量的幅值明显增加。

与正常信号的频谱图相比，有故障的信号谱图上的频率成分发生变化。

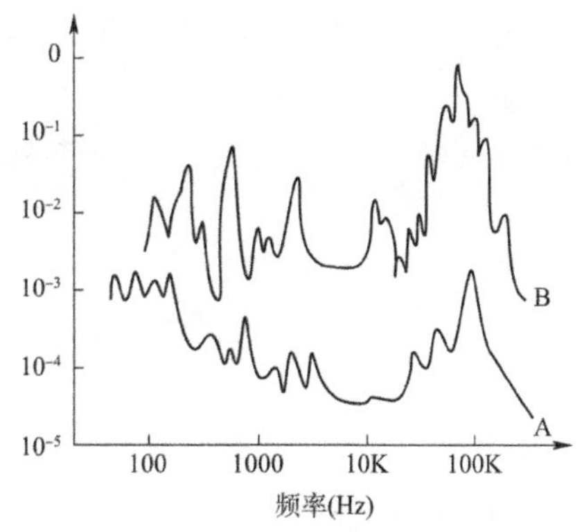

图 4-36 新、旧滚动轴承的频谱图

A-新轴承;B-旧轴承

【实例 4-11】 各种情况下发动机加速度信号的自功率谱图。

图 4-37 所示是各种情况下的发动机振动加速度自功率谱图。将各图进行对比可以发现,各种不正常状态下的振动频谱成分与正常状态的谱图相比有明显的差异。

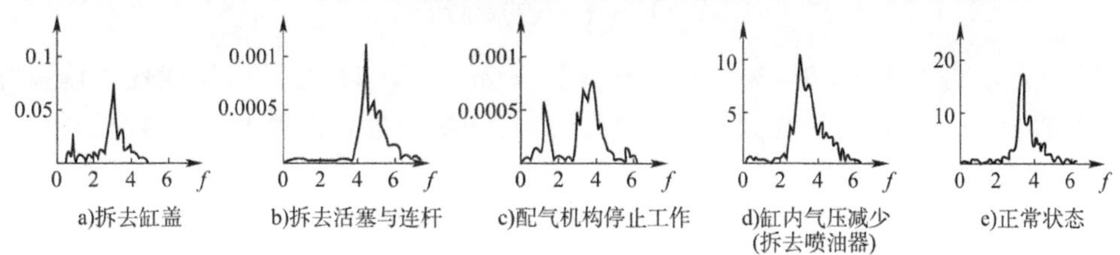

图 4-37 发动机加速度信号自功率谱图

3)凝聚函数分析

在时域内,通常用相关函数描述两个信号之间的相关程度,而在频域中,则一般用凝聚函数描述两个信号之间的相互关系。

凝聚函数又称为相干函数。信号 $x(y)$ 和 $y(t)$ 之间的凝聚函数定义为:

$$\gamma_{xy}^2(f)=\frac{|S_{xy}(f)|^2}{S_x(f)S_y(f)}=\frac{|G_{xy}(f)|^2}{G_x(f)G_y(f)} \tag{4-47}$$

式中: $S_x(f)$、$S_y(f)$、$S_{xy}(f)$——双边谱;

$G_x(f)$、$G_y(f)$、$G_{xy}(f)$——单边谱;

$S_x(f)$、$S_y(f)$、$G_x(f)$、$G_y(f)$——自功率谱;

$S_{xy}(f)$、$G_{xy}(f)$——互功率谱。

凝聚函数 $\gamma_{xy}^2(f)$ 的值在 0 ~ 1 之间,即 $0\leqslant\gamma_{xy}^2(f)\leqslant1$。当 $\gamma_{xy}^2(f)=0$ 时,表示信号 $x(y)$ 和 $y(t)$ 在频率 f 完全无关;当 $\gamma_{xy}^2(f)=1$ 时,表示信号 $x(y)$ 和 $y(t)$ 在频率 f 完全相关。在考虑噪声干扰的前提下,一般只有当 $\gamma_{xy}^2(f)\geqslant0.7$ 时,才认为两个信号在频率 f 相关。

对于线性输入输出系统,可将凝聚函数 $\gamma_{xy}^2(f)$ 理解为在频率 f 处一部分输出的均方值,而这一部分输出 $y(t)$ 是由 $x(t)$ 引起的;相对应的,$1-\gamma_{xy}^2(f)$ 可理解为在频率 f 处不由 $x(t)$ 引起的输出 $y(t)$ 的均方值。因此,凝聚函数可以表征在频率 f 处输出 $y(t)$ 有多大程度来源于输入 $x(t)$,又有多大部分不是由 $x(t)$ 而是由其他信号或干扰引起的。

一个机械可以有多个振源,当系统发生故障时,故障源的振动量发生了变化,它在振动信号中的贡献量也将发生变化。此外，故障也可能产生新的振源，也会使振动量在不同频率范围发生变化。凝聚函数能在多源振动环境中通过各种频率成分对于总振动量的贡献来识别故障源，能正确识别线性系统的通道情况，是机械故障诊断中较为有用的方法。

4）传递函数分析

任何机械都是以视为一个系统，而传递函数则是反映其本身特性的一个物理量。当系统发生故障时，其固有特性发生了变化，其传递函数也会发生变化，因此，可以利用传递函数判断机械的故障。

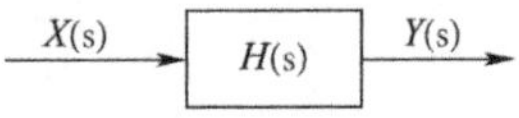

X(s) → H(s) → Y(s)

图4-38　系统及其传递函数

对于输入为 $x(t)$、输出为 $y(t)$ 的系统（图4-38），其传递函数定义为输出 $y(t)$ 的拉普拉斯变换（简称拉氏变换）与出入 $x(t)$ 的拉氏变换之比：

$$H(s)=\frac{Y(s)}{X(s)} \tag{4-48}$$

其中，拉普拉斯变换是工程数学中常用的一种线性积分变换：

$$X(s)=\int_0^{\infty}x(t)\mathrm{e}^{-st}\mathrm{d}t \tag{4-49}$$

其中，s 为复变量，$s=\delta+\mathrm{j}\omega$。特别地，当 $s=\mathrm{j}\omega=\mathrm{j}2\pi f$ 时，拉氏变换就变为傅里叶变换，这时的 $H(\omega)$ 或 $H(f)$ 称为频率响应函数（简称频响函数），也称为正弦传递函数：

$$H(\omega)=\frac{Y(\omega)}{X(\omega)} \tag{4-50}$$

$$H(f)=\frac{Y(f)}{X(f)} \tag{4-51}$$

正弦传递函数的物理意义是：对于线性系统，如果输入时频率为 f 的正弦波，则输出也是具有相同频率的正弦波。

机械故障诊断一般是根据机械的实测状态与正常状态或发生某种典型故障的状态相比来判断故障。由于响应频谱信号中既有机械的系统信息，也有系统受到激励的信号，因此，用响应频谱进行故障诊断时，要求相对比的机械的试验条件或工况完全相同，这给机械故障诊断带来了困难。而系统传递函数的改变仅反映系统内部状态的变化，因此，利用传递函数对机械故障进行诊断更为有效。

5）倒频谱分析

机械故障诊断所获得的振动信号，一般不是源信号，而是经过系统传递后得到的二次效应信号。在时域内，源信号经过系统传递的过程通常为卷积过程：

$$y(t)=\int_{-\infty}^{+\infty}h(t-\tau)x(t)\mathrm{d}t \tag{4-52}$$

式中：$x(t)$——输入信号，即故障对机械的激励；

$y(t)$——输出信号，即 $x(t)$ 经系统传递后得到的输出信息；

$h(t-\tau)$——系统特征函数。

对式(4-52)两端同时做傅里叶变换后得到式(4-53)，即输出信号的傅里叶变换 $Y(f)$ 为输入信号的傅里叶变换 $X(f)$ 与系统频响函数 $H(f)$ 的乘积，这就将卷性关系变换为乘性关系。

$$Y(f)=H(f)X(f) \tag{4-53}$$

式中：$H(f)$——系统特征函数$h(t)$的傅里叶变换。

对式(4-53)两端进一步取对数，则将输入、输出和系统之间的乘性关系变为加性关系[式(4-54)]，使问题得到进一步简化。图4-39a)为对信号幅值谱取对数后，输出$\ln Y(f)$、系统$\ln H(f)$与输入$\ln X(f)$之间的关系，其中$\ln X(f)$为信号中的高频成分，$\ln H(f)$为其中的低频成分。进一步对其做傅里叶逆变换[图4-39b)]，$\ln H(f)$的变换结果为$C_h(t)$，$\ln X(f)$的变换结果为$C_x(t)$，两者被有效分离出来，更便于分析。

$$\ln Y(f)=\ln H(f)+\ln X(f) \tag{4-54}$$

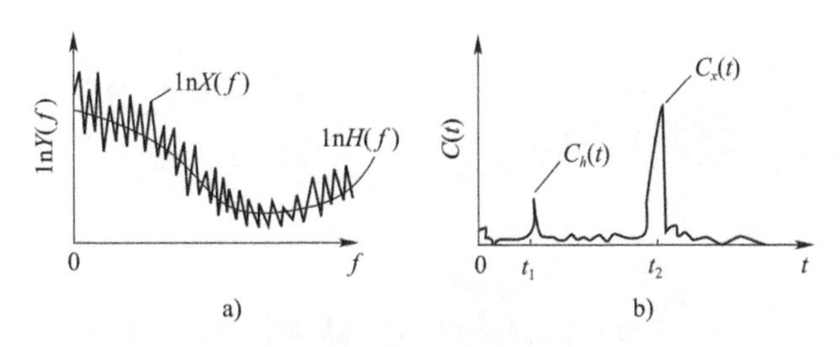

图4-39 倒频谱分析原理

若对信号的功率谱$S_{xx}(f)$取对数$\ln[S_{xx}(f)]$，则得到对数功率谱。若在对信号的对数功率谱做傅里叶逆变换，则得到倒频谱[式(4-55)]。

$$C_x(t)=\left|F^{-1}\{\ln[S_{xx}(f)]\}\right| \tag{4-55}$$

倒频谱是一种二次分析技术。由于它具有时间因次，为了与通常的频谱相区别，有时也称其为时谱。正如自相关函数与功率谱是一对傅里叶变换一样，倒频谱与对数功率谱是一对傅里叶变换。其差异在于倒频谱是功率谱在对数坐标下的傅里叶逆变换，而自相关函数是功率谱在线性坐标下的傅里叶逆变换。

下面，以实例说明倒频谱的突出优点。

(1)输出信号受传感器的测点位置及信号传递路径的影响小。显然，在加性关系[图4-39a)]中，输出信号对于系统的依赖关系低于乘性关系，更低于卷性关系。进一步做傅里叶逆变换后[图4-39b)]，系统和源信号的特征也被分离出来，使得输出信号受传感器的测点位置及信号传递路径的影响小。图4-40所示为两个振动传感器在齿轮箱上不同测点的测得振动信号的分析结果。可以看到，由于传递路径不同，两个信号的功率谱也不相同。而在倒频谱上，由于信号源的振动效应和传递途径的效应分离开来，代表齿轮振动特征的高频部分的倒频率分量几乎完全相同，只是在低倒频率段由于传递函数不同而存在频谱上的差异。

(2)倒频谱对信号中边频成分具有较好的“概括”能力。图4-41所示为某货车变速器振动信号的功率谱和倒频谱。由于存在信号调制，图4-41a)左边的功率谱中存在大量的边频成分，淹没了中心频率。变换成右边倒频谱后可以看出，倒频谱能将原来频谱图上成簇的边频带谱线简化为单根谱线，较好地检测出功率谱上肉眼难以识别的周期成分，对边频成分具有“概括”能力。但是进行多段平均的功率谱取对数后，功率谱中与调制边频带无关的噪声和其他信号也都因得到较大的权系数而放大，故会降低信噪比。

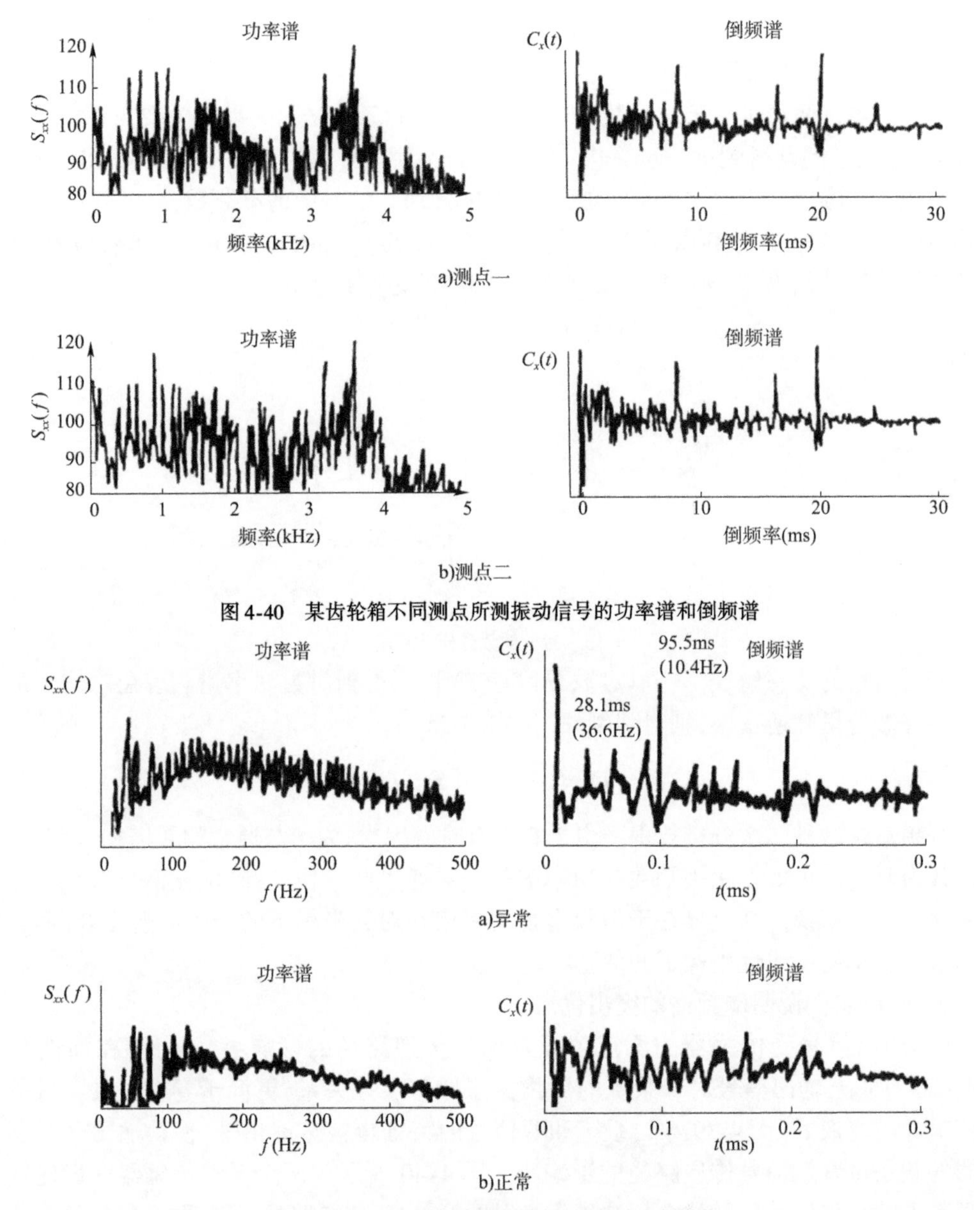

a)测点一

b)测点二

图4-40 某齿轮箱不同测点所测振动信号的功率谱和倒频谱

a)异常

b)正常

图4-41 某货车变速器振动信号的功率谱和倒频谱

(3)倒频谱上代表齿轮调制程度的幅值不受相位变化的影响。在齿轮箱的振动中,调频和调幅的同时存在及两种调制在相位上的变化使边频具有不稳定性,这种不稳定性给在功率谱上识别边频造成不利影响。进行倒频谱分析时,可以不必考虑信号测取时的衰减和标定系数所带来的影响。

【实例4-12】 滚动轴承振动信号的倒频谱诊断。

图4-42a)和图4-42b)分别为正常和异常滚动轴承振动信号的倒频谱。在图4-42b)中可以看到两个明显的倒频率,分别为9.470ms和37.90ms,它们分别对应了106Hz和24.35Hz两个频率。而通过理论计算可知,轴承滚动体故障的特征频率f_b为104.35Hz,内圈故障的特征频率f_i为20.35Hz,因此可判断该轴承滚动体和内圈发生了故障。

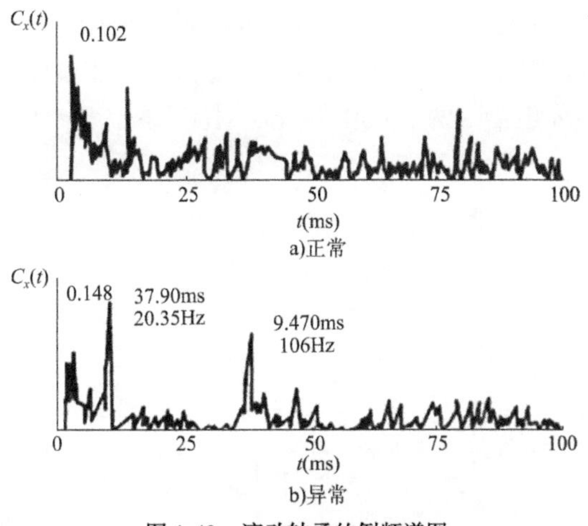

图 4-42 滚动轴承的倒频谱图

4.2.7 趋势分析

趋势分析在故障诊断中起着相当重要的作用,它将所测得的特征数据值和预报极限值按一定的时间顺序排列起来进行分析(图 4-43),一旦超过极限值,则判断为故障。

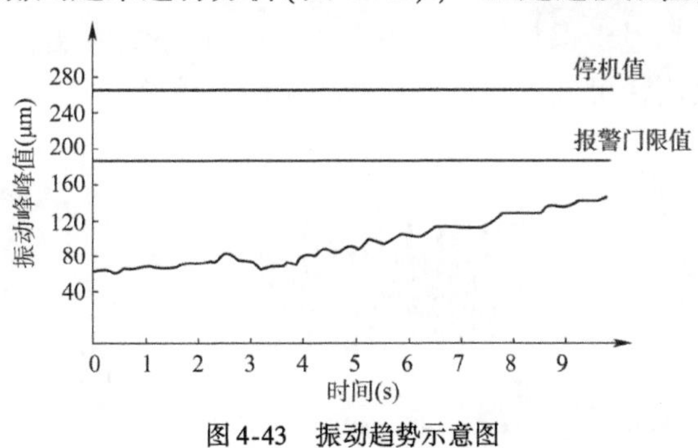

图 4-43 振动趋势示意图

4.3 旋转机械其他振动诊断技术

旋转机械是指靠旋转运动完成特定功能的机械,其总量占到机械的 80% 以上。典型的旋转机械有汽轮机、发动机、齿轮泵、发电机等。以下将介绍的轴心轨迹、全息谱、波特图、极坐标图、轴心位置图、转速谱、振动区域图等,都是可用于旋转机械故障诊断的有效方法。

4.3.1 轴心轨迹诊断

传统的频谱分析方法在转子监测和诊断中起到非常重要的作用,但也存在着严重不足:一是传统的谱分析方法使得振动信号的幅值信息和相位信息相互分离,尤其是相位信息被忽略;二是传统的频谱分析方法不能给出一个支撑面中转子在相互垂直的两个方向的振动之间的相互关系,而孤立地分析某一个方向的振动并不能了解转子振动的全貌。

1)轴心轨迹分析原理

转子的轴心轨迹是指在轴线垂直的平面内,转子轴心相对于轴承座的运动轨迹。从轴承或轴颈同一截面的两个相互垂直的方向上监测得到的一组振动信号中提取的故障信息就得到轴心轨迹图。其测量如图 4-44 所示，用两个互成 90°的非接触式电涡流位移传感器测得的振动信号，分别输入示波器的两个通道内，显示对应于两传感器轴截面的中心线的运动。

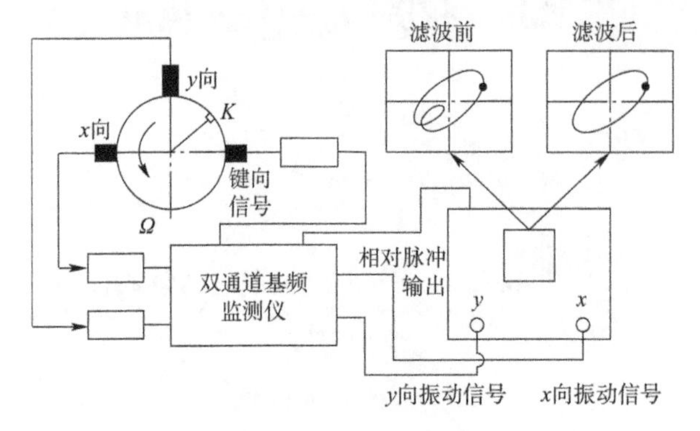

图 4-44　轴心轨迹的测量

轴心轨迹可以用原始轴心轨迹、提纯轴心轨迹、平均轴心轨迹、一倍频轴心轨迹、二倍频轴心轨迹等。由于实际测量得到的原始轴心轨迹包含大量噪声，图形复杂，难以识别，因此一般使用提纯轨迹进行分析。提纯轴心轨迹是在频谱分析的基础上，剔除噪声，提取相应频率成分重构，或通过带保相滤波对轴心轨迹进行重构，突出轨迹特征与故障的相关性。图 4-45 所示为某旋转机械主轴提纯后的各阶轴心轨迹。

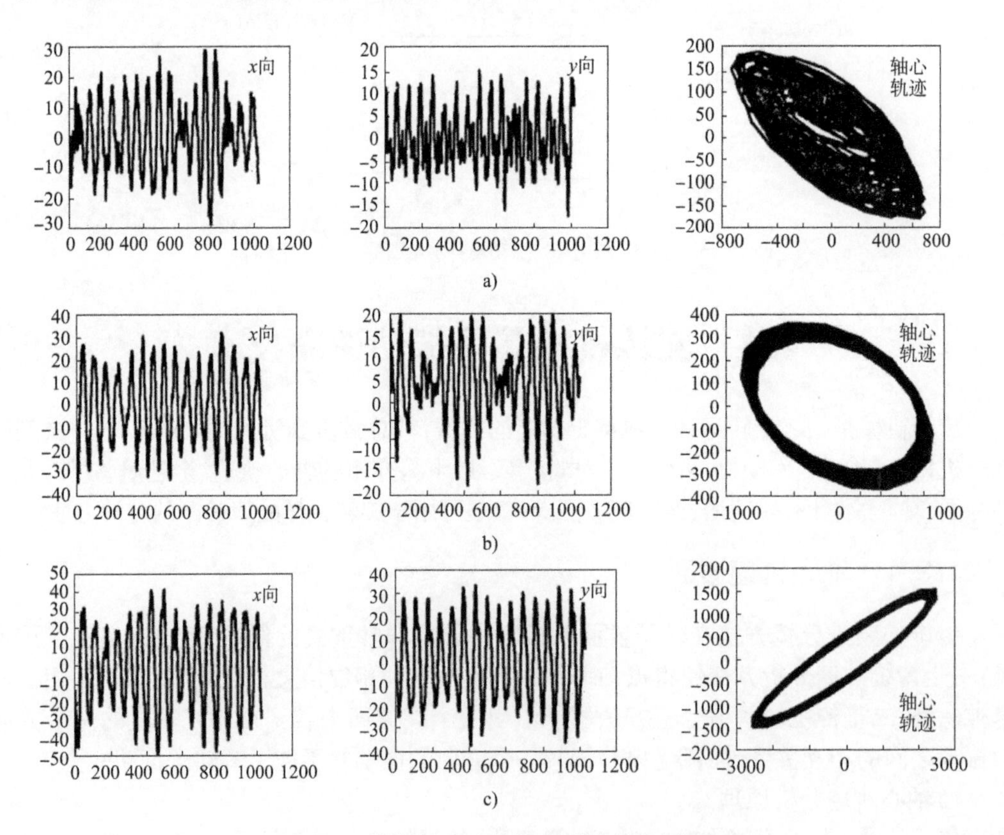

图 4-45　某旋转机械主轴提纯后的各阶轴心轨迹

转子在轴承中高速旋转时并不是只围绕自身中心旋转，而是还环绕某一中心做涡动运动。产生涡动运动的原因可能是转子不平衡、对中不良、动静摩擦等，这种涡动运动的轨迹称为轴心轨迹，也称为李莎育图形。

2）轴心轨迹分析内容

轴心轨迹分析的内容包括稳定性分析、形状分析和进动方向分析。

（1）轴心轨迹的稳定性分析。如果轴心轨迹形状简单，重复性较好，说明转子运行比较稳定；如果轴心轨迹形状复杂，重复性差，或轨迹处于发散状态，说明转子运行不稳定。轴心轨迹的重复性可从一个侧面反映转子运行的稳定性，判断转子的运行状态。

图 4-46 所示为某空气压缩机组三个不同运行时刻的轴心轨迹，图 4-46a）为正常情况下的轴心轨迹，其形状稳定，重复性好；随着机组状态的劣化，其形状的稳定性和重复性越来越差［图 4-46b）］和［图 4-46c）］。尤其是图 4-46c）的轴心轨迹已经处于发散状态，说明转子运行已经极不稳定。

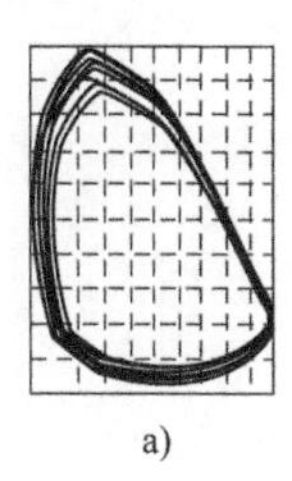
a)

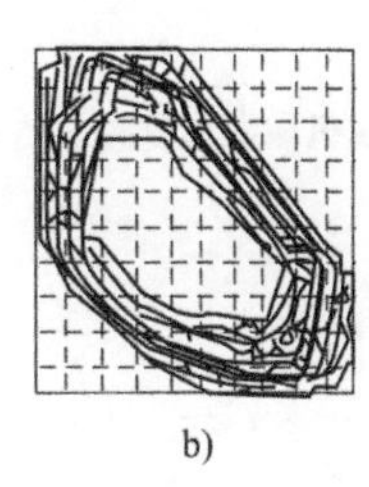
b)

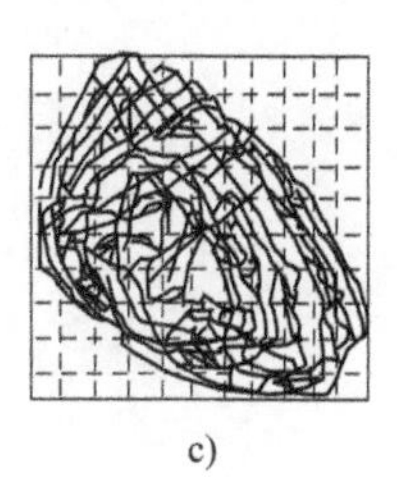
c)

图 4-46 某空气压缩机组三个不同时刻时的轴心轨迹

（2）轴心轨迹的形状分析。正常情况下的轴心轨迹稳定，形状、大小稳定而重合，轴心轨迹形状为小的圆或椭圆形。当仅有不平衡引起转子振动，且转子各方向弯曲刚度及支承刚度都相等时，轴心轨迹为圆，在 x 和 y 方向只有转速频率的简谐振动，两者振幅相等，相差 90°实际转子各方向弯曲刚度不相等，引起转子振动的原因也并非只有不平衡，轴心轨迹不再是圆，而是椭圆或更复杂的图形。异常情况下轴心轨迹紊乱，形状、大小不断变化而不能重合。当转子产生不平衡故障时轴心轨迹形状为椭圆形［图 4-47a）］；当转子产生不平衡和不对中综合故障时，轴心轨迹形状为香蕉状［图 4-47b）］；当转子仅为不对中故障时，轴心轨迹形状为外 8 字形［图 4-47c）］；当转子产生油膜涡动故障时，轴心轨迹形状为内 8 字形［图 4-47d）］；当转子产生油膜故障时，轴心轨迹形状为无规则图形［图 4-47e）］。摩擦故障会导致轴心轨迹不规则，如多处出现锯齿尖角或小环。如图 4-48 所示为发生摩擦故障时的轴心轨迹。其中，图 4-48a）所示为轻度摩擦，图 4-48b）所示为中度摩擦；图 4-48c）所示为严重摩擦。轴心轨迹的尺寸越大，形状越不规则，摩擦状况越严重。

（3）轴心轨迹的进动方向分析。带有相位的轴心轨迹可通过观察信号标记在轨迹图上出现的顺序得到带有相位的轴心轨迹（图 4-49），用以判知轴心轨迹的方向是顺时针还是逆时针，从而确定轴心是在做正进动还是反进动（图 4-50）。正进动是指轴心轨迹的运动方向与轴旋转方向相同；反进动是指轴心轨迹的运动方向与轴旋转方向相反。对于动、静部件碰撞引起的振动轴心轨迹的运动，运动方向与转轴的旋转方向相反（反进动）。

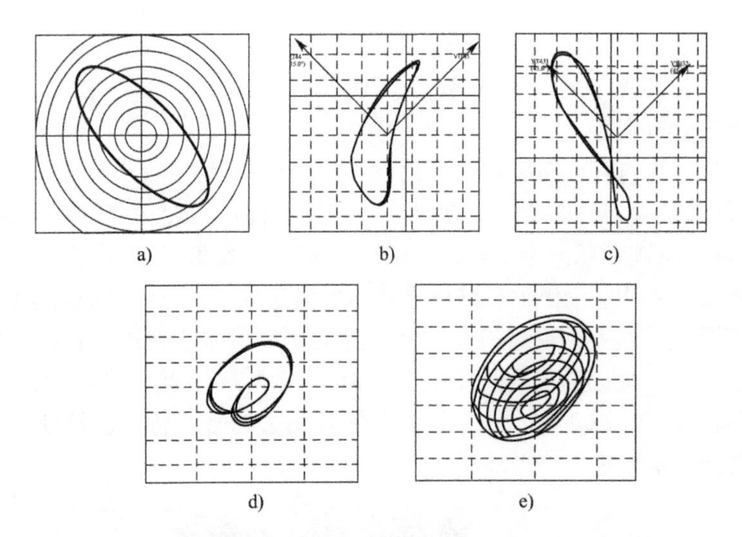

图 4-47　旋转机械常见故障的轴心轨迹

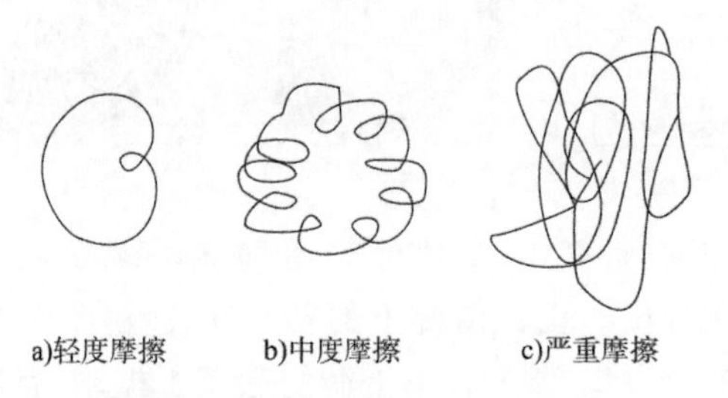

a)轻度摩擦　　b)中度摩擦　　c)严重摩擦

图 4-48　发生摩擦故障时的轴心轨迹

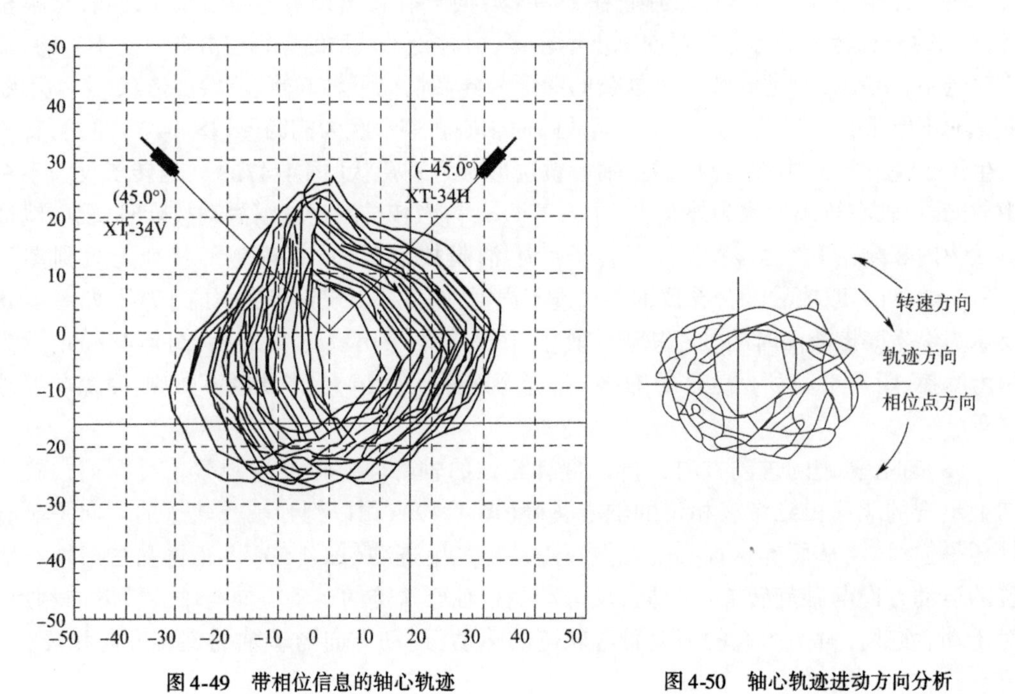

图 4-49　带相位信息的轴心轨迹　　图 4-50　轴心轨迹进动方向分析

4.3.2 全息谱

在时域中,轴心轨迹虽然可以反映转子在某一截面的振动情况,但当振动转态复杂时,仅依靠轴心轨迹往往很难判断转子振动的特点和故障的原因。全息谱可将转子在各个截面上同一阶分量的振动轨迹和它们之间的相位关系直观表达出来,更有利于对旋转机械的复杂振动状态进行分析和研究。值得一提的是,全息谱技术最早的提出者正是西安交通大学机械诊断与控制学研究所的屈梁生院士。

全息谱有二维全息谱、三维全息谱、全息瀑布图等。二维全息谱图的获取的方法为:对转子水平和垂直方向的振动信号做频率分析,对应地取出主要频率分量(如各个倍频分量)的幅值和相位,然后对其做复合处理,得到各个频率分量对应的轴心轨迹,并按照频率顺序排列在一张图上。

图4-51所示为某化肥厂空气压缩机驱动透平转子的一组二维全息谱,它不仅反映了两个方向上振动信号的幅值,也反映了它们之间的相位关系。图中还用箭头标出了合成方向,用黑点标出了合成的起始位置。这些起始点的位置反映了各阶振动的初始相位。

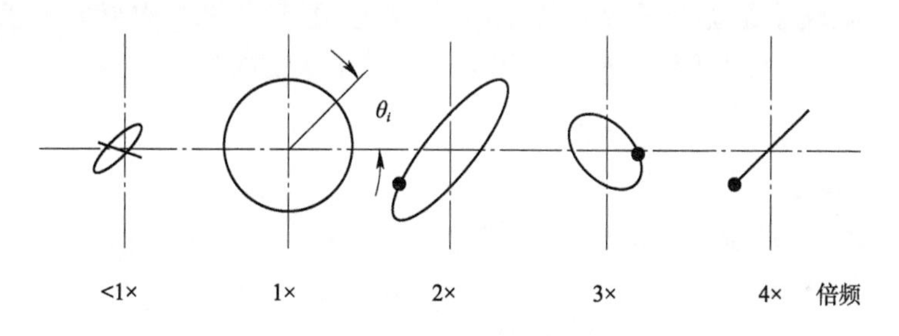

图4-51 二维全息谱图

如果二维全息谱是由两个相位差为0°或180°的垂直和水平分量合成的,则合成图为一根直线,直线的倾角取决于两个分量比值的大小;当两个分量幅值相等,且相位差为90°或270°时,合成图为一个圆;其余情况下,合成图为偏心率不同的椭圆。椭圆的偏心率和长轴方向不同程度地表征了该阶分量的振动情况。

图4-51中,该转子在水平和垂直两个方向的振动都存在很大的二倍频分量。引起转子振动中出现二倍频分量的因素很多,如裂纹、不对中等,如果直接从幅值谱上很难判断二倍频振动分量的性质和原因。但从该二维全息谱上,二倍频振动分量的轴心轨迹为很扁的椭圆,就可以判断是由转子受到一个方向确定的力作用引起的,这就排除了转子本身的缺陷,如转子刚度不对称和裂纹引起的故障。而该机组中所采用的齿轮联轴节引起的不对中恰恰就是这一特性。

如果想要全面反映转子在整个支撑面内的振动特征,就借助于三维全息谱(图4-52),它能直观展示数个支撑面上同一阶分量的振动估计、它们之间的相位关系,以及在轴心线上出现的节点等信息。图4-53所示为某二氧化碳压缩机高压缸转子基频振动的三维全息谱图,由于两截面内振动轨迹的初始相位翻转,造成轴线上出现一个结点。

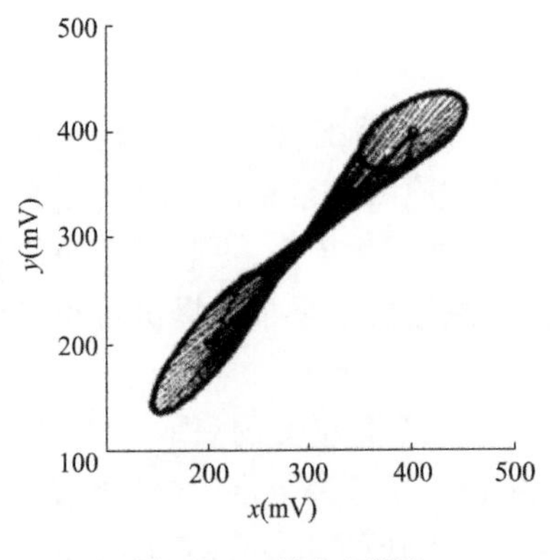

图 4-52 三维全息谱图

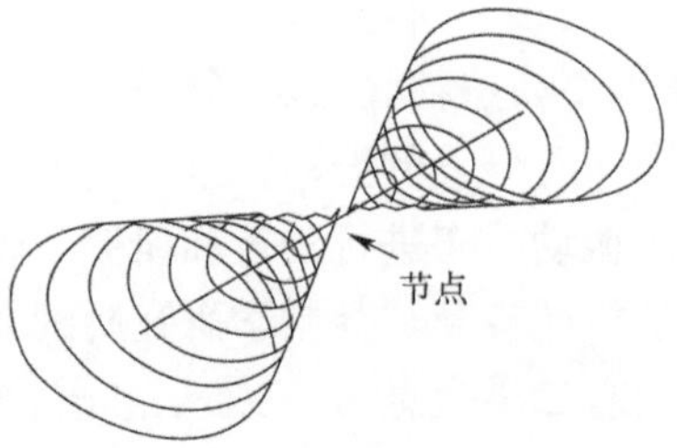

图 4-53 某压缩机高压缸转子基频振动的三维全息谱图

4.3.3 波特图

波特图(Bode plot)是机械振幅与频率、相位与频率的关系曲线。如图 4-54 所示,图中横坐标为转速频率,纵坐标为振幅或相位。从波特图中可以得到转子系统在各个转速下的振幅和相位、转子系统在运行范围内的临界转速值、转子系统阻尼大小和共振放大系数等。综合转子系统上几个测点的信息可以确定转子系统的各阶振型。

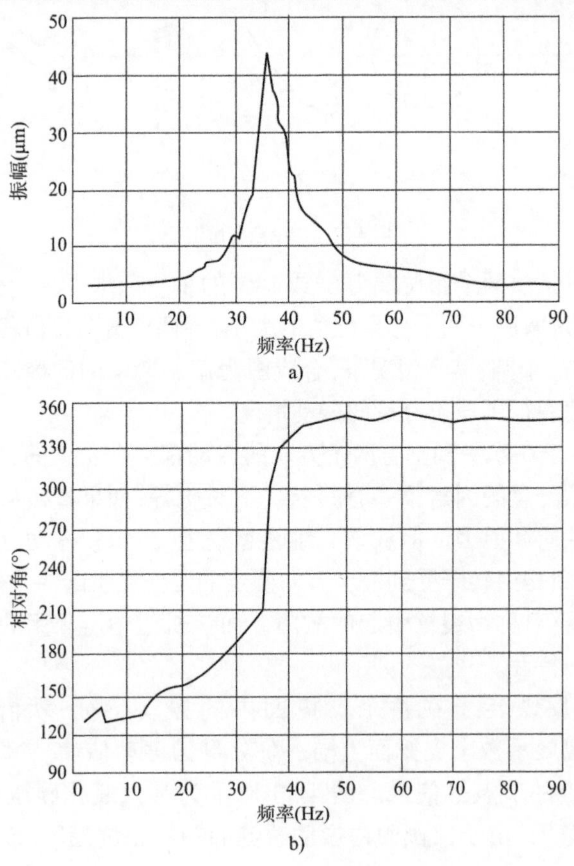

图 4-54 波特图

4.3.4 极坐标图

极坐标图是把幅频特性曲线和相频特性曲线综合在极坐标上表示出来(图 4-55)。图上各点的极半径表示振幅值,角度表示相位角。极坐标图的作用与波特图相同,但更为直观。

正常各个通道振动信号的极坐标点应该集中散布在某一个区域内。散布的区域小,说明相位稳定性好;否则,说明相位不稳或改变较大,应引起重视。

4.3.5 轴心位置图

借助于相互垂直的两个电涡流传感器监测直流间隙电压,就可得到转子轴颈中心的径向位置。轴心位置图(图 4-56)与极坐标图不同,轴心位置图是指转轴在没有径向振动情况下轴心相对于轴承中心的稳态位置。极坐标图是指转轴随转速变化时的工频振动矢量图。通过轴心位置图可判断轴颈是否处于正常位置、对中好坏、轴承是否正常、轴瓦有无变形等情况,从长时间轴心位置的趋势可观察出轴承的磨损等。

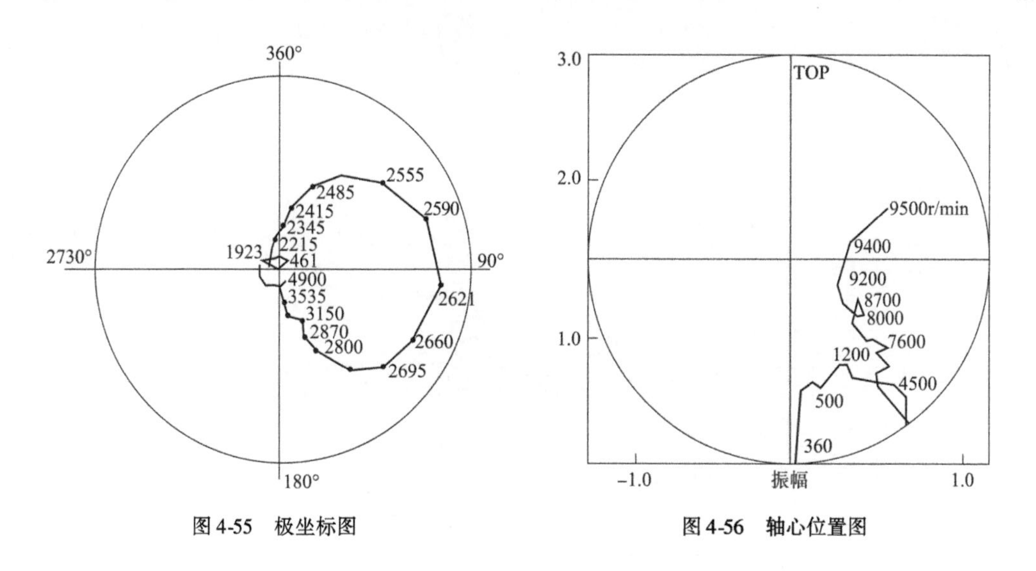

图 4-55 极坐标图　　图 4-56 轴心位置图

4.3.6 转速谱

转速谱图又称瀑布图、三维频谱图、谱阵图。如图 4-57 所示,它是以机器的转速为纵坐标,横轴为频率,将不同转速下振动的功率谱叠加在一起的“三维”图形。转速谱是分析大型回转机械起动和停车过程的有效工具。当把启动或停机时各个不同转速的频谱图画在一张图上时,就得到转速谱图。

频谱分析在旋转机械故障诊断中起着十分重要的作用,各谐波分量在线性系统中代表着相应频率激励力的响应,由此可判断机械的临界转速、振动原因和阻尼大小。

图 4-58 所示为某齿轮箱的转速谱图。从图中可以清晰区分出哪些频率成分与转速有关,哪些与转速无关,从而可以判断出故障的原因及部位。其中,0.5 倍频、2 倍频、3 倍

频等倍频成分的延长线都过0点，说明其振动与转速有关；有些谱峰的位置随输入轴转速的变化而偏移，一般属于齿轮强迫振动的频率。

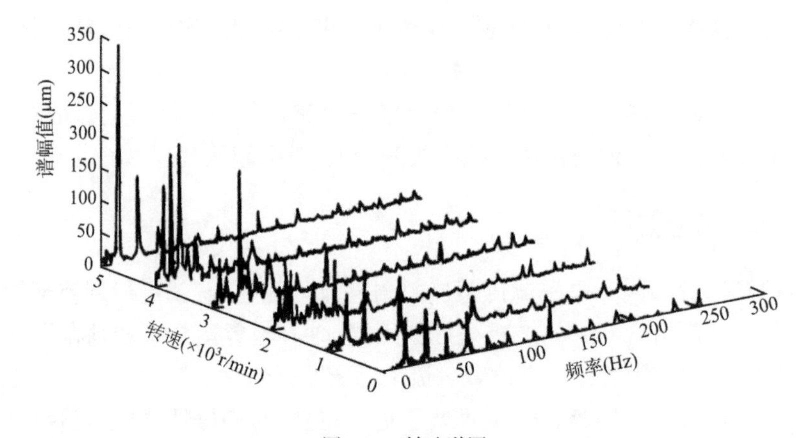

图4-57　转速谱图

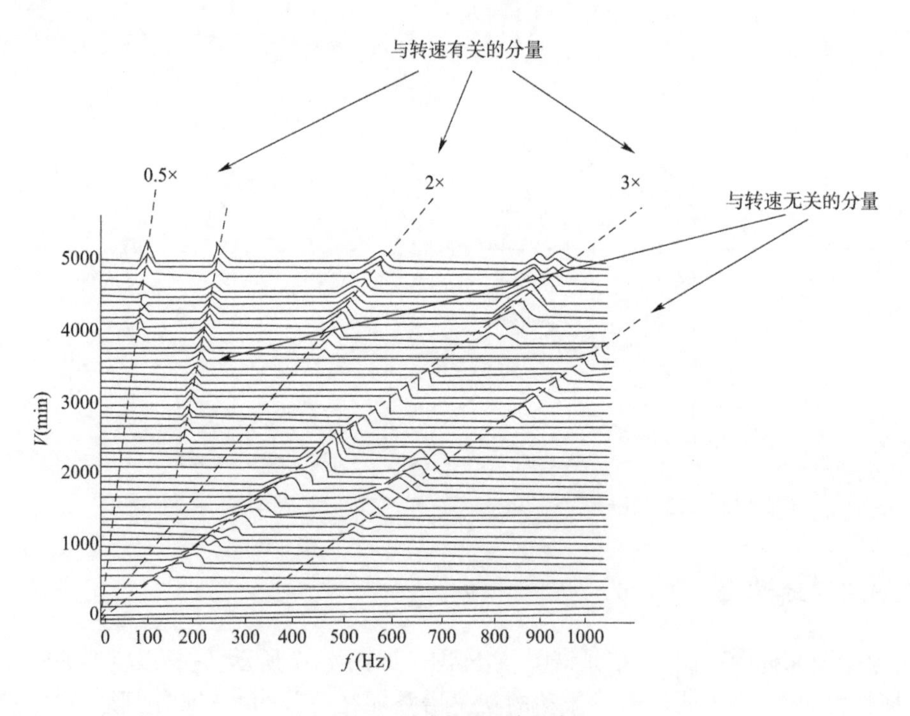

图4-58　某齿轮箱的转速谱图

4.3.7　振动区域图

振动区域图是指把振动矢量绘制在极坐标图上，并在极坐标图上划出一定的范围作为振动可接受区域（图4-59）。振动矢量落在可接受区域之外应认为有疑点，应结合工况、过程参数和历史趋势进行综合判断。

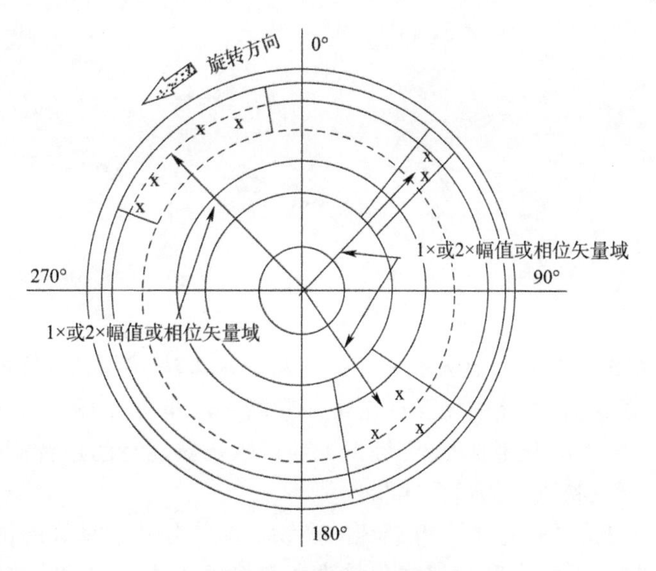

图4-59　振动可接受区域

第5章　声学诊断

利用声响判断物品的质量是人们常用的简易识别方法,例如拍打西瓜听声音可以判断其是否成熟;根据花盆、瓷器的相互撞击声能判断其质量好坏;医生利用听诊器探测人体内部声音可以诊断人的健康状况;熟练工人通过听机器运行的声音能判断机器的工作状态;电风扇噪声可反映风扇的运行性能等。

噪声同样是机械运转过程中不可避免的产物。即使是状态良好的机械,运转过程中也会产生噪声,而噪声的增大和频率成分的改变都将意味着机械性能的降低乃至故障的出现。机械静止时,敲击某些部位,会发出特定音频的信号,当其内部出现裂纹等缺陷时,信号的频率会发生改变。因此,机械运行过程中的噪声以及敲击所发出的声音都可以反映机械的内部状态,可判断其是否存在故障。

声学诊断是机械故障诊断中非常有效的方法之一,它主要包括噪声诊断、超声波探伤和声发射诊断等技术。

5.1　噪声诊断

5.1.1　机械噪声

声音是一种机械波,即声波。机械噪声主要来源于机械振动,它是机械振动通过弹性介质传播的过程。

机械中的振动主要有气体振动、液体振动、固体振动及电磁振动,因此,机械噪声主要分为气体噪声、液体噪声、固体噪声以及电磁噪声等。气体噪声是气体振动的结果,如发动机混合气体爆燃声、发动机进排气声等;液体噪声是液体振动的结果,如液体流动中的冲击声;固体噪声又称结构噪声,它是结构之间相互撞击、摩擦等产生的噪声,如发动机气门撞击声、轴承摩擦声等;电磁噪声是电磁与电流相互作用的结果,如电动机定子与转子之间的吸力变化引起的噪声、发动机的嗡嗡声等。在机械系统中,凡发出声音的振动系统都称为声源。

5.1.2　噪声测量参数

衡量噪声的基本物理参数有很多,它包括声压(级)、声强(级)、声功率(级)、响度(级)等。

(1)声压 P 和声压级 L_P。有声音传播时空气的压强与无声音传播时静压强之差称声压强,简称声压,用符号 P 表示,其单位是帕斯卡(Pa),即达因每平方米(dyn/cm^2)或1牛顿每平方米(N/cm^2)。工程中常用微巴(μbar)为单位(1μbar = 0.1Pa)。正常人刚刚能听觉出来的声音的声压是 2×10^{-4}μbar,这个值称为人耳的听阈值。人耳对声音感觉疼痛的声压是 10^3μbar,这是人耳的痛阈值。可见,人耳的听觉范围在 $10^{-4}\sim10^3$μbar。工程实际中,用声压评定声音强弱相当不便,从而引出了声压级的概念。

声压级为声音的声压 P 与基准声压 P_0 之比的常用对数乘以20:

$$L_P = 20\lg\frac{P}{P_0}\quad(\text{dB})\tag{5-1}$$

式中:P_0——基准声压(2×10^{-4}μbar),它是频率为1000Hz时的听阈值。

声压级是个相对量,用分贝(dB)表示其单位。折合成声压级后,人耳的听觉范围相当于声压级0~140dB。其中,声压等于0表示人耳的听阈值,140dB是人耳的痛阈值。在噪声测量中通常测量的是噪声的声压级,如室内1m处的高声谈话为68~72dB;公共汽车内的噪声为85~95dB;收录机噪声为50~90dB;洗衣机噪声为50~80dB;电视机噪声为60~83dB;空调器噪声为50~67dB;吸尘器噪声为50~90dB;一个声音比另个一声音大1倍时声压级增加6dB;人耳对声音强弱的分辨率大于0.5dB。

测量噪声声压级的仪器叫声级计。

(2)声功率 W 及声功率级 L_W。声功率 W 是声波在单位时间内沿某一波阵面所传递的平均能量 E:

$$W = \frac{E}{t}\tag{5-2}$$

声功率的单位为瓦特(W)。

声功率级定义为:

$$L_W = 10\lg\frac{W}{W_0}\quad(\text{dB})\tag{5-3}$$

式中:W_0——参考声功率,$W_0 = 10^{-12}$(W)。

(3)声强 I 和声强级 L_I。声音具有一定的能量,可用来表征它的强弱。声场中某点在指定方向的声强 I 表示单位时间内通过该点上一个指定方向垂直的单位面积上的声能通量,单位为瓦特每平方米(W/m^2)。

声强定义为:

$$I = \frac{W}{S}\tag{5-4}$$

式中:W——声功率;

S——垂直指定方向的面积。

声强级定义为:

$$L_I = 10\lg\frac{I}{I_0}\quad(\text{dB})\tag{5-5}$$

式中:I_0——参考声强,$I_0 = 10^{-12}$W/m^2。

(4)响度 N 及响度级 L_N。声音大小通过听觉反映出来,人耳对声音的感觉除了与声压有关外,还与频率有关。例如,大型压缩机的噪声和小轿车内的噪声都是90dB,但前者听起来比后者大得多,这是由于前者是高频,后者是低频。由此可见,人耳对不同频率的声音有不同的灵敏度,因此提出了响度的概念。响度是反映人耳听觉判断声音强弱的量,响度单位是宋(sone)。

响度有响度级,响度级的单位为方(phon),其含义是选取1000Hz纯音作为基准声,当某噪声听起来与该纯音一样响时,则这一噪声的响度级就等于该纯音的声压级(dB)。例如,某一柱塞泵噪声听起来与声压级为85dB、频率为1000Hz的基准声压同样响,则该噪声的响度级就是85phon。因此,响度和响度级是表示声音强弱的主观量。图5-1为等响度曲线,每条曲线上的声音听起来都是相同的。

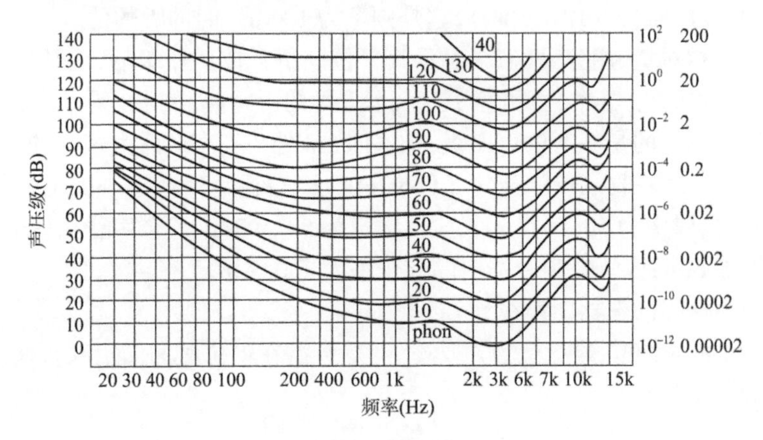

图5-1 等响度曲线

(5)计权网络。图5-1所示的等响度曲线说明,人耳对不同频率的声音有不同的灵敏度,其感受不仅与声压有关,还与频率有关。声压级相同、频率不同的声音,听起来不一样。相反,不同声压级的声音,其频率也不一样,有时听起来却相同。一般来说,人耳对低频声音不够敏感,其最敏感的范围是1~6kHz。

声级计作为常见的噪声测量仪器,一般都设有计权网络。这是为了使其测量结果能直接反映出人耳对噪声的响度感觉制成的特殊的带通滤波器。一般声级计都有A、B、C三种标准计权网络,它是从图5-1中的等响曲线中选取40phon、70phon、100phon这三条等响曲线,进而按照这三条曲线的反曲线设计了由电阻、电容等电子元器件组成的计权网络,使得声级计在把声音信号转换成电信号时,可模拟人耳对不同频率声波反应的速度、灵敏度等不同特性。其中,A计权网络是最常用的一种,对应的是40phon这条等响曲线。此外,如图5-2所示,有的声级计还设有D计权网络。可见,相对于电压表等客观电子仪表,声级计是一种主观性的电子仪器。

声级计按照精度级别分为三级。三级为调查用声级计,只有A计权网络。普通声级计为二级,具有A、B、C计权网络。一级为精密声级计,除A、B、C计权网络外,还有外接滤波器插口,可进行倍频程或1/3倍频程滤波分析。

(6)噪声频谱。噪声的频谱是用来反映噪声大小,即声压级与频率关系的特征量。噪声频率成分可能很复杂,通常在频率上是连续的,有无限多个频率成分。现实中,要测量每一个频率下的声压级是不可能的,因此,在一般的噪声测量中,噪声的频谱分析是在一些宽度的频带上进行的,测量的声压级是各个频带对应的声压级。

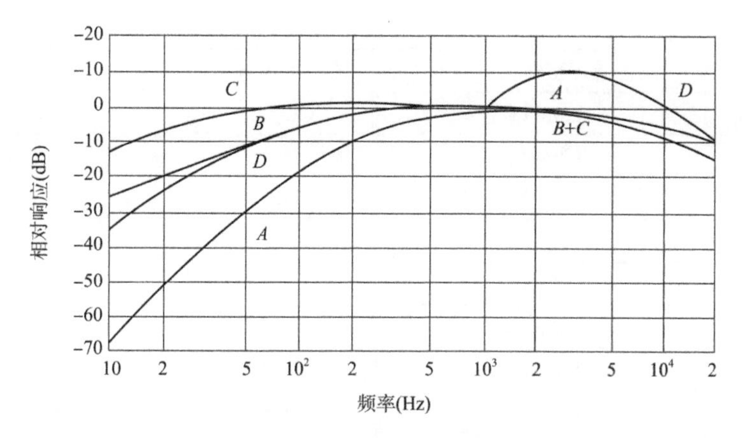

图 5-2 A、B、C、D 计权网络曲线

噪声测量中最常用的带宽是倍频程和 1/3 倍频程。倍频程是将人耳能够听到的声音的频率范围(22Hz～20kHz)划分为若干个较小的频段,这就是频程或频带。每个频带有下限频率 f_L、上限频率 f_H 以及中心频率 f_0。上限频率与下限频率之差 $\Delta f = f_H - f_L$ 称为频带宽度,简称带宽。当上限频率与下限频率之比满足 $f_H/f_L \approx 2$,即 $f_H \approx 2f_L$ 时,称倍频程。表 5-1 列出了可听阈中声音各个频带的中心频率及频率范围。一般将可听阈频率范围分为 10 个频带。测量时,测量每个频带中心频率上的声压级作为该频带上的声压级。

倍频程的中心频率和频率范围 表 5-1

中心频率(Hz)	31.5	63	125	250	500
频率范围(Hz)	22～45	45～90	90～180	180～355	355～710
中心频率(Hz)	1000	2000	4000	8000	16000
频率范围(Hz)	710～1400	1400～2800	2800～5600	5600～11200	11200～22400

倍频程在如此宽的频率范围内只分 10 个频带,分级相对较粗。若要分得细些,可以采用 1/3 倍频程。1/3 倍频程是在倍频程的每个带宽上再分三份,其中每一份的上下限频率之比是 $f_H/f_L \approx 2^{1/3} \approx 1.26$,即 $f_H \approx 1.26f_L$。图 5-3 所示为发动机噪声频谱,它是以倍频程为带宽测量得到的。表 5-2 是1/3 倍频程的中心频率和频率范围。测量时仍以每个频带中心频率上的声压级作为该频带的声压级。

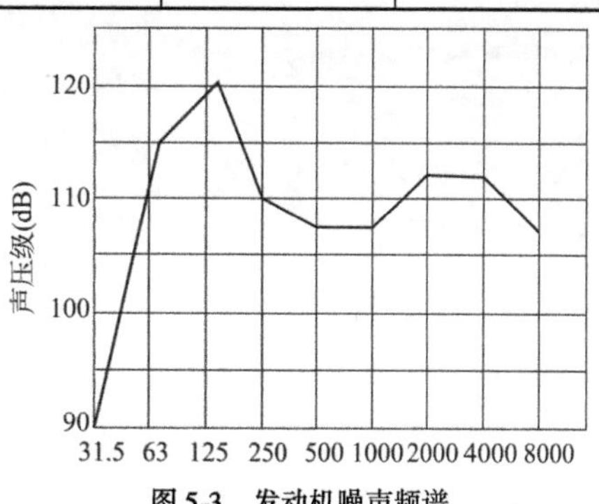

图 5-3 发动机噪声频谱

1/3 倍频程的中心频率和频率范围 表 5-2

中心频率(Hz)	频率范围(Hz)	中心频率(Hz)	频率范围(Hz)
25	22.4～28	63	56～71
31.5	28～35.5	80	71～90
40	35.5～45	100	90～112
50	45～56	125	112～140

续上表

中心频率(Hz)	频率范围(Hz)	中心频率(Hz)	频率范围(Hz)
160	140 ~ 180	2000	1800 ~ 2400
200	180 ~ 224	2500	2400 ~ 2800
250	224 ~ 280	3150	2800 ~ 3550
310	280 ~ 355	4000	3550 ~ 4500
400	355 ~ 450	5000	4500 ~ 5600
500	450 ~ 560	6300	5600 ~ 7100
630	560 ~ 710	8000	7100 ~ 9000
800	710 ~ 900	10000	9000 ~ 11200
1000	900 ~ 1121	12500	11200 ~ 14000
1250	1121 ~ 1400	16000	14000 ~ 18000
1600	1400 ~ 1800		

5.1.3 噪声测量仪器

噪声测量最常用的基本仪器是声级计。声级计主要由传声器、放大器、衰减器、计权网络及指示电表等组成。

1)传声器

传声器是将声压信号转换成电压信号的传感器,俗称话筒,它一般包括声接收和声电转换两部分。按转换成电能的方式不同,传声器有电容式、压电式、电动式(常见的有铝带式传声器、动圈式传声器等)和驻极式等多种类型。

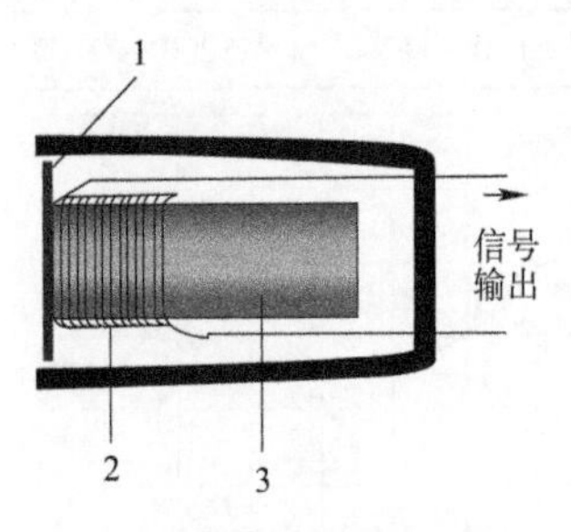

图 5-4 电容式传声器结构原理图
1-振膜;2-线圈;3-磁铁

(1)电容式传声器。电容式传声器的结构原理图如图 5-4 所示,它是一种依靠电容量变化起换能作用的传声器,是精密测量中最常用的一种传声器。电容式传声器振膜、线圈、磁铁等组成,还配有前置放大器、极化电源和电缆等部分。测量时,振膜在声波作用下产生振动而引起电容量变化,电路中电流也随之相应变化,这时负载电阻上就有相应的电压输出,从而完成了声电转换。

电容式传声器的幅频特性平直部分的频率范围为 10Hz ~ 20kHz,频率范围宽且平直。电容式传声器具有灵敏度高(> 0.8mV/μbar)、动态范围宽(12dB)、非线性失真小、瞬态响应好、稳定性好、可靠性高、耐震性好等优点,其缺点是防潮性差、机械强度低(易损坏)、制造工艺复杂、价格较贵、使用时需提供高压。

由于其测量精度高,所以广泛应用于电视、广播等高保真录音的场合,或用于科研上的精密声学测量的场合,甚至因其灵敏度极其稳定且可绝对校准,而将其精确标定电压,用作声学基准。

(2)压电式传声器。压电式传声器的结构原理如图 5-5 所示,它是利用压电晶体的压电效应制成,压电晶体受到声压作用后产生正压电效应,从而实现声电转换。

(3)动圈式传声器。动圈式传声器的结构原理如图5-6所示,主要由振动膜片、可动线圈、永久磁铁和变压器等组成。振动膜片受到声波压力以后开始振动,并带动着和它装在一起的可动线圈在磁场内振动以产生感应电流。该电流根据振动膜片受到声波压力的大小而变化。声压越大,产生的电流就越大;声压越小,产生的电流也越小。其优点是结构坚固耐用、噪声低、工作稳定、单向性好、经济实用,因此运用十分广泛。

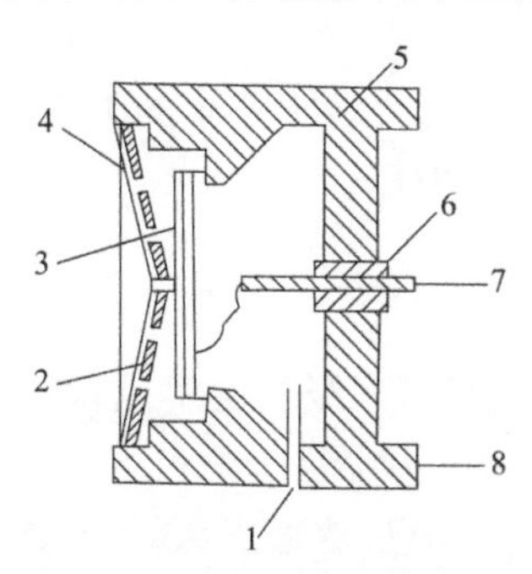

图5-5　压电式传声器结构原理图

1-均压孔;2-背极;3-晶体切片;4-膜片;5-壳体;6-绝缘体;7、8-输出电极

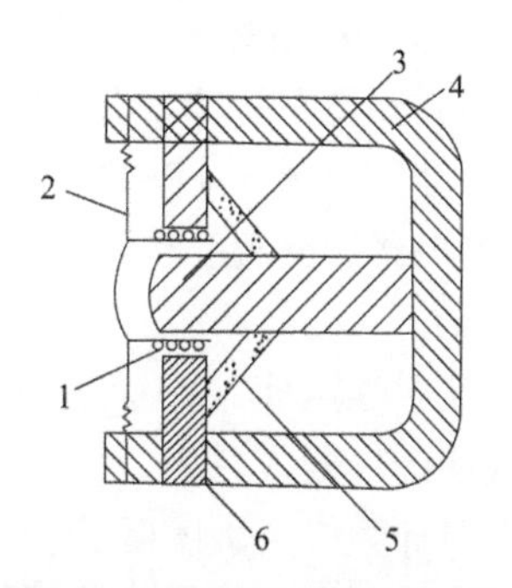

图5-6　动圈式传声器结构原理图

1-可动线圈;2-振动膜片;3-磁钢;4-外壳;5-阻尼屏;6-外壳

(4)驻极体式传声器。驻极体式传声器的结构原理图如图5-7所示,其结构与电容式传声器相似,只是它的电极为经过特殊处理的驻极体。驻极体表面的电荷能永久保持,所以不需要外加直流极化电压。它除了具有优良的性能外,还有结构简单、体积小、质量轻、耐振、价格低廉、使用方便等特点,缺点是高温高湿下寿命短。

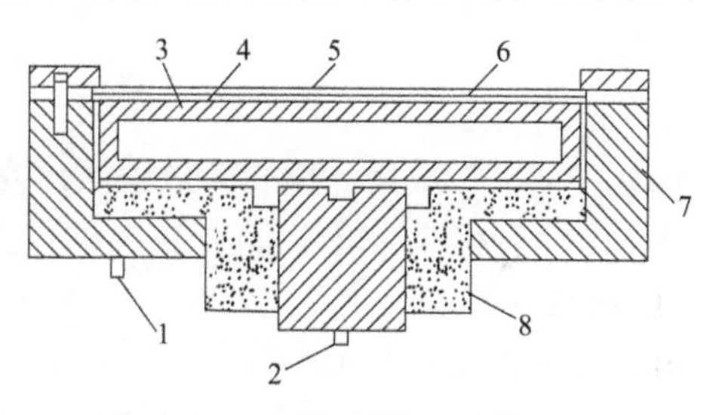

图5-7　驻极式传声器结构原理图

1、2-输出电缆;3-驻极体膜;4-空气层;5-外层金属镀膜;6-背极;7-壳;8-绝缘体

传声器是将声信号转变为电信号的传感器,因此,输出的电信号能否真实地反映输入的声信号是衡量传声器性能优劣的标准。传声器的主要技术指标有灵敏度、噪声级、指向特性及频率特性等。

(1)传声器的灵敏度。传声器的灵敏度是传声器最重要的技术指标。传声器的灵敏度 S 是指输出电量 U 与输入的机械量——噪声 P 的比值:

$$S=\frac{\text{电量输出}}{\text{机械量输入}}=\frac{U}{P} \tag{5-6}$$

但习惯上常把传声器的灵敏度级 L_S 称为灵敏度:

$$L_S=10\lg\left(\frac{U/P}{U_0/P_0}\right)^2\quad(\text{dB}) \tag{5-7}$$

式中:U——传声器的输出电压(mV或V);

P——传声器上作用的有效声压(Pa);

U_0——参考电压;

P_0——参考声压。

(2)传声器的噪声级。理想情况下,当无声音传播时,作用于传声器振膜上的声压等于零，这时传声器输出电压也应等于零。事实上并非如此，尽管外来声压等于零，传声器仍会有一定的输出电压，这一电压就称为“噪声电压”。在实际使用中，重要的不是噪声电压绝对值的大小，而是噪声电压与作用的声压电压之比，即相对噪声级 N_m。

$$N_m = 20\lg \frac{P_m}{P_1} \tag{5-8}$$

式中：N_m——传声器相对噪声级；

P_m——传声器的噪声声压，即当外界声压等于零时负载上产生的电压；

P_1——当声压等于 1Pa 时，负载阻抗上所产生的电压。

显然，传声器的灵敏度越高，其相对噪声级越小。

2）声级计

声级计又叫噪声计，是一种用于测量声音的声压级或声级的仪器，是声学测量中最基本而又最常用的仪器。

根据声级计整机灵敏度区分，声级计分为两类：一类是普通声级计，它对传声器要求不太高。动态范围和频响平直范围较狭窄，一般不配置带通滤波器相联用；另一类是精密声级计，其传声器要求频响宽，灵敏度高，长期稳定性好，且能与各种带通滤波器配合使用，放大器输出可直接和电平记录器、录音机相连接，可将噪声信号显示或储存起来。如果将精密声级计的传声器取下，换以输入转换器并接加速度计就成为振动计可作振动测量。

按照国家标准《电声学　声级计　第 1 部分：规范》（GB/T 3785.1—2010）和 IEC 61672-1：2013，声级计按照测量精度分为 1 级声级计和 2 级声级计。1 级和 2 级声级计的技术指标有相同的设计目标，主要的差别在于最大允许误差、工作温度范围和频率范围。2 级声级计要求的最大允差大于 1 级；2 级声级计的工作温度范围 0 ~ 40℃，1 级为 −10 ~ 50℃；2 级的频率范围一般为 20Hz ~ 8kHz，1 级的频率范围为 10Hz ~ 20kHz。

测量噪声用的声级计，表头响应按其灵敏度可分为四种：

（1）“慢”。表头时间常数为 1000ms，一般用于测量稳态噪声，测得的数值为有效值。

（2）“快”。表头时间常数为 125ms，一般用于测量波动较大的不稳态噪声和交通运输噪声等，其快挡接近人耳对声音的反应。

（3）“脉冲或脉冲保持”。表针上升时间为 35ms，用于测量持续时间较长的脉冲噪声，如冲床、按锤等，测得的数值为最大有效值。

（4）“峰值保持”。表针上升时间小于 20ms，用于测量持续时间很短的脉冲声，如枪、炮和爆炸声，测得的数值是峰值，即最大值。

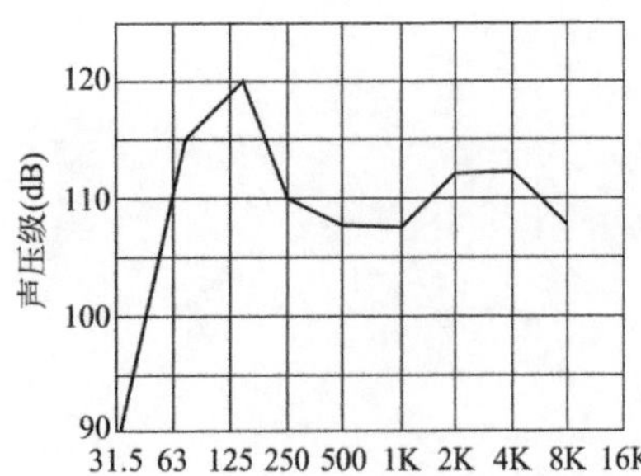

图 5-8　某柴油机的噪声频谱（1/3 倍频程）

声级计的传声器在使用过程中要经常校准。最常用的一种可靠而简单的校准设备是活塞发声器，它是一个标准声源，可用来对传声器和仪器进行校准。图 5-8 是用声级计测得的某柴油机倍频程噪声频谱。

声级计主要用于测量噪声的线性声压级测量、计权声压级测量及噪声频谱测量。对于不同的声压级有不同的用途。

(1)线性声压级测量。线性声压级客观上反映机械实际噪声的大小,因此,测量线性声压级可用于机械的故障判断。对于相同的机械,如果它的线性声压级大说明机械性能差,线性声压级小说明机械性能优良。

(2)计权声压级测量。计权声压级测量主要用来测量声音的响度级 L_N,用于评价噪声对人耳的危害程度和评价减噪、降噪的效果。

(3)噪声频谱测量。噪声频谱测量主要用来反映噪声随频率的变化情况,它可用于机械故障的判断。

3)听诊器

听诊器全称机械状态听诊器,是一种简易的噪声诊断仪器。它可以高灵敏度地确定各种机械噪声源及用人耳不能发现的运行设备中的故障声源,主要用来探测轴承、齿轮、阀门、阀体、泵、曲轴、活塞、电机、继电器、发动机、变速器等运转部位缺陷和故障所产生的噪声(图5-9)。它适用于各种机械,包括一切旋转和往复式机械的噪声诊断。图5-10是某型电子听诊器机体外形图,它可与录放机、分析仪器配套使用,记录和分析测量数据。

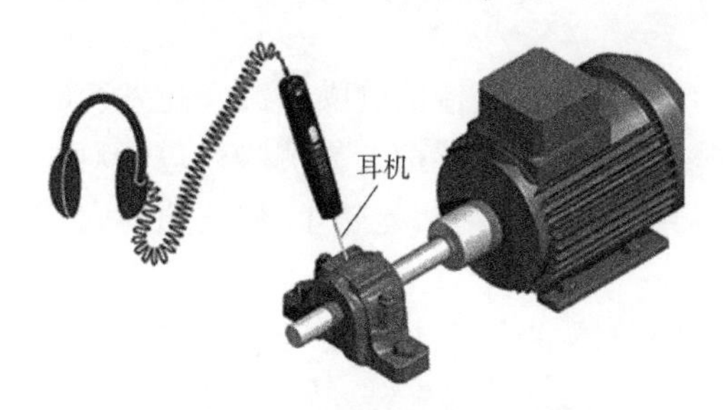

图5-9　用听诊器探知轴承状态

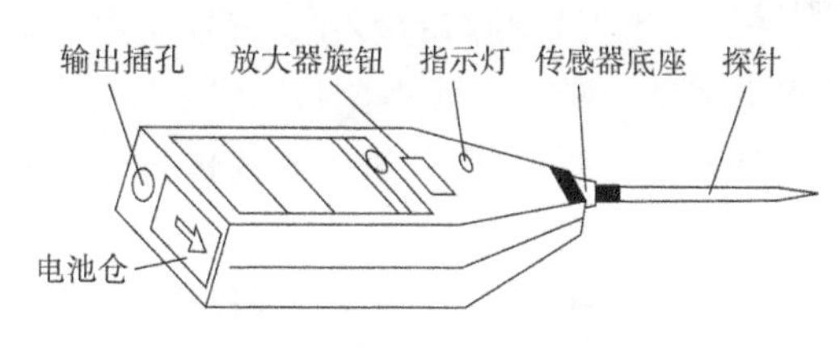

图5-10　电子听诊器机体外形图

电子听诊器的使用方法是将探针拧紧于机体的传感器座,将耳机插入输出插孔,戴上耳机;打开放大器旋钮,指示灯亮;用手轻摸探针,耳机里听到呼呼声;将探针接触运转中机械的某一部位,即可从耳机中清晰地听到机械运转的各种振动。

振动和噪声是机械运转中出现的必然产物,即使是良好的机械也会出现振动和噪声,但正常运转的机械具有平稳、杂乱无章的振动和噪声,音量小而且柔和。

(1)当机械的噪声增大时,说明机械产生了故障;而且噪声越大,机械故障越严重。

(2)对于正常工作是杂乱无章的噪声(如轴承运转噪声、一般机械运转噪声),当出现有规则的响声,则说明机械出现了周期性故障。

(3)当正常运转时,是有规律的噪声(如钟表运转噪声),一旦变得杂乱无章,则说明机械中某个零件松动,这种情况很容易发生意外。

(4)当听到清晰而尖细的噪声时,则说明是振动频率较高、相对较细的构件、较小的裂纹或者是相对强度较高的金属部件产生了局部缺陷。

(5)当听到低沉混浊的噪声时,则说明是振动频率较低、相对较大较长的构件、较大的裂纹或缺陷,或者是强度相对较低材料的构件产生了缺陷。

(6)对于低转速机械,如球磨机,它的转速只有60r/min,产生的是1Hz的次声波,正常时耳机中无声响;当机械产生冲击等故障时,由于冲击频率相当丰富,一般在20Hz～20kHz之间,这时耳机里就听到响声。

5.1.4 噪声测量

1)噪声测量的注意事项

运用声级计进行噪声测量时,有以下注意事项:

(1)注意避免风、湿度、温度等大气环境对测量结果的影响。在室外测量最好选择无风天气,当风力大于三级时,传声器上应该加防风罩;当风力大于五级时,应停止测量。测量时,为了避免气流对测量噪声的影响,可在传声器前安装风罩等挡住气流。

(2)注意声源附近反射体的影响,测点应尽量远离反射物。在室内,与墙壁和地面的距离最好大于1m;在室外,测点至少离开大的反射物3.5m。噪声测量中,最好用三角架安装声级计进行测量或伸直手臂测量。

(3)注意测量对象外形尺寸的影响。对于小型机械(外形尺寸<0.3m),测点距机械表面0.3m;对于中型机械(外形尺寸介于0.3~1m之间),测点距机械表面0.5m;对于大型机械(外形尺寸>1m),测点距表面1m;特大型和具有危险性的机械和设备,测点可以绞远,具体情况具体对待。

(4)注意背景噪声的影响。背景噪声也称为本底噪声,是指被测噪声源停止发声时,其周围环境的噪声。噪声测量时,要先测本底噪声,并将本底噪声与被测噪声进行对比,判断测量是否有效,以及进行相应的处理。总噪声与背景噪声相差越小,修正值越大,背景噪声对其影响越大。

①若被测噪声的A声级(或各频带的声压级)与本底噪声A声级(或各频带的声压级)之差大于10dB,则可忽略本底噪声的影响。

②若被测噪声的A声级(或各频带的声压级)与本底噪声A声级(或各频带的声压级)之差等于6~9dB,则实测噪声的声压级等于测得的声压级减去1dB。

③若被测噪声的A声级(或各频带的声压级)与本底噪声A声级(或各频带的声压级)之差等于4~5dB,则实测噪声的声压级等于测得的声压级减去2dB。

④若被测噪声的A声级(或各频带的声压级)与本底噪声A声级(或各频带的声压级)之差等于3dB,则实测噪声的声压级等于测得的声压级减去3dB。

⑤被测噪声的A声级(或各频带的声压级)与本底噪声A声级(或各频带的声压级)之差小于3dB,则测量无效,要采取措施降低本底噪声后再测量。

比如测量某发动机的噪声。当发动机未起动时,测得的背景噪声为76dB;起动发动机,测得总的声级为80dB,两者之差为4dB,修正值为2dB,则发动机的噪声值为78dB。

(5)注意测点数量。可根据被测机械的大小和发生部位的多少选取。

(6)注意测点高度。以被测机械高度的一般为准,或者选择机器水平轴的水平面。

(7)注意测量的时机。测噪声最大值时,在起动或工作条件变动时测量;测正常工况下的平均噪声时,在平稳工作时的测量;环境噪声很大时,在环境噪声最小时(如深夜)测量。

2)近声场测量法

测量环境对噪声影响很大,同一声源在不同的环境中形成的声场可以完全不一样。测量现场声源特别受到房间大小的限制,因此,一般采用的测量方法是近声场测量法。

近声场测量法的传声器放置在距被测对象1m,离地面1.5m的地方测量噪声,过近的声场不稳定。当机器向多个方向辐射噪声不均匀时,在围绕被测对象表面1m、距地面1.5m的几个不同位置(至少5个点)进行测量,找出A声级最大点用为测量结果。

5.1.5　噪声诊断

1)噪声诊断方法

噪声诊断方法很多,有简易诊断评估法、表面振速测量、频谱分析法和声强法等。

(1)简易诊断评估法。它是通过人的听觉系统主观判断噪声源的频率和位置,估计机械运行是否正常;也可以借助声级计进行近声场测量和表面振速分析,寻找机械的噪声源和主要发声部位。

(2)表面振速测量法。它从表面质点的振动速度得到一定面积的振动表面辐射的声功率,确定主要辐射点,该方法可形象地表达出声辐射表面各点辐射声能和最强辐射点。

(3)频谱分析法。它是识别声源的一种重要手段,通过求得噪声的峰值及对应的特征频率来寻找发生故障的零件、部件及故障原因。它是一种噪声精密分析技术。

(4)声强法。它是利用声强探头具有明显的指向性而对声学环境没有特殊要求,在近年来识别噪声源研究方向发展很快的技术。

此外,由于噪声的本质是一种机械波,因此可用于振动信号处理与诊断,也可以用于噪声分析与诊断,如各种时域、频域、幅值域、相关域分析方法等。

2)噪声诊断实例

【实例5-1】　电动机噪声监测。

某大型感应电动机的噪声比出厂初期增大了,用一般声级计可以测出声压级,但无法查明原因。而对噪声信号功率谱分析可明确噪声增加的原因和部位。图5-11是电动机噪声功率谱图。可以明显地看到,噪声功率谱图上有3个明显的峰值。其中,120Hz是60Hz的2倍,显然是电磁噪声;490Hz是电机轴承的特征频率,它反映轴承的冲击噪声;1370Hz是另一种电磁噪声,它是由电动机内部间隙引起的噪声。

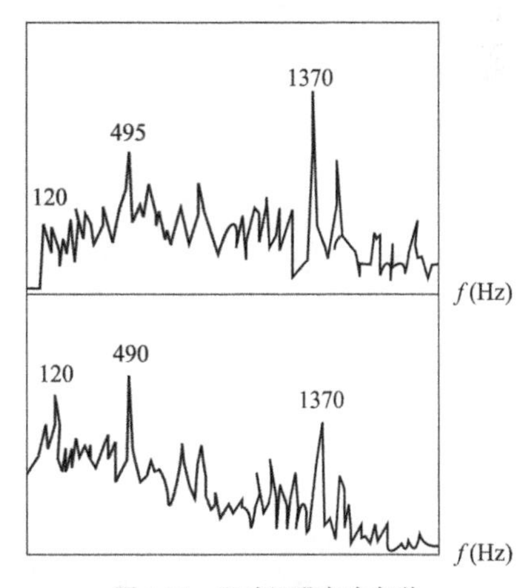

图5-11　电动机噪声功率谱

要降低电动机的噪声,必须从减少120Hz、490Hz和1370Hz频率分量着手。实际中通过调换轴承来改善490Hz频率信号的影响;在电动机上安装用隔音材料制成的轻型隔音罩来降低120Hz和1370Hz的频率分量。

【实例5-2】　柴油机声强及振动模态分析。

声强矢量可以表示出声能的流向,利用声强图可全面了解表面声能流入流出情况,若结合模态分析可判断辐射噪声所作的贡献。

图 5-12 是柴油机机架上一点的声强和振动模态曲线。可以看出，该点的能流输出主要是柴油机 82Hz 振动模态辐射的结果，其余是来自其他声源的影响。控制的方法可改变机架结构或采取局部隔振，如用隔振罩等。

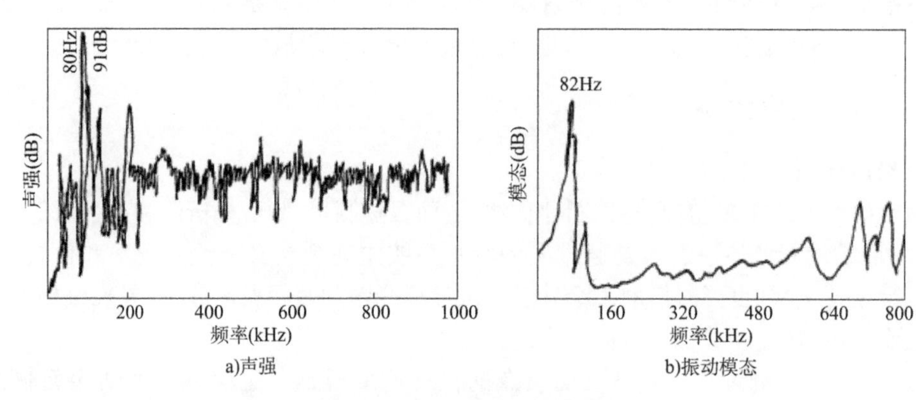

图 5-12 柴油机噪声和振动信号

【实例 5-3】 船表面声强测量。

某船机舱内测量的声功率主机为 110dB(A)，增压器 113.18dB(A)，副机 116.11dB(A)。主机 12 缸 620r/min(124Hz)，副机 6 缸 1500r/min(150Hz)。

图 5-13 是在机架和船壳上测得的表面声强。主机 128Hz 激励使船壳产生相当强的辐射噪声，同时船壳还有副机产生的 150Hz 辐射噪声。要降低机舱噪声，必须改善设备隔振和增加船体结构阻尼。

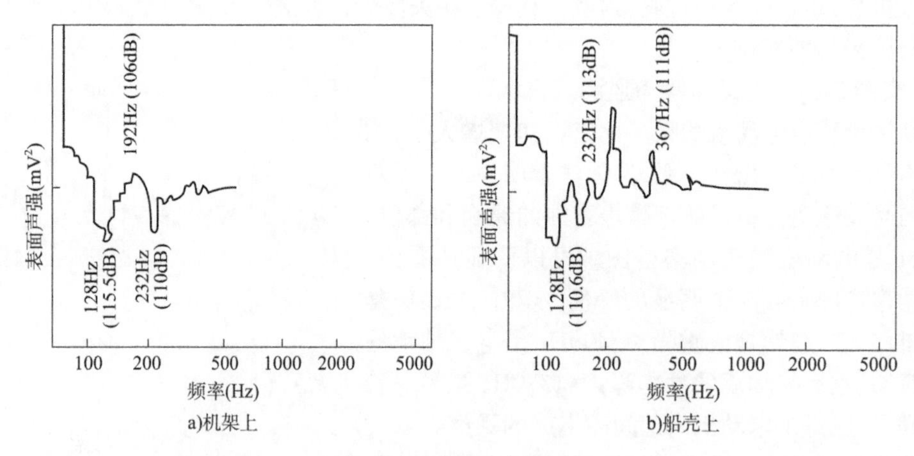

图 5-13 船体上的表面声强

【实例 5-4】 齿轮噪声分析。

图 5-14 是正常齿轮和磨损故障齿轮噪声频谱图。正常齿轮噪声幅值谱和功率谱[图 5-14a)、图 5-14b)]上啮合频率的峰很突出，其谐波峰值则以很大的速度减小。齿轮磨损后[图 5-14c)、图 5-14d)]，齿轮啮合频率及其谐波的幅值随谐波次数增大，特别是谐波幅值相对增加很多。随着磨损程度的增加，高次谐波越来越突出，整个谱图上出现"梳状"图形。

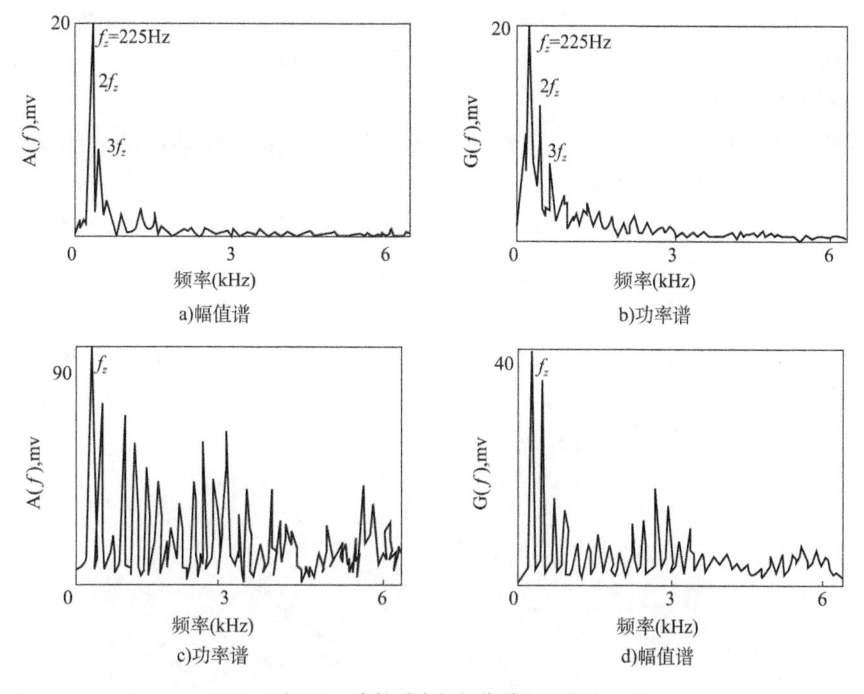

图 5-14 齿轮噪声的幅值谱和功率谱

5.2 超声波探伤

超声波探伤是一种重要的无损探伤技术。它利用超声能透入金属材料的深处,并由一截面进入另一截面时,在界面边缘发生反射的特点来检查零件表面或内部的缺陷。它能够快速便捷、无损伤、精确地进行工件内部多种缺陷(裂纹、夹杂、折叠、气孔、砂眼等)的检测、定位、评估和诊断。

超声波探伤既可用于实验室,也可用于工程现场;既广泛应用于制造业、钢铁冶金业、金属加工业、化工业等需要缺陷检测和质量控制的领域,也广泛应用于航空航天、铁路交通、锅炉压力容器等领域的在役安全检查与寿命评估。

5.2.1 超声波及其特性

声音是一种弹性波,通常分为次声波、声波和超声波。人耳能听到的声音叫声波,它的频率很窄,在 20Hz ~ 20kHz 之间。频率低于 20Hz 声音叫次声波(Infrasonic),频率高于 20kHz 的声音叫超声波(Ultrasonic)。超声波在医学、军事、工业、农业上得到了广泛的应用,如用于测距、测速、探伤、清洗、焊接、杀菌消毒灯。

超声波是以超声频率在弹性介质中传播的一种机械振动,超声波也是一种机械波。在振幅相同的条件下,一个声音振动的能量与振动频率成正比,故在振幅相同的情况下,超声波的能量远大于普通声波的能量。因此,超声波具有方向性好(绕射小)、能量高度集中(束射性好)、穿透能力强;可在气体、液体、固体、固熔体等介质中有效传播(水中传播距离远)等优点。利用其优越的穿透性,开发出用于探知机械(零件、材料)内部缺陷的超声波探伤技术,已经成为一种常见的、先进的无损探伤技术。

1)超声波的类型

根据超声场中质点的振动方向和声波传播方向的关系,可将超声波分为纵波、横波、表面波等。纵波(Longitudinal Wave)是介质中质点振动方向和声波传播方向一致的波形,用“L”表示[图5-15a)]。纵波在传播时,介质受到拉伸和压缩应力而作相应的形变,故又称压缩波或疏密波。纵波的产生和接收都比较容易,在超声波探伤中广泛应用。横波(Transverse Wave)是介质中质点振动方向和声波传播方向互相垂直的波形,用“T”表示[图5-15b)]。横波传播时介质受到交变的剪切力而作相应的变形,故又称剪切波(Shear Wave),也可用“S”表示。液体和气体没有剪切弹性,只能传播纵波,而不能传播横波。但对焊接件进行超声波探伤时多用横波。

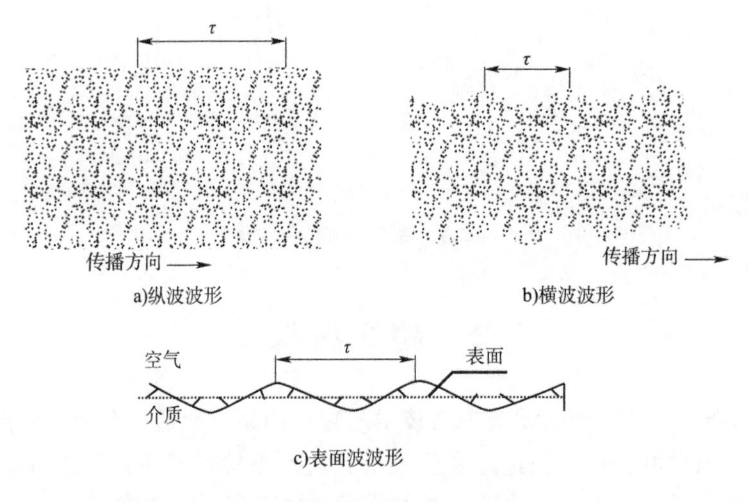

图5-15　声波波形

表面波(Surface Wave)是一种沿着固体表面传播的具有纵波和横波双重性质的波。表面波又称瑞利波(Raylaigh Wave),常用“R”表示[图5-15c)]。表面波对表面缺陷非常敏感,分辨力也优于横波和纵波。

2)超声波的物理性质

(1)超声波的波速。超声波的波速与波的类型、介质的弹性性质、介质的密度及温度等有关。超声需在介质中传播,其速度因介质不同而异,在固体中最快,在液体中次之,在气体中最慢。表5-3列出了常见材料的各种波速。

超声波的波长、频率和速度之间有如下关系:

$$\lambda = \frac{C}{f} \tag{5-9}$$

式中:λ——波长(m);

C——声波的传播速度(m/s);

f——声波频率(Hz)。

常见材料的波速(单位:m/s)　　表5-3

材　料	纵波波速 C_L	横波波速 C_T	表面波波速 C_R
空气	340	—	—
水(20℃)	1480	—	—
油	1400	—	—
甘油	1920	—	—
铝	6320	3080	2950
钢	5900	3230	3120
黄铜	4280	2030	1830
有机玻璃	2730	1430	1300

一般来说,纵波、横波及表面波波速之间的关系为 $C_L>C_T>C_R$。对钢而言,$C_T\approx0.55C_L$,$C_R\approx0.9C_T$。

(2)声阻抗。介质有一定的声阻抗,声阻抗 Z_S 等于该介质的密度 ρ 与超声速度 C 的乘积:

$$Z_S=\rho C \tag{5-10}$$

声阻抗是表示介质声学特性的一个重要物理量。两种介质的声阻抗之比决定着超声波从一种介质透入另一种介质的程度。

3)超声波的传播特性

(1)超声波垂直通过界面时的反射和透射。超声波在传播过程中,当垂直通过由不同介质形成的界面时,由于两种介质声阻抗的差异,界面会反射一部分能量,其反射系数为反射声压 P_r 和入射声压 P_i 之比(图5-16):

$$R_P=\frac{P_r}{P_i}=\frac{Z_2-Z_1}{Z_2+Z_1} \tag{5-11}$$

而透过声压 P_d 和入射声压 P_i 之比称为声压的透过系数:

$$T_P=\frac{P_d}{P_i}=\frac{2Z_2}{Z_2+Z_1} \tag{5-12}$$

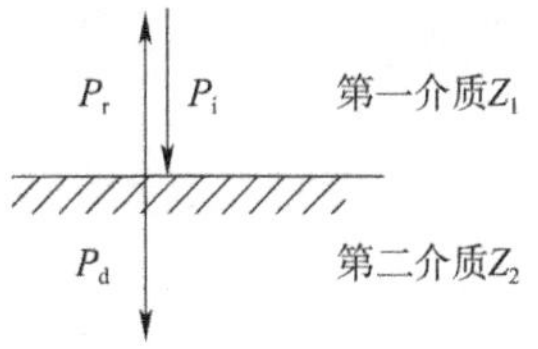

图5-16　超声波垂直入射时的反射与透射

式中:Z_1、Z_2——第一和第二介质的声阻抗。

很显然,当两种介质的声阻抗 $Z_2\ll Z_1$ 时,垂直入射超声波的透过系数近似等于为零;而当 $Z_2\gg Z_1$ 时,超声波的透过系数趋于2。表5-4列出了超声波在各种界面的反射系数和透过系数。

超声波在各种界面的反射系数和透过系数　　表5-4

入射界面	反射系数 R_P	透过系数 T_P
水向钢垂直入射	0.935	1.935
钢向水垂直入射	-0.935	0.065
空气向钢垂直入射	0.99998	1.99998
钢向空气垂直入射	-0.99998	0.00019

在超声波传播中,气体、液体和金属三者之间的声阻抗比大约为1∶10000∶100000,即气体与金属二者之间的声阻抗相差太大。对于垂直入射的超声波,几乎无法直接从金属探头透入气体。因此,超声探头与被测物体之间存在空气间隙将使超声波几乎全部反射回来,从而影响超声波从超声探头透入被测物体。因此,在超声波测量中,一般要在零件表面安置探头的地方涂敷接触润滑脂(耦合剂),这样可使透入被测物体的超声能量达到10% ~12%。

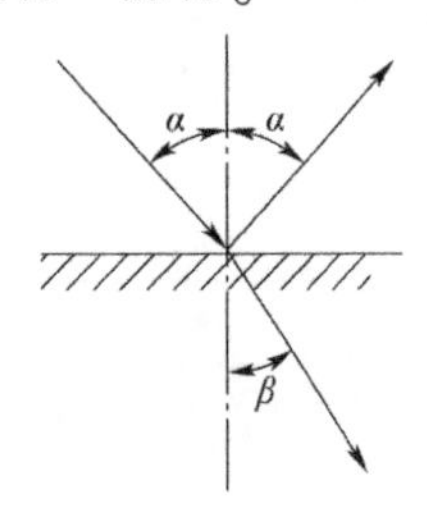

图5-17 超声波倾斜入射时反射和折射

(2)超声波倾斜入射界面时的反射和折射(图5-17)。在两个介质组成的界面上,对于同一类波型,其反射定理为入射角与反射角相等,都为α;其折射定理为:

$$\frac{C_1}{\sin\alpha}=\frac{C_2}{\sin\beta} \tag{5-13}$$

式中:C_1、C_2——介质1、介质2的声速;

α——入射角;

β——折射角。

根据斯涅尔定律,入射的纵波L可以分解为两束反射波(纵波L1和横波T1)和两束折射波(纵波L2和横波T2),如图5-18a)所示,在一定条件下还会产生表面波。它们都满足折射定理:

$$\frac{C_{L1}}{\sin\alpha}=\frac{C_{L2}}{\sin\beta_{L2}}=\frac{C_{T1}}{\sin\beta_{T1}}=\frac{C_{T2}}{\sin\beta_{T2}}=\frac{C_R}{\sin 90^\circ} \tag{5-14}$$

式中:C_{L1}、C_{T1}——介质1的纵波和横波声速;

C_{L2}、C_{T2}、C_R——介质2的纵波、横波和表面波声速。

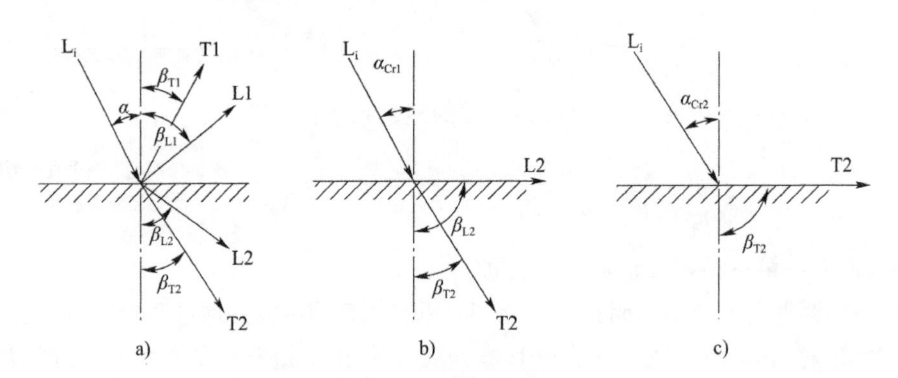

图5-18 斯涅尔定律

入射角α增大,折射角β也相应增大,当入射角α增大到折射的纵波沿界面滑过去时,如图5-18b)所示,即$\beta_{L2}=90^\circ$,这时介质中只有横波传播,并称这时的入射角为第一临界角:

$$\alpha_{Cr1}=\arcsin\left(\frac{C_{Li}}{C_{L2}}\right) \tag{5-15}$$

当入射角α进一步增大,使入射的横波也沿界面滑过去,如图5-18c)所示,即$\beta_{T2}=$

90°,这时超声波不能透入被测物体,这一入射角称为第二临界角：

$$\alpha_{Cr2} = \arcsin\left(\frac{C_{Li}}{C_{T2}}\right) \tag{5-16}$$

当入射的纵波产生表面波的入射角,则：

$$\alpha_{LR} = \arcsin\left(\frac{C_{Li}}{C_{R}}\right) \tag{5-17}$$

因此,当纵波入射角 α 满足 $\alpha_{Cr1} < \alpha < \alpha_{Cr2}$ 时,介质 2 中只有横波折射;当纵波入射角 α 满足 $\alpha > \alpha_{Cr2}$,并 $\beta_{T1} = \alpha_{LR}$ 时,则声波全部沿着介质 2 的表面传播,形成表面波。

在超声波探伤中,纵波可探测金属铸锭、坯料、中厚板、大型锻件和形状比较简单的制件中存在的夹杂物、裂缝、缩管、白点、分层等缺陷;横波可探测管材中的周向和轴向裂缝、划伤、焊缝中的气孔、夹渣、裂缝、未焊透等缺陷;表面波可探测形状简单的铸件上的表面缺陷。

5.2.2　超声波探伤仪器

1)超声波探头

以超声波作为检测手段,必须产生超声波和接收超声波,完成这种功能的装置就是超声波传感器,习惯上称为超声换能器,或者超声探头。

超声探头是利用超声波的特性研制而成,它由换能晶片在电压的激励下发生振动而产生,具有频率高、波长短、绕射现象小,特别是方向性好、能够成为射线而定向传播等特点。超声波对液体、固体的穿透本领很大,尤其是在不透明的固体中,它可穿透几十米的深度。超声波碰到杂质或分界面会产生显著反射形成反射回波,碰到活动物体能产生多普勒效应。

超声探头主要由压电晶片组成,既可发射超声波,也可接收超声波。小功率超声探头多作探测作用。它有许多不同的结构,可分直探头(发射纵波)、斜探头(发射横波)、表面波探头(发射表面波)、双探头(一个探头反射、一个探头接收)等。

超声探头的主要性能指标包括：

(1)工作频率。工作频率就是压电晶片的共振频率。当加到它两端的交流电压的频率和晶片的共振频率相等时,输出的能量最大,灵敏度也最高。

(2)工作温度。诊断用超声波探头使用功率较小,所以工作温度比较低,可以长时间地工作而不失效。医疗用的超声探头的温度比较高,需要单独的制冷设备。

(3)灵敏度。主要取决于制造晶片本身。机电耦合系数大,灵敏度高。

2)超声波探伤仪

超声波探伤仪亦称超声波探伤仪,它是一种用于探测固体材料内部各种缺陷的仪器。它主要由同步器、时基器、发射器、接收器、显示器和电源、探头等基本部分组成(图 5-19)。

超声波探伤技术在工业中的应用广泛,由于诊断对象、目的要求、工况、诊断方法等方面的不同,目前市场上的超声波探伤仪品种繁多,按照发射波的连续性、缺陷显示方式、通道数不同,分类如图5-20所示。

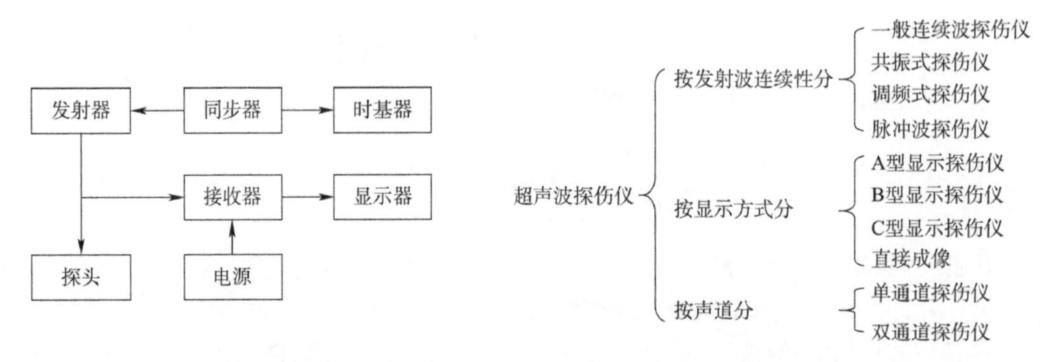

图5-19　超声波探伤仪的组成

图5-20　超声波探伤仪的分类

脉冲反射式是最常采用的机械零件超声波探伤方法,其基本原理是超声波探头发出持续时间很短的超声波脉冲信号,当工件内有缺陷时,缺陷反射波被仪器接收,并反映出反射波升压大小等信息,据此判断缺陷。

从显示方式来看,机械领域最常用的是A型显示探伤仪,即俗称的A超。其原理为当声束传播遇到不同介质之间的界面时,界面产生回声,回声在屏幕上以波的形式显示出来。B型显示探伤仪即俗称的B超,它将界面的反射信号转变为强弱不同的光点,用荧光屏显现出来。

5.2.3　超声波探伤方法

超声波探伤通过电振荡在超声探头中激发高频超声波,入射到构件后若遇到缺陷,超声波会反射、折射、散射、衰减或波形转换,再经探头接收变成电信号,进一步放大显示,然后根据波形来确定缺陷的部位、大小和性质,由此达到诊断机械故障的目的。

1)共振测量法

一定波长的声波,在物体的相对表面上反射时所发生的同相位叠加的物理现象叫作共振。应用共振现象诊断工件缺陷的方法称为共振测量法(图5-21)。超声探头将超声波辐射到工件后,通过连续调整发射频率,改变波长,当工件厚度为超声波半波长的整数倍时,在工件中产生驻波,其波腹在工件的表面上。用共振法测厚时,在测得共振频率,在测得共振频率f(MHz)和共振次数N后,可用式(5-18)计算工件的厚度:

$$\delta = N\frac{\lambda}{2} = \frac{NC}{2f} \tag{5-18}$$

式中:λ——超声波波长;

C——试件的超声波声速。

此法常用于壁厚的测量。另外,工件中若存在较大的缺陷或厚度改变,将使共振现象消失或共振点偏移,根据此现象就可诊断复合材料的胶合质量、板材点焊质量、均匀腐蚀和板材内部夹层等缺陷。共振测量法的特点是:①可精确测厚,特别适宜测量薄板及薄壁管的厚度;②对工件表面光洁度要求高。

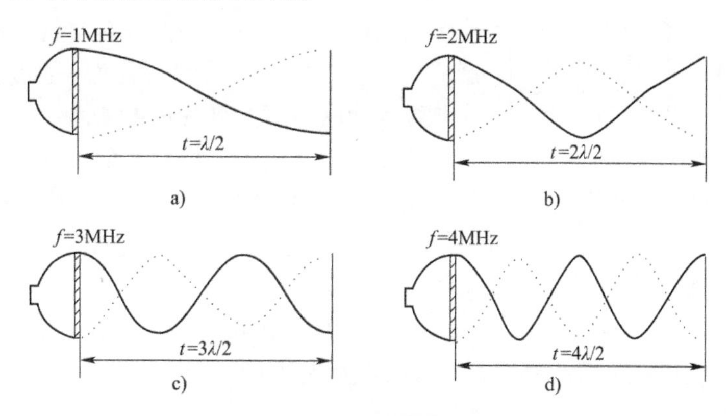

图 5-21　共振测量法

2)穿透测量法

穿透测量法是最先采用的超声波探伤方法。适用穿透法测量时,将两个超声探头分别置于工件的两个相对面,一个探头发射超声波,透过工件被另一面的探头所接收(图 5-22)。若工件内有缺陷,缺陷将部分或全部阻止超声波能达到接收探头,根据能量减小程度即可判断缺陷的大小。

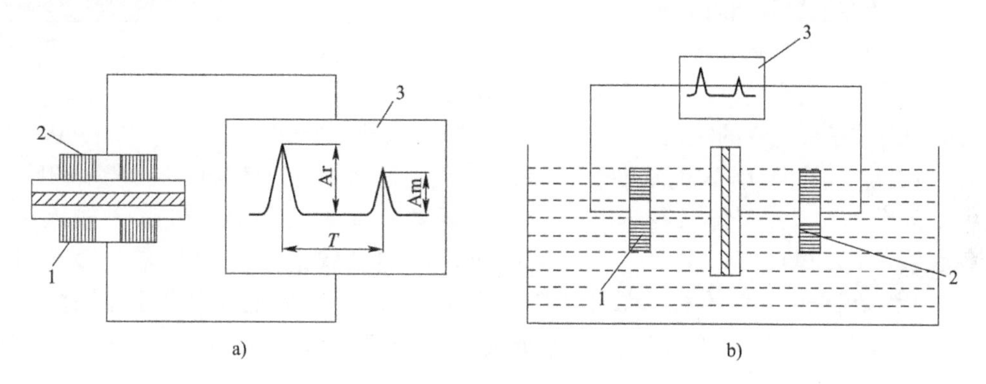

图 5-22　穿透测量法

1-发送器;2-接收器;3-显示器

穿透法测量中常用连续波和脉冲波。其中,脉冲穿透法的特点是:①不存在盲区,适用于探测较薄的工件;②不能确定缺陷的深度位置;③不能发现小的缺陷;④对两探头的相对距离和位置要求较高。

3)脉冲反射法

脉冲反射法又称回波脉冲法,它是目前应用最为广泛的一种超声波探伤法。脉冲反射法是用有一持续时间按一定频率发射的超声脉冲进行缺陷诊断的方法。脉冲反射法可分为垂直探伤法和斜角探伤法两种。

垂直探伤法是探头垂直或以小于第一临界角的入射角度耦合到工件上,传播到工件底面,如果底面光滑,则脉冲反射回探头,声脉冲变换成电脉冲后由仪器显示(图 5-23)。根据起始发射脉冲到工件底面回波脉冲的时间可算出工件的厚度。如果工件中有缺陷,探头接收到缺陷反射回来的缺陷波,根据起始发射脉冲到缺陷反射回来的缺陷波脉冲的

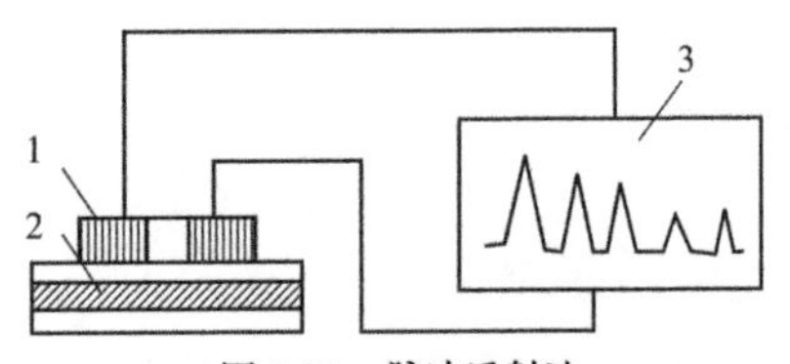

图5-23 脉冲反射法
1-超声波探;2-黏结层;3-显示屏

时间可算出缺陷的深度。垂直探伤法在工件内部只产生纵波,在板材、锻件、铸件、复合材料等探伤中得到广泛应用。垂直探伤法通常又分为一次脉冲反射法、多次脉冲反射法及组合脉冲反射法。

斜角探伤法是用不同角度的斜探头在工件中分别产生横波、表面波等的探伤方法。斜角探伤法的突出优点是:可对直探头探测不到的缺陷实行探伤,通过改变入射角来发现不同方位的缺陷;用表面波可探测复杂形状的表面缺陷等。

脉冲反射法的特点是:①探测灵敏度高;②能准确确定缺陷的位置和深度;③可用不同的波型(纵波、横波、表面波等)进行探测,应用范围广。

5.2.4 超声波探伤的波形特征

常用的超声波探伤仪器为A型显示脉冲反射式超声波探伤仪。如图5-24所示,波形图中的T为发射波,B为底波,F为缺陷波,可根据示波屏上反射信号的有无、反射信号和入射信号的时间间隔以及反射信号的高度确定反射面(缺陷)的有无、其所在位置及相对大小。

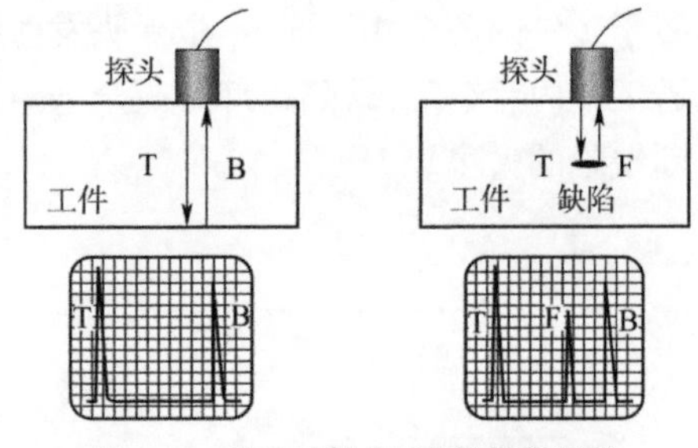

图5-24 脉冲反射式超声波探伤原理

1)锻件缺陷及波形特征

锻件缺陷一般有白点、夹杂、疏松和裂纹等,其中白点和裂纹是最危险的缺陷。

(1)白点。由于小截面锻件冷却快,白点在中心处分布密集,探伤时在中心部位会出现林状缺陷波[图5-25a)];较大零件的截面锻件冷却慢,白点在锻件圆周的一定范围内呈辐射状扩散分布。探伤时缺陷波(f)为对称于中心的林状波形,波峰清晰、尖锐。当降低灵敏度探测时,各方向都可显示出高而清晰的缺陷波。密集的白点对声波反射强烈,从而使底波(B)显著降低。

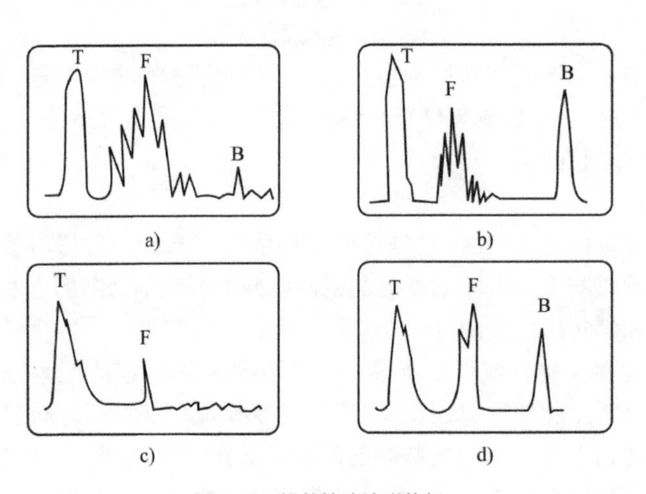

图5-25 锻件缺陷波形特征

(2)夹杂。夹杂缺陷成连串状,波形呈丛状,一般波幅较低,仅有个别较高的波。当移动探头时,波峰此起彼落,显得杂乱。如降低灵敏度探伤时,只有个别的较高缺陷波出现,而且波幅下降,但底波无明显变化[图5-25b)]。

(3)疏松。锻件中疏松缺陷对声波有显著吸收和散射作用,从而使底波明显降低,甚至消失,移动探头时可能出现波幅很低的蠕动波形。提高灵敏度探测时,会出现微弱而杂乱的波形,但无底波[图5-25c)]。

(4)裂纹。当波束与裂纹面垂直时,缺陷波形明显而清晰,波峰尖锐陡峭。当平行移动探头时,波形承裂纹方向和曲折程度而变,探头移到一定距离后,波形逐渐减弱直到消失[图5-25d)]。

2)铸件的缺陷及波形特征

铸件形状复杂,尤其对于小厚度铸件,采用多次回波法探伤时往往在荧光屏上产生外轮廓直射或迟到的回波,可能造成杂波和缺陷波真假难辨。通常根据底面回波显现的次数来判断有无缺陷。当铸件内无缺陷时表现为底波次数多,各底波相距间隔大致相等,而且波幅呈现指数曲线衰减[图5-26a)];如铸件内有疏松等缺陷时,由于疏松对超声波散射,声能衰减而使底波反射次数减少[图5-26b)];若铸件内疏松、夹杂、气孔等严重的大面积缺陷,则底波消失,只出现杂波[图5-26c)]。

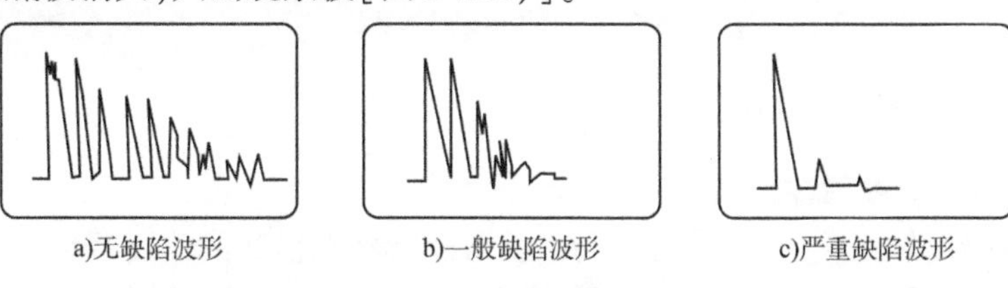

a)无缺陷波形　　b)一般缺陷波形　　c)严重缺陷波形

图5-26　铸件缺陷波形特征

对于厚度大、探测面光洁的铸件,采用一次回波法探伤时,可根据荧光屏上有无缺陷回波来判断铸件有无缺陷。对于厚度不大、形状简单、底与探测面平行的铸件,采用二次回波探伤法时,根据一次底波与二次底波间有无缺陷回波来判断有无缺陷。

3)焊件的缺陷及波形特征

焊缝的缺陷主要有气孔、夹渣、未焊透和裂纹等。

(1)气孔。焊缝中的气孔缺陷有单个的、链状的和密集的。单个气孔反射波为单峰、幅较低且多位于引弧或熄弧处[图5-27a)],只要稍微移动探头,反射波即消失,而且从各个方向对气孔探测,其波峰形状相同而波幅不同。密集气孔的回波波幅有时较大,有时显示出多个回波,此起彼落[图5-27b)]。

(2)夹渣。点状夹渣回波信号与点状气孔相似。条状或块状夹渣回波信号多呈锯齿状波幅不高,界面不规则,波形多呈树枝状(锯齿状),主峰边上有小峰,根部宽而波幅不高[图5-27c)]。探头平移波幅有变动,从各个方向探测时反射波幅不相同。

(3)未焊透。在未焊透的焊缝处一般有气孔和夹渣存在,并有一定长度且粗细不一。其回波波幅较高,锯齿形较少,水平移动探头时,波形较稳定[图5-27d)]。如果从焊缝两侧探伤,可得到大致相同的波形和波幅。

(4)裂纹。裂纹有纵裂纹和横裂纹之分,其形状复杂且有一定的长度和深度,一般都产生在应力集中且受力大的部位。探伤时可用多角度、多方向交叉扫查或斜向平行扫查等方法进行。当声速方向与裂纹面平行时,反射波峰很低而波型较宽,且出现锯齿多峰波[图 5-27e)]。当声速方向与裂纹方向垂直时,声波反射强烈,且波峰高。平行或垂直移动探头时,反射波连续出现;摆动探头时,多峰波交替出现最大值;如探头绕裂纹转动时,反射波消失[图 5-27f)]。

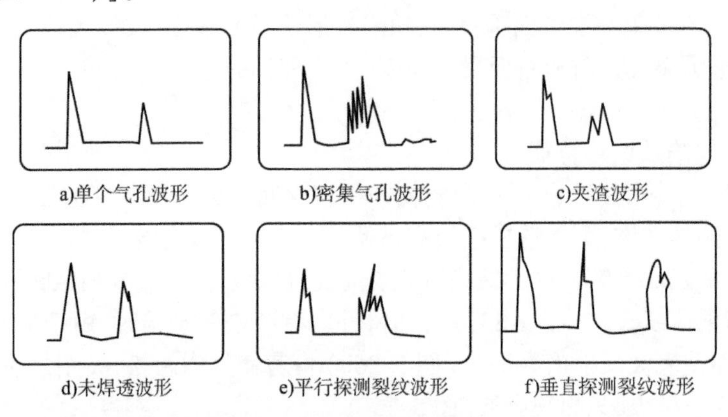

图 5-27　焊件缺陷波形特征

5.2.5　超声波探伤实例

【实例 5-5】　管壁腐蚀监测。

管道的管壁腐蚀是化工、炼油和动力厂设备运行状态监测的重要项目,常用回波脉冲法来测量。当管壁受到严重的腐蚀时,由于内壁形状不规则,回波信号将变宽,数目减少(图 5-28)。一般情况下,往往只有第一个回波能够清楚地分辨出来,从它可以确定管壁的壁厚。当管壁进一步受到腐蚀时,第一个回波与发射波脉冲也难以区分。由于散射和干涉作用,回波的幅值也将大为减小。测量时,为了得到满意的效果,要求测量管道外壁光滑规则,没有漆层或其他包裹物。

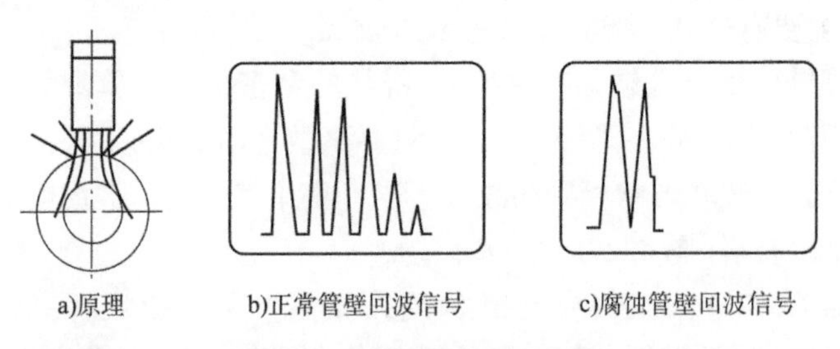

图 5-28　管道腐蚀的超声监测

【实例 5-6】　活塞裂纹诊断。

国外曾用超声法成功地检查了一批 1200kW 柴油机活塞内部的裂纹情况,在只揭盖不拆卸的运行过程中查出了带裂纹的活塞。这批活塞由球墨铸铁铸造,产生裂纹的原因是结构设计不良、材料选择不当、铸造工艺和热处理有问题。裂纹可能发生的区域如图 5-29 所示。测量过程中超声探头沿活塞半径方向在活塞顶部自 A 点至 M 点移动,当活塞上裂纹区内有裂纹存在时，则可从各位置的探头所发射的超声波回波反映出异常情况。

另外，超声检测方法还可对一些关键零件在工作期限内进行在线监测。图5-30所示是对一飞机零件进行裂纹监测的实例，超声波监测可以避免定期拆卸检查关键零件，影响零件精度。

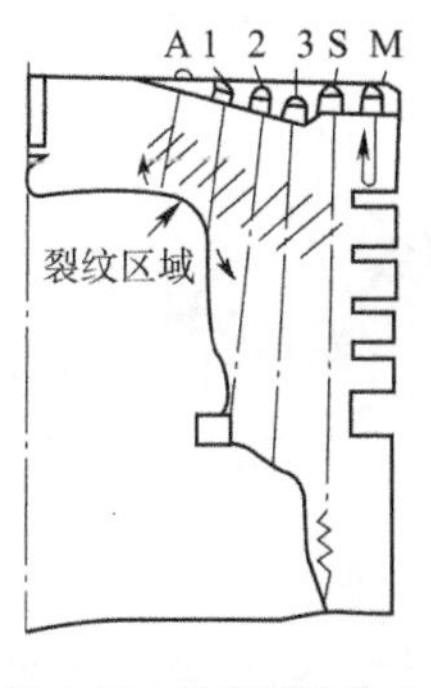

图5-29 活塞裂纹检查

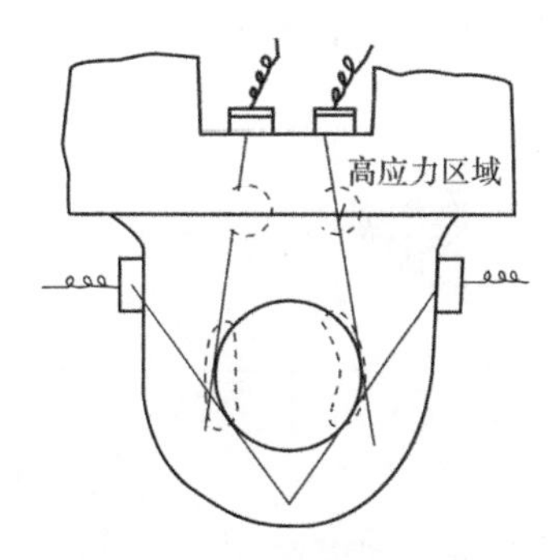

图5-30 飞机零件裂纹监测

5.3 声发射诊断

5.3.1 声发射检测原理

材料中局部区域应力集中，快速释放能量并产生瞬态弹性波的现象称为声发射(Acoustic Emission，简称AE)，有时也称为应力波发射。发生这种现象的原因是，当固体受力时，由于微观结构的不均匀或内部缺陷的存在，导致局部应力集中，塑性变形加大或裂纹的形成与扩展过程中释放出弹性波。因此，声发射有时也称应力波。

材料在应力作用下的变形与裂纹扩展，是结构失效的重要机制。这种直接与变形和断裂机制有关的源，被称为声发射源❶。利用这种"应力波发射"进行的无损检测，具有其他无损检测方法无法替代的效果。

声发射的频率范围很宽，发出的频率从几赫兹的次声波、20Hz～20kHz的声波，直至50MHz左右的超声波均有。它的幅度差异也很大，从10mm的微观位错运动到1m量级的地震波，从几微伏直至几百伏大小。如果声发射释放的应变能足够大，就可产生人耳听得见的声音。大多数材料变形和断裂时有声发射发生，但许多材料的声发射信号强度很弱，人耳不能直接听见，需要借助灵敏的电子仪器才能检测出来。用仪器探测、记录、分析声发射信号和利用声发射信号推断声发射源的技术称为声发射技术。

声发射技术可用于连续监控材料或工件、构件中裂纹的产生与发展，了解物体的摩擦与磨损，研究固体的塑性形变、金属的显微组织变化等。因此，在高压容器、桥梁、矿井顶板等结构完整性评价、焊接过程监控、涡轮发动机运行状态监测等连续动态监控上起到了

---

❶ 流体泄漏、摩擦、撞击、燃烧等与变形和断裂机制无直接关系的另一类弹性波源，被称为其他或二次声发射源。

极其重要的作用。此外,声发射技术还可用于断裂力学研究、声特征分析、海洋科学中的海洋噪声分析(如对波浪、海啸、潮流以及海洋生物研究),探测水下的火山爆发以及地震科学研究,对船舶噪声的探测和确定船只方位等。

按振荡形式分,声发射可分为连续型和突发型两种。突发型声发射由高幅度不连续的、持续时间较短的信号构成[图5-31a)],它主要与微裂纹的形成、扩展直到断裂有关。连续型声发射由一列低幅度的连续信号构成[图5-31b)],它主要与塑性变形有关。

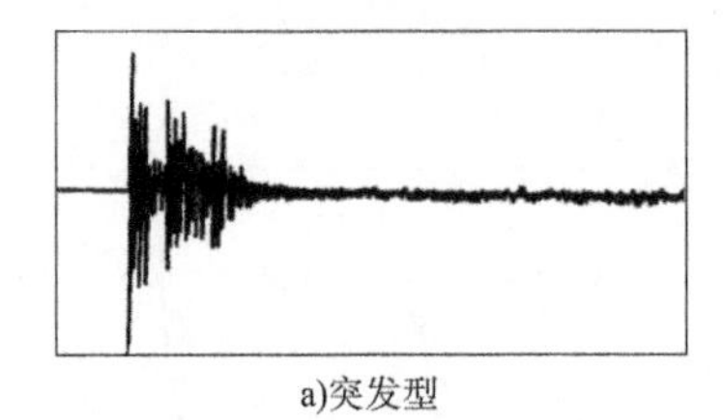
a)突发型

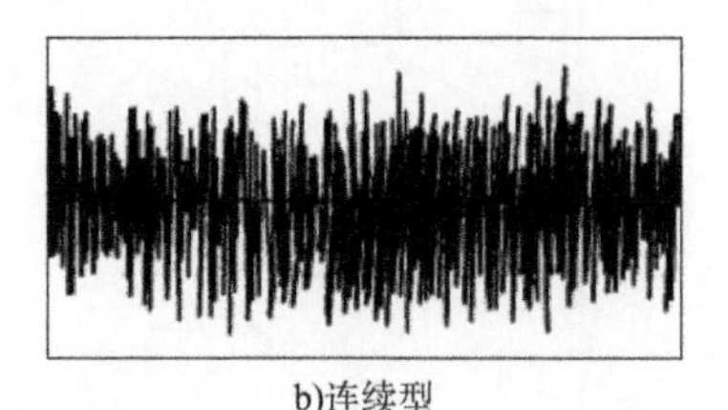
b)连续型

图5-31　声发射波形

声发射技术是一种快速、动态、整体性的无损检测手段,可在设备运行过程中实行状态监测。声发射检测与其他无损检测的最大区别是,当缺陷处于无变化和无扩展的静止状态时,没有声发射现象,只有当裂纹等缺陷处于变化和扩展过程时,才能测得材料的声发射。因此,声发射诊断是缺陷的动态实时检测。同时,被动检测、灵敏度高、对构件的几何形状不敏感、对被检件的接近要求不高、能确定声发射源的位置、能实现永久性记录等都是它的优点。

表5-5列出了声发射检测方法与其他常规无损检测方法的特点对比,可据此选择检测方法。

声发射检测方法与其他常规无损检测方法的特点对比　　表5-5

项　目	声发射检测方法	其他常规无损检测方法
检测目标	缺陷的成长与活动	缺陷的存在
主要相关因素	与作用力有关	与缺陷的形状有关
对材料的敏感性	较高	较差
对几何形状的敏感性	较差	较好
需要进入被检对象的要求	较少	较多
检测范围	整体检测	局部扫描
主要不足	噪声、解释难	接近、几何形状

材料内部结构发生变化的原因可能有体内的裂缝长大、开裂、位错运动、相变、纤维断裂和分解等,而这些都会导致声发射,也会引起危害。因此,声发射广泛用于以下场合:①检测构件的缺陷和疲劳;②监测焊接和腐蚀过程;③了解金属和合金的相变;④了解金属的加工过程,如淬火,锻造,挤压等。

声发射信号是一种复杂的波形,包含着丰富的声发射源信息,同时它在传播的过程中还会发生畸变并入引入干扰噪声。因此,如何选用合适的信号处理方法来分析声发射信号,从而获得正确的声发射源信息,一直是声发射检测技术中发展的难点。

5.3.2　声发射信号分析

根据分析对象的不同,可以把声发射信号处理和分析方法分为两类:

(1)声发射信号波形分析,即据所记录信号的时域波形及与此相关联的频谱、相关函数等来获取声发射信号所含信息的方法,如FFT变换、小波变换等。

(2)声发射信号特征参数分析,即利用信号分析处理技术,由系统直接提取出声发射信号的特征参数,然后对这些参数进行分析和评价,得到声发射源的信息。很多声发射源的特征可以用这些参数来进行描述,为工程实际应用带来了极大的方便。

图5-32是目前声发射信号分析较为常用的波形描述方法,即根据波形提取几个相关的统计数据,以简化的波形特征参数来表示声发射信号的特征,然后对其进行分析和处理,得到声发射源的相关信息。常用的声发射参数包括撞击(波形)技术、振铃技术、能量、幅值、峰值频率、持续时间、上升时间、门槛等。各参数的含义、特征与用途见表5-6。

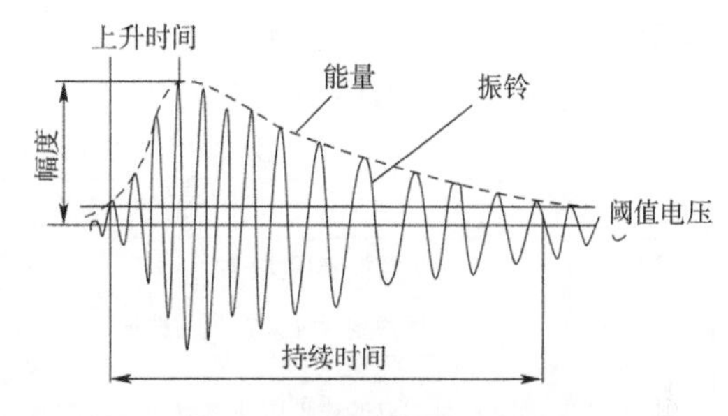

图5-32　声发射信号特征参数

声发射信号参数的含义、特征与用途　　表5-6

参数名称	含　义	特征与用途
撞击计数	超过阈值并使某一通道获取数据的任何信号称为一个波击,可分为总计数和技术率	反映声发射活动的总量和频度,常用于声发射活动性评价
事件计数	由一个或几个波击鉴别所得声发射事件的个数,可分为总计数和计数率	反映声发射事件的总量和频度,用于声发射源的活动性和定位集中度评价
振铃计数	越过门槛信号的振荡次数,可分为总计数和计数率	粗略反映信号强度和频度,广泛用于声发射活动性评价,但甚受门槛的影响
幅值	事件信号波形的最大振幅值,常用dB表示	直接决定事件的可测性,常用于波源的类型鉴别、强度及衰减测量
能量技术	事件信号检波包括线下的面积,可分为总计数和计数率	反映事件的相对能量或强度,可取代振铃计数,也用于波源的类型鉴别
持续时间	事件信号第一次越过门槛到最终降至门槛所经历的时间间隔,用μs表示	与振铃计数十分相似,但常用于特殊波源类型和噪声鉴别
上升时间	事件信号第一次越过门槛至最大振幅所经历的时间间隔,用μs表示	因甚受传播的影响而其物理变得不明确,有时用于机电噪声的鉴别
有效值电压RMS	采样时间内信号电平的均方根值,用V表示	与声发射的大小有关,不受门槛的影响,主要用于连续型声发射活动性评价
平均信号电平ASL	采样时间内信号电平的均值,以dB表示	对幅度动态范围要求高而时间分辨率要求不高的连续性信号尤为有用,也用于背景噪声水平的测量

续上表

参数名称	含　义	特征与用途
时差	同一个发射波到达各传感器的时间差,以 μs 表示	决定于波源的位置、传感器间距和传播速度,用于波源的位置计算
外变量	试验过程外加变量,包括经历时间、载荷、位温度及疲劳周次	不属于信号参数,但属于波及信号参数的数据集,用于声发射活动性分析

声发射噪声包括机械噪声和电磁噪声两大类。机械噪声是由于物体间的波击、摩擦、振动所引起的噪声;而电磁噪声是由于静电感应、电磁感应引起的噪声。声发射噪声排除方法、原理及适用范围见表 5-7。

声发射噪声排除方法、原理及适用范围　　表 5-7

方　法	原　理	适用范围
频率鉴别	选择滤波器探头前放	低频的机械噪声
幅度鉴别	调整固定或浮动检测门槛值	低幅度机电噪声
前沿鉴别	对信号波形设置上升时间滤波窗口	来自远区的机械噪声或电磁脉冲干扰
主副鉴别	用波到达主副传感器的秩序及其门电路,排除先到达副传感器的信号,而只采集来自主传感器附近的信号,属于空间鉴别	来自特定区域外的机械噪声
符合鉴别	用时差窗口门电路,只采集特定时差范围内的信号,属于空间鉴别	来自特定区域外的机械噪声
载荷控制门	用载荷控制门电路,只采集特定载荷范围内的信号	疲劳试验时的机械噪声
时间门	用时间门电路,只采集特定载荷时间内的信号	点焊时电极或开关噪声
数据滤波	对波击信号设置参数滤波窗口,滤除窗口外的波击数据,包括前端实时滤波和事后滤波	机械噪声或电磁噪声
其他	差动式传感器、前放一体式传感器。接地、屏蔽、加载销孔预载、隔声材料、示波器观察等	机械噪声或电磁噪声

常见的电磁噪声来源有:①由于前置放大器引起的不可避免的本底电子噪声;②因检测系统和试件的接触不当而引起的回路噪声;③因环境中电台和雷达等无线电发射器、电源干扰、电开关、继电器、电动机、焊接、电火花、打雷等引起的电噪声。

常见的机械噪声来源主要有三个方面,即摩擦引起的噪声、撞击引起的噪声和流体过程引起的噪声。①摩擦噪声是由于加载装置在加载过程中相对机械滑动引起,包括试样夹头、施力点、容器支架、螺栓、裂纹面的闭合与摩擦等;②撞击噪声包括雨、雪、风沙、振动及人为敲打;③流体噪声,包括高速流动、泄漏、空化、沸腾、燃烧等。

噪声的鉴别和排除是声发射技术的主要难题,现有许多可选择的软件和硬件排除方法。有些需在检测前采取措施,而有些需要在实时或事后进行。

5.3.3　缺陷有害度评价

任何构件或设备都可能有各种各样的宏观和微观缺陷,但并不是每一种缺陷对机械都构成相等的危害,有的设备即使带“伤”仍能安全运行多年。因此,判断其是否产生故障的关键是判断这些缺陷是否会发展。表5-8是缺陷有害度分类。

表5-8中将声发射源的不稳定行为的强度分为四级:1、2、3、4级(图5-33)。将缺陷在加压过程中的声发射特征分为四类:Ⅰ类——安全;Ⅱ——较安全;Ⅲ——特别不安全;Ⅳ——危险,并根据强度等级和缺陷类型得到缺陷的有害度分类:A级——需特别注意,是最有害的缺陷;B级——需注意,较有害的缺陷;C级——不需要注意,基本无害的缺陷;D级——不需注意,无害的缺陷。

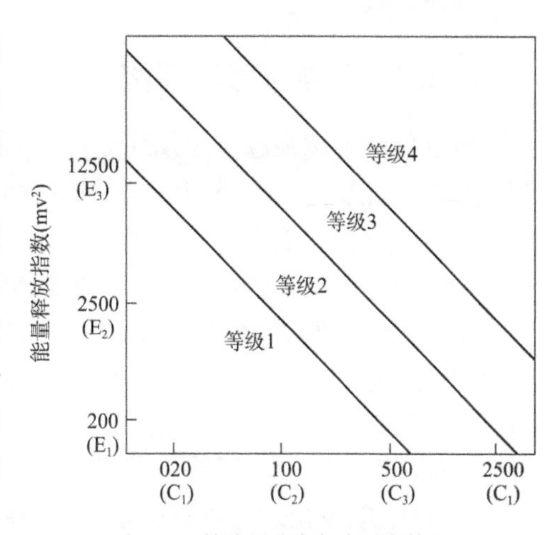

图5-33　缺陷不稳定行为强度等级

缺陷有害度分类　　表5-8

缺陷类型	强度等级			
	1	2	3	4
Ⅰ	D	D	C	B
Ⅱ	D	C	C	B
Ⅲ	D	C	B	A
Ⅳ	C	B	A	A

声发射的类型　　表5-9

释放能量图	累积分布曲线	特征	类型
		偶尔产生	Ⅰ
		集中在低压	Ⅱ
		集中在中压	
		在高压下增大	Ⅲ
		在整个试验期间频繁发生	Ⅳ

5.3.4 声发射诊断实例

声发射技术越来越成为现代无损检测和结构、材料研究的新技术，在大型压力容器监测、钢结构和混凝土结构桥及钢索斜拉桥的检测和监测、航空飞行器检测到刀具破损的监测都取得了很好的效果。

【实例5-7】 声发射技术在压力容器定期检修中的应用。

根据Kaiser效应，即声发射不可逆效应，对已使用过的压力容器，因已承受过一定的压力，故在检修中再次进行水压试验时，若压力不超过使用中的最高压力，则不出现声发射。若容器在长期使用中产生了疲劳和应力腐蚀裂纹，则在较低的压力下就会出现声发射。例如，有一台50m高的由碳钢制造的吸收塔，因在进行定期耐压试验时发现几处氢腐蚀裂纹区，故停止运行进行检修。检修后，在气压鉴定试验时进行了声发射检测。检测中，几处修补过的地方无声发射信号，说明修补完好。但在容器顶部和中部连续出现声发射信号（图5-34）。为查明原因，再次进行内部目视检查，发现塔盘液槽大面积腐蚀，塔顶处塔盘人工孔固定松脱。进行修理后发现这两处声发射信号全部消失，吸收塔正常运行。

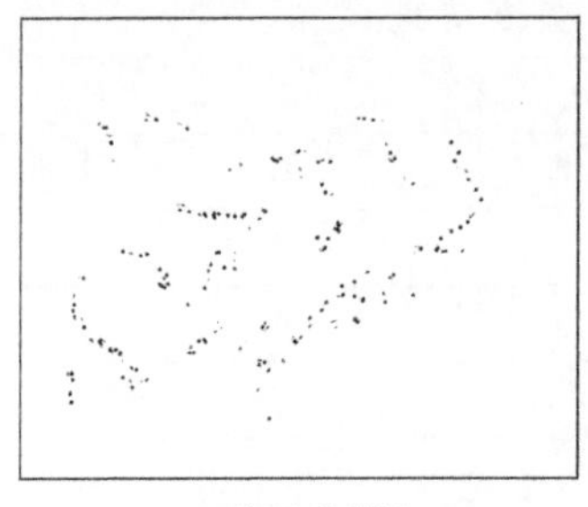

a)顶部声发射源

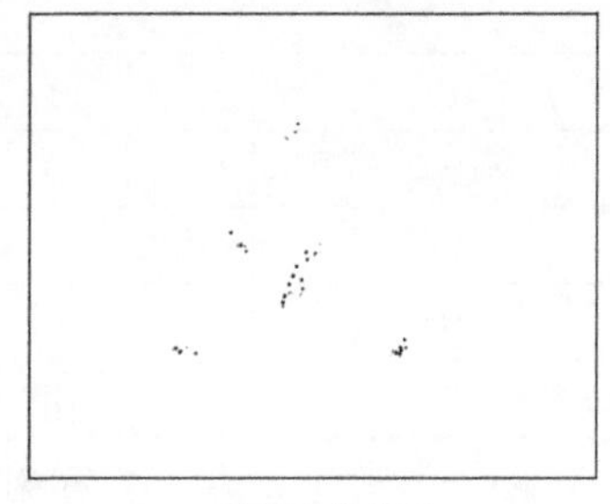

b)中部声发射源

图5-34 吸收塔声发射测量

【实例5-8】 低速轴承的声发射诊断。

对于工作在低速及超低速的轴承，用传统的振动监测和诊断方法（0～20kHz）难以奏效，采用声发射技术（100～300Hz）往往可收到良好的效果。用声发射技术不但能监视轴承疲劳裂纹的扩展情况，同时还能监测滚动表面间的摩擦状况。

在故障初期，金属内晶格发生弹性扭曲；当晶格的弹性应力达到临界值后开始出现微观裂纹；微观裂纹进一步扩展在滚动轴承的内、外圈滚道上出现麻点、剥落等疲劳损坏故障，伴随着声发射信号的产生。

滚动轴承的故障信息比较微弱，而背景噪声强，与振动信号分析法比较，声发射技术故障诊断的优点主要体现在：①特征频率明显；②早期故障预报效果好。

第6章　故障推理

本章主要介绍分析故障现象(故障模式)与故障原因(机器状态)之间因果关系,锁定故障发生的具体部位以及评价故障影响及危害性的常用方法。

6.1　故障推理常用方法

6.1.1　求同法

求同法也称“契合法”,是判明现象因果联系的方法之一。其基本思想为,如果被研究现象出现的若干场合中,有某一个或一组事件均出现,那么这个屡次出现的情况或者事件就是被研究对象的原因或结果(表6-1)。

求同法推断故障原因　　表6-1

场合	先导(后续)事件	被研究现象
1	B、A、C	a
2	D、A、C	a
3	F、A、C	a

注:事件A是a现象的原因或结果。

【实例6-1】　发动机汽缸动作不良故障推理。

某设备频频出现汽缸动作不良故障,经多次检查均发现电磁阀内有铁锈引起阀杆动作受阻而造成的通气不畅通。进一步检查发现,由于压缩空气输送管道未采用镀锌管,经过长时间使用,管内深有大量铁锈造成压缩空气内铁锈过多,当空气过滤器能力降低时,铁锈就会进入电磁阀。因此可以得出结论:压缩空气内铁锈过多导致该故障发生。

求同法的特点是异中求同,求同除异。其作用在于能从错综复杂的不同场合中,排除不相干的因素,找出共同的因素,确定与被考察现象的因果联系。

运用求同法时要注意:①各场合中有无其他的共同情况,要确保各场合中的共同情况是唯一的;②进行比较的场合越多,结论的可靠性程度就越高;③表面上相同的因素不一定就是被研究现象的原因,这里又有几种情形:时间上先行的因素不一定就是原因,不能以先后为因果;在表面上共同的因素中包含着一些不相干的成分,还要作进一步地分析研究,找出真正的原因;虽然根据已有的材料判定某一因素是已经考察的各个场合所共同的,但可能进一步地考察会发现这个因素并不是被考察现象出现的其他场合所具有的,因此它不是被考察现象的原因;④表面上不同的情况有时可能包含着重要的共同点。因此,在运用求同法时,还要善于做到在异中求同。

6.1.2 求异法

求异法也称为"差异法"。在被研究现象出现与不出现的场合,如果某一个或一组事件同时出现或者不出现,那么这个与众不同的情况或者事件就是被研究对象的原因或结果(表6-2)。差异法是机械维修人员最常用的故障原因查找方法。

求异法推断故障原因 表6-2

场合	先导(后续)事件	被研究现象
1	B、A、C	a
2	B、—、C	—

注:事件A是a现象的原因或结果。

利用差异法进行故障诊断常用的方法还有逐一排除法、换件法等。所谓逐一排除法,就是当出现某故障现象之后,逐一切换或断开某一元器件看该故障现象是否消失。一旦消失,说明某一断开或被换掉的元器件与故障有关,是可能的故障源。在进行换件法诊断时应注意,每次只能更换其中一件,原来更换过而未出现异常的元器件应该复原,然后再更换另外的元器件,这样才能准确定位故障源。

【实例6-2】 柴油机断缸试验。

某柴油机运行时排气冒黑烟,用"断缸"的方法分别只松开某汽缸高压油管,发现仅在A缸油管松开时黑烟消除。由此可以得出结论,A缸故障导致黑烟发生。

其实,"断缸"是发动机故障诊断中的常用方法。它是在发动机怠速工作时,通过人工控制,使发动机的任一个汽缸停止工作,通过观察发动机的工作状态有无改变来分析该缸的工作性能是否正常。在中断该缸工作后,如果发动机的转速和平稳度有较大变化,说明该缸各元件工作正常;若没有变化或者变化不大,可断定与该缸相关的零件工作有问题。

"断缸"试验分为断油、断气、断火3种。断油检查时,常在发动机着火时松开某缸高压油管始端(喷油泵端)或末端(喷油器端),由此检查发动机各缸的工作状态,也叫停油检查法。柴油机发生"敲缸"、冒黑烟时,都可以采用"断油"试验。

"断气"试验可用于排查发动机散热器"喘气"故障。

"断火"试验通常是切断汽油机某缸火花塞的跳火。当汽油机以某一稳定的转速运转时,其功率与该转速达到平衡。当其中一个汽缸停止工作后,总功率减小,发动机转速随之下降,达到新的平衡。维修人员平时所说的测量"单缸转速降"就是通过检测汽油机每个汽缸"断火"前后的转速下降值,来判断各汽缸的工作情况。如果各缸分别停止工作后转速下降的幅值基本相等,则说明汽油机各缸工作能力均衡;如果产生较大的转速差,则说明汽油机各缸工作能力不均衡。对某一汽缸"断火"后,若汽油机的转速下降明显,说明该汽缸的工作情况良好;若汽油机的转速下降很小,说明该汽缸的工作情况不好。

6.1.3 变更法

在被研究对象发生变化的某个场合,如果其中只有一个事件或一组事件是变化着的,而其他事件都保持不变，那么这一变化的事件便是被研究对象的原因或结果（表6-3）。

变更法推断故障原因 表6-3

场合	先导（后续）事件	被研究现象
1	A1、C、D	a1
2	A2、C、D	a2
3	A3、C、D	a3

注：事件A是a现象的原因或结果。

以柴油机敲缸故障分析为例，经检测发现间隙、转速、冷却液温度不变时，敲缸的程度会随着喷油提前角的变化而发生变化，由此可以得出喷油提前角不当会引起敲缸的结论。

6.1.4 假设检验法

许多装备的故障问题往往都比较复杂，不是经过简单的推理分析就可以马上得到解决。我们可以将问题分解成不同层次，一层一层地加以解决。这就像剥洋葱，剥开一层再剥一层，直到问题解决。假设检验法是将问题分解成若干个阶段，在不同阶段都提出问题，作出假设，然后再进行验证，得到这个阶段的结论，直到最终找出可以解决问题的答案为止。

6.1.5 因果图法

因果图法是一种适合用于全面寻找问题及其原因的方法，又叫特性因素图法、树枝图法、鱼刺图法等。它最早由日本质量专家石川馨提出，因此又叫作石川图法。因果图法针对所发生的故障，沿着大原因→中原因→小原因→更小原因的路线，全面找出原因。它不但能找到主要原因，并追根求源地找出直接原因，直到找到问题的症结点为止。

图6-1为内燃机冷却系风扇叶片折断的因果图分析图。可以看出，利用因果图来对故障原因进行分析，可以明确因果关系的传递路径，帮助人们在解决质量问题时开放思维，在寻找可能的原因及其相互关系时极为有用。

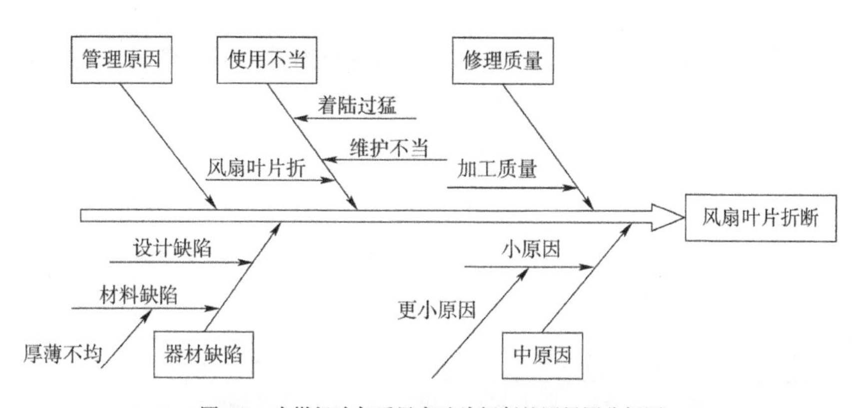

图6-1 内燃机冷却系风扇叶片折断的因果图分析图

6.1.6 5WHY分析法

许多时候，导致机器发生故障的原因并不是显而易见的，在可感知的故障现象（故障模式)背后往往深层次地隐含着故障的直接原因(一次因、近因)、中间原因和根本原因(N次因、根因)。5WHY分析法又称“5问法”,就是对一个问题点连续以多个“为什么”来自问,以追究其根本原因。5WHY分析即如古话所言“打破砂锅问到底”,包含了锲而不舍、追本溯源的精神。

5WHY分析过程中,需要不断提问为什么前一个事件会发生,直到没有好的理由或者直到一个新的故障现象被发现时才停止提问。虽为5个为什么,但使用时不限定只做5次为什么的探讨,主要是必须找到根本原因为止,有时可能只要3次,有时也许要10次,甚至更多。例如,一台机器不动了,运用5WHY分析法分析的过程见表6-4。经过连续5次不停地问“为什么”,最终找到问题的真正原因和解决的措施,即在润滑泵上加装过滤网。

运用5WHY法分析某机器不动的原因 表6-4

步骤	问题	答案	措施
第一步	为什么机器停了?	因为超负荷,熔断丝断了	—
第二步	为什么超负荷了呢?	因为轴承部分的润滑不够	—
第三步	为什么润滑不够?	因为润滑油泵吸不上油来	—
第四步	为什么吸不上油来呢?	因为油泵轴磨损松动了	—
第五步	为什么磨损了呢?	因为没有安装过滤器混进了铁屑	安装过滤网

运用5WHY法须注意:

(1)解决问题的人要努力避开主观或自负的假设和逻辑陷阱,从结果着手,沿着因果关系链,顺藤摸瓜,直至找出原有问题的根本原因。

(2)每个“为什么”的问题和答案之间必须必然联系。

(3)两个前后相连的“为什么”中间必须紧密相关,不要跳步。

(4)推理要理性、客观,不能用类似借口的内容回答所提出的“为什么”,如“为什么故障装备没有修理”“因为我在忙其他事情”。

(5)注意只记录事实,而非推论。

(6)分析要充分,要透过现象看本质,否则,根据原因提出的措施只能是应对(异常处置),而非对策(防止再次发生)。如表6-5和表6-6中均为运用5WHY法分析设备盖噪声增大原因的过程,显然第二条分析路径优于第一条分析路径,因为后者提出的措施才找到了问题根本解决之对策。

运用5WHY法分析设备盖噪声增大原因之分析路径一 表6-5

步骤	问题	答案	措施
第一步	为什么设备盖噪声增大?	因为设备盖松动了	—
第二步	为什么设备盖松动了呢?	因为螺栓松动了	拧紧螺栓

运用5WHY法分析设备盖噪声增大原因之分析路径二 表6-6

步骤	问题	答案	措施
第一步	为什么设备盖噪声增大?	因为设备盖松动	—
第二步	为什么设备盖松动了呢?	因为连接螺栓松动	—

续上表

步　骤	问　题	答　案	措　施
第三步	为什么螺栓会松?	因为拧紧力矩太小	—
第四步	为什么不用更大的拧紧力矩拧紧螺栓?	因为螺栓直径小,不能承受过大的拧紧力矩	螺栓公称直径从 M8 提高到 M12

6.2　逻辑诊断法

逻辑诊断是根据机器的特征推断机器的状态的一种诊断方法。在逻辑诊断中,机器的特征可用“特征隶属度”来表示,机器的状态也可用“状态隶属度”来表示,机器的特征和状态之间的关系则用“关系矩阵”来联系(图6-2)。

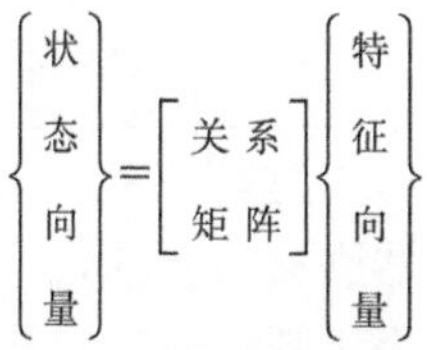

{状态向量} = [关系矩阵] {特征向量}

图6-2　关系矩阵的含义

在逻辑诊断中,机器的特征只用两个简单的语言“有”和“无”来表示,机器的状态也只用两个简单的语言“好”与“坏”来表示。而对于只具有两种值的变量,在数学上可用最方便的数值“1”和“0”来表示。而一个变量 x 只能取值为1或0,则称这种变量为逻辑变量。如果在函数关系式 $y=F(x_1,x_2,\cdots,x_n)$ 中,自变量 $x_1,x_2,\cdots,x_n$ 和因变量 y 都是逻辑变量,则函数 $F(x_1,x_2,\cdots,x_n)$ 称为逻辑函数或布尔函数。

6.2.1　基本逻辑运算

(1)逻辑“或”。逻辑“或”又称为逻辑“和”,其函数关系式为:$y=x_1+x_2$。它的实际意义是,当 x_1 和 x_2 中任何一个取值为1时,y 取值为1;否则,y 取值为0。表6-7为逻辑“或”的真值表。

(2)逻辑“与”。逻辑“与”又称逻辑“乘”,其函数关系式为:$y=x_1\cdot x_2$。它的实际意义是:当 x_1 和 x_2 都取值为1时,y 才取值为1;否则,y 取值为0。表6-8为逻辑“与”真值表。

逻辑“或”的真值表　　表6-7

x_2	x_1	
	0	1
0	0	1
1	1	1

逻辑“与”的真值表　　表6-8

x_2	x_1	
	0	1
0	0	0
1	0	1

(3)逻辑“非”。逻辑“非”的函数关系式为:$y=\bar{x}$,即当 x 取值为1时,y 取值为0;当 x 取值为0时,y 取值为1。它的实际意义是,当事件 x 发生时,y 必然不发生;当 x 不发生时,y 必然发生。表6-9为逻辑“非”的真值表。

逻辑“非”的真值表　　表6-9

x	0	1
$y=\bar{x}$	1	0

(4)“同一”。“同一”是指两个概念间内涵不同,但外延完全相同的关系。“同一”的

符号为：$x_1 \leftrightarrow x_2$，函数关系式为：$y = x_1x_2 + \bar{x}_1\bar{x}_2$。它的实际意义是，只有当 x_1 和 x_2 取值相同时，即同“有”或同“无”时，其函数的值为1，否则，取值为0。“同一”真值表见表6-10。

（5）“蕴含”。逻辑学中的“蕴含”就相当于日常用语中的“如果……，那么……”。“A蕴含B”的意思就是：如果A真，那么B一定真。“蕴含”用符号表示为：$x_1 \rightarrow x_2$，它的函数关系式为 $y = \bar{x}_1 + x_2$。它表示有 x_1 存在，则必然有 x_2 存在；反过来，如果 x_2 不存在，则 x_1 一定不存在。“蕴含”的真值表见表6-11。

“同一”的真值表 表6-10

x_2	x_1	
	0	1
0	1	0
1	0	1

“蕴含”的真值表 表6-11

x_2	x_1	
	0	1
0	1	0
1	1	1

“蕴含”的含义可以用表6-12中的例子来说明：润滑油中含铁量高（$x_1 = 1$）蕴含着机器磨损（$x_2 = 1$），这时可以用 $x_1 \rightarrow x_2$ 来表示。y 取值为1表示判断的事实成立，y 取值为0表示判断的事实不成立。表6-12中的第1行说明只要机器没有磨损（$x_2 = 0$），则润滑油中含铁量一定不高（$x_1 = 0$），即 x_2 假，则 x_1 一定假，这个判断成立（$y = 1$）。同时第1、2行也说明，从油中含铁量不高（$x_1 = 0$）并不能推断机器是否磨损，因此，此时 x_2 可取0，也可取1，判断都可以成立（$y = 1$）。第3行说明如果润滑油中含铁量高（$x_1 = 1$）还判定机器没有磨损（$x_2 = 0$），这个判断是错误的（$y = 0$）。真正对诊断起作用的是表中的第4行，即从油中含铁量高（$x_1 = 1$）来推断机器的磨损（$x_2 = 1$），由此 x_1、x_2 和 y 均取值为1。

用“蕴含”关系推断机器磨损状态 表6-12

润滑油中含铁量高（x_1）	机器磨损（x_2）	推论成立（y）	说 明
0	0	1	油中含铁量不高，机器没有磨损，成立
0	1	1	油中含铁量不高，但机器已经磨损，成立（如：已经更换润滑油）
1	0	0	油中含铁量高，机器没有磨损，不成立
1	1	1	油中含铁量高，机器已磨损，成立

6.2.2 逻辑诊断

某机器的第 i 种特征用 K_i 表示，则：

$$\begin{cases} K_i = 0, & \text{机器有第 } i \text{ 种特征} \\ K_i = 1, & \text{机器无第 } i \text{ 种特征} \end{cases} \tag{6-1}$$

某机器的第 j 种状态用 S_j 表示，则：

$$\begin{cases} S_j = 0, & \text{机器有第 } j \text{ 种状态} \\ S_j = 1, & \text{机器无第 } j \text{ 种状态} \end{cases} \tag{6-2}$$

设 $\boldsymbol{K} = \{K_1, K_2, \cdots, K_n\}$ 为该机器的特征向量，$\boldsymbol{S} = \{S_1, S_2, \cdots, S_m\}$ 为该机器的状态向量，E 为诊断规则，则可以根据机器的特征向量 $\boldsymbol{K}$ 和诊断规则 E 判断机器的状态 $\boldsymbol{S}$。

【实例6-3】 发动机故障逻辑诊断。

已知某发动机运行时具有以下特征：K_1——冒黑烟；K_2——温度升高。可能是以下故障（状态）导致：S_1——火花塞点火不良；S_2——化油器调整不良。诊断规则见表6-13。

发动机故障诊断规则 表6-13

编号	规　则	描　述
1	$E_1 = S_1 \to K_1$	火花塞点火不良会导致发动机冒黑烟；如果发动机没有冒黑烟，则说明火花塞没有点火不良
2	$E_2 = K_2 \to \overline{S}_1$	发动机温度升高，则火花塞点火正常；如果火花塞点火不正常，则发动机不会温度升高
3	$E_3 = S_2 \to K_1 K_2$	化油器调整不良会导致发动机冒黑烟且温度升高；如果没有同时出现发动机冒黑烟且温度升高，说明化油器调整良好

已知发动机运行过程中表现出以下两种特征，请判断其状态（诊断其故障）：

（1）在冒黑烟的同时温度升高，即 $G = K_1 K_2 = 1$；

（2）冒黑烟，但温度没有升高，即 $G = K_1 \overline{K}_2 = 1$。

根据表6-13，总的判断规则为 $E = E_1 E_2 E_3$，运用“蕴含”运算规则，可化简为：

$$
\begin{aligned}
E &= (S_1 \to K_1)(K_2 \to \overline{S}_1)(S_2 \to K_1 K_2) \\
&= (\overline{S}_1 + K_1)(\overline{K}_2 + \overline{S}_1)(\overline{S}_2 + K_1 K_2) \\
&= (\overline{S}_1 + K_1 \overline{K}_2)(\overline{S}_2 + K_1 K_2)
\end{aligned}
$$

因此，可以作如下判断：

（1）当 $G = K_1 K_2 = 1$ 时，带入总的判断规则为：$E = (\overline{S}_1 + 0)(\overline{S}_2 + 1) = \overline{S}_1$，即火花塞没有点火不良；

（2）当 $G = K_1 \overline{K}_2 = 1$ 时，带入总的判断规则为：$E = (\overline{S}_1 + 1)(\overline{S}_2 + 0) = \overline{S}_2$，即化油器没有调整不良。

6.3 故障树分析

对于一个结构复杂、故障因素多的机械系统，故障树分析（Fault Tree Analysis，FTA）能系统性、准确性和预测性地对系统可能产生的安全性问题作出全面、逻辑的分析，判定系统内固有的或潜在的各种危险因素，全面了解和掌握机械的运行安全性，从而降低事故发生的可能性。

早在1961—1962年，美国贝尔（Bell）电话实验室的Watson和Mearns首先利用故障树分析对民兵式导弹的发射控制系统进行了安全性预测。其后，波音（Boeing）公司的Hassle、Shredder和Jackson等人研制出故障树分析计算程序，使飞机设计有了重要的改进。1974年，美国核研究委员会（NRC）发表了麻省理工学院（MIT）以Rasmussen教授为首的安全小组采用事件树分析（Event Tree Analysis，ETA）和故障树分析写的“商用轻水堆核电站事件危险性评价”报告，分析了大型核电站可能发生的各种事故的概率。这一报告的发表引起了很大的反响，使故障树分析从宇航、核能领域迅速推广到电子、化工和机械等工业部门,并进而在风险评价、社会管理、经济管理和军事决策等领域得到应用。目前,故障树分析已经是安全系统工程的主要分析方法之一。

故障树分析是"在系统设计过程中,通过对造成系统失效的各种因素(包括硬件、软件、环境、人为因素)进行分析,画出逻辑框图(即故障树),从而确定系统失效原因的各种可能组合方式或其发生的概率,以计算系统失效概率,采取相应的纠正措施,以提高系统可靠性的一种设计分析方法"。

图 6-3 为机械系统故障树分析的一个例子。在故障树分析中,一般把所研究系统最不希望发生的故障状态作为分析的目标。其中,最不希望发生的系统故障事件称为顶事件(Top Event);然后,找出直接导致这一故障发生的全部直接因素,作为第二级。随后,再找出造成二级事件发生的全部直接因素作为第三级;……如此逐级展开,一直追溯到那些不能再展开或无须再深究的最基本的故障事件为止。而不能再展开或无须再深究的最基本的故障事件称为底事件(Bottom Event);介于顶事件和底事件之间的其他故障事件称为中间事件(Intermediate Event)。把顶事件、中间事件和底事件用适当的逻辑门自上而下逐级连结起来所构成的逻辑结构图就是故障树。

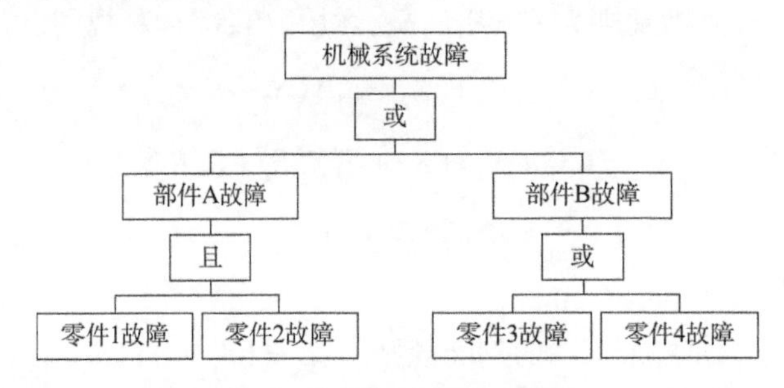

图 6-3　机械故障树分析的例子

以图 6-3 为例,该机械系统的故障是由部件 A 或部件 B 故障所引起;而部件 A 的故障又由零件 1 和零件 2 同时故障引起;部件 B 的故障由零件 3 或零件 4 的故障引起。可以看出,故障树严格地表示了系统各组成单元之间的逻辑关系。它是基于故障的层次特性及因果关系,将系统的故障原因由总体至部件按树枝状进行逐级细化的演绎分析方法。

在设计环节,故障树分析可以帮助设计者弄清机械系统的故障模式和成功模式;预测系统的安全性和可靠性;评价系统的风险;衡量零、部件对系统的重要度;找出系统的薄弱环节,以便在设计中进行改进。在管理和维修中,可进行事故分析和系统故障分析,完善使用方法,预防故障的发生;制定故障诊断和检修流程;寻找故障检测最佳部位和分析故障原因;制定维修决策。

故障树相当直观、形象地表述了系统的内在联系和逻辑关系。如果从顶事件向下分析,就可找出机械系统故障与哪些部件、零件的状态有关,从而全面弄清引起系统故障的原因和部位;如果由故障树的下端,即每个底事件往上追溯,则可分辨零件、部件故障对系统故障的影响及其传播途径,对于评价各零部件的故障保证系统可靠性、安全性工作具有重要的意义。

故障树分析的优点主要体现在以下几个方面:

(1)因果关系清晰、形象。故障树分析对导致事故的各种原因及逻辑关系能作出全面、清晰、形象的描述，从而使有关人员了解和掌握安全控制的重点和采取的措施。

(2)分析因素完整全面。故障树分析既可考虑系统硬件(部件、零件)本身故障原因，又可考虑环境因素引起的故障原因，还可考虑由于错误指令而引起的指令性人为故障。

(3)既可定性分析，又可定量分析和系统评价。通过故障树定性分析，确定各基本事件对事故影响的大小，从而可确定对故障诊断优先顺序；通过故障树定量分析，确定各基本事件对顶事件(事故)的重要度，确定各基本事件对顶事件事故发生的影响程度，为制定科学、合理的安全控制措施提供依据。

但是，对于复杂系统而言，其建立故障树的工作量非常大，数据收集也比较困难。因此，要求分析人员对所研究的对象有透彻的了解，要具有比较丰富的设计和运行经验，以及较高的知识水平和严密清晰的逻辑思维能力。

6.3.1　故障树中的常用符号

故障树分析中所用的符号主要有故障事件符号、逻辑门符号以及转移符号。

1)事件符号

常用的故障树事件符号见表6-14。

故障树中的事件符号　　表6-14

<table>
<tr><th>序号</th><th colspan="2">名　称</th><th>符　号</th><th>说　明</th></tr>
<tr><td>1</td><td rowspan="2">底事件
(bottom event)</td><td>基本事件
(basic event)</td><td></td><td>不能再分解或无须再分解的最基本事件，它总是某个逻辑门的输入事件。由于总处于故障树分支的末端，故称为底事件</td></tr>
<tr><td>2</td><td>未探明事件
(undeveloped event)</td><td></td><td>原则上应当探明其原因，但暂不必或不能探明其原因的底事件，又称省略事件，或不完整事件。
未探明的原因通常有：
①更详细地分析在技术上无意义；
②事件发生的概率极小；
③再分析到下一级将找不到可靠性数据；
④事件发生原因不明</td></tr>
<tr><td>3</td><td rowspan="2">结果事件
(resultant event)</td><td>顶事件
(top event)</td><td></td><td rowspan="2">由其他事件或事件组合所导致的事件叫作结果事件。若该事件是FTA最关心的最后结果事件，且位于故障树顶端，故称为顶事件。位于底事件和顶事件之间的叫中间事件，它既是上级事件的原因，又是下级事件的结果</td></tr>
<tr><td>4</td><td>中间事件
(intermediate event)</td><td></td></tr>
<tr><td>5</td><td rowspan="2">特殊事件
(special events)</td><td>开关事件
(switch event)</td><td></td><td>已经发生或者必将发生的特殊事件。有时表示开关事件，即作为逻辑门导通条件的事件。开关事件也是底事件</td></tr>
<tr><td>6</td><td>条件事件
(conditional event)</td><td></td><td>在故障树分析中需要用特殊符号说明其发生条件、特殊性或需要引起注意的事件</td></tr>
</table>

注：出自《故障树名词术语和符号》(GB/T 4888—2009)。

2)逻辑门符号

表示事件之间的逻辑关系的逻辑门符号见表6-15。

逻辑门符号 表6-15

序号	名称		符号	说明
1	基本门	与门 (AND gate)		仅当所有输入事件都发生时,输出事件才发生。与门表示了输入与输出之间的一种因果关系
2		或门 (OR gate)	+	至少一个输入事件发生时,输出事件就会发生。或门并不传递输入与输出之间必然的因果关系
3		非门 (NOT gate)	~	输出事件是输入事件的逆事件
4	修正门	顺序与门 (sequential AND gate)	顺序条件	仅当输入的事件按照规定的顺序依次发生时,输出事件才发生
5		持续时间与门 (XXXXX)	时间条件	仅当输入事件发生并持续一定时间时,输出事件才发生
6		表决门 (voting gate)	r/n	仅当 n 个输入事件中有 r 个或 r 个以上事件发生时,输出事件才发生($1 \leqslant r \leqslant n$)
7		亦或门 (exclusive-OR gate)	+ 不同时发生	在诸输入事件中,仅当单个事件发生时,输出事件才发生
8	特殊门	禁门 (inhibit gate)	打开条件	仅当条件事件发生时,单个输入事件的发生才导致输出事件的发生

注:出自《故障树名词术语和符号》(GB/T 4888—2009)。

(1)与门。表示仅当所有输入事件都发生时,输出事件才发生。假设与门的输入事件为 $B_1,B_2,\cdots,B_n$,输出事件为 A,则输出事件与输入事件之间的逻辑关系用式(6-3)表示:

$$A = B_1 \cap B_2 \cap \cdots \cap B_n \tag{6-3}$$

(2)或门。表示只要有一个输入事件发生时,输出事件就会发生。假设或门的输入事件为 $B_1,B_2,\cdots,B_n$,输出事件为 A,则输出事件与输入事件之间的逻辑关系用式(6-4)表示:

$$A = B_1 \cup B_2 \cup \cdots \cup B_n \tag{6-4}$$

(3)表决门(n 取 k 门)。表示当 n 个输入事件中有至少有 k 个($k \leqslant n$)同时发生时,输出事件就会发生。图6-4所示为表决门的实例,为一个由3台水泵构成的3取2系统[图6-4a)],只要有任何两台水泵故障,系统就会故障。图6-4b)所示是该系统的故障树表示。

(4)禁门。禁门只有一个输入事件,右侧的长框内是条件事件,只有当该条件事件发生时,输入事件的发生才能导致输出事件发生。图 6-5 所示为禁门运用实例。

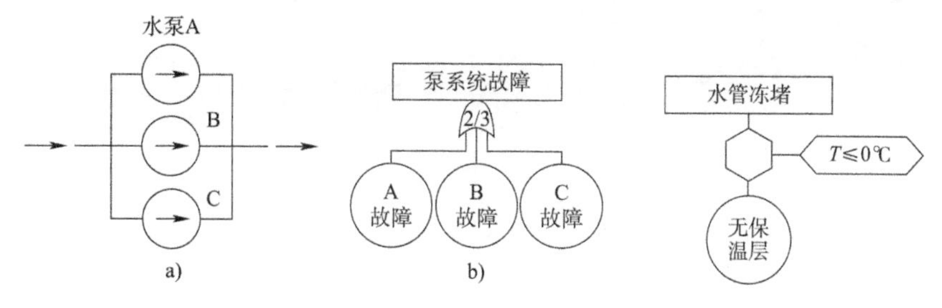

图 6-4 三取二系统的故障树

图 6-5 禁门运用实例

3)转移符号

转移符号见表 6-16。它是为了减轻建立故障树的工作量,避免在故障树中出现重复,使图形简明而设置的,其中的字符用以指明子树的位置。

转 移 符 号 表 6-16

序号	名　　称		符　　号	说　　明
1	相同转移符号(identical transfer symbol)	相同转出	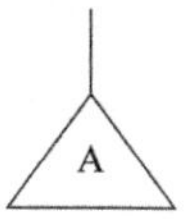 A	表示“下面将转到以字符为代号的子树去”
2		相同转至	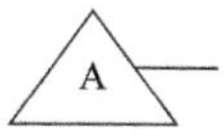 A	表示“由具有相同字符代号处转至这里来”
3	相似转移符号(similar identical transfer symbol)	相似转出	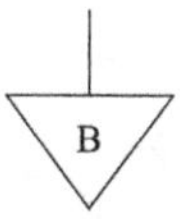 B	表示“下面将转到以字符为代号的相似子树去”
4		相似转至	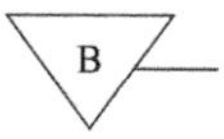 B	表示“由具有相同字符代号的相似子树转至这里来”

注:出自《故障树名词术语和符号》(GB/T 4888—2009)。

转移符号通常在以下场合使用:①当故障树需绘成多页时,用以表示各页故障树分支的连接关系;②当故障树中有相同的子树时,为不重复作图,则应用相同转移符号进行简化;③利用此类符号将故障树拆开布置,使图面布局均衡。因此,一个转出符号至少应有一个转入符号与之对应,并标以相同的编码。

图 6-6 所示为转移符号应用实例。其中,“发动机 B 故障”[图 6-6b)]的故障子树与“发动机 A 故障”的故障子树完全相同[图 6-6a)],仅底事件的编号不同,故可用相同转移符号 A 进行简化,只需将“发动机 A 故障”故障子树中的底事件编号 1 ~ 6 一一变为 7 ~ 12 即可。而对于“发动机 C 故障”,在图 6-6a)中未绘出,其子树构成如图 6-6c)所示,原故障树与子树之间用符号 B 相呼应。

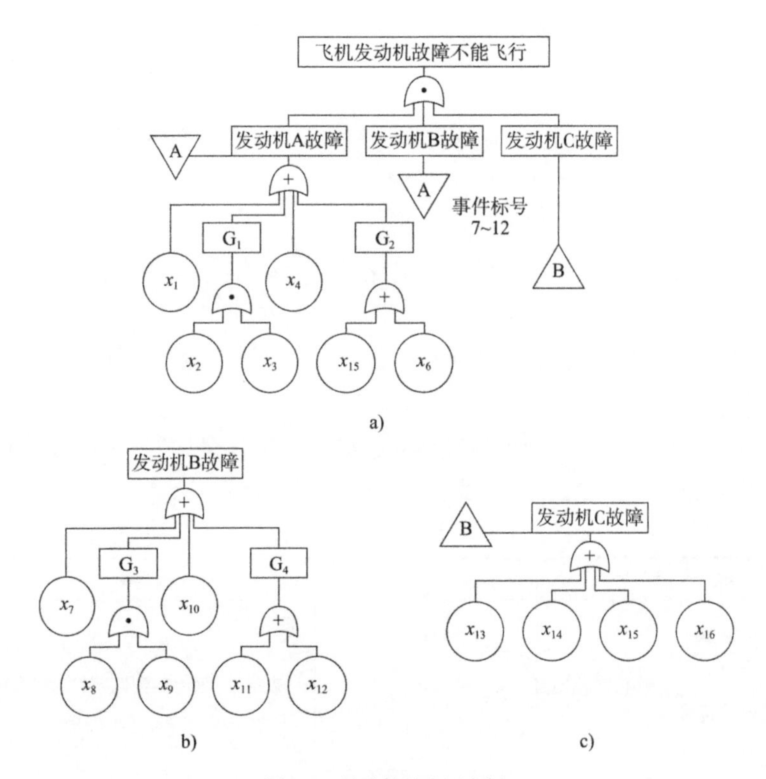

图 6-6　转移符号应用实例

6.3.2　故障树分析的基本步骤

故障树分析一般需经过以下几个步骤：

(1)确定故障树的顶事件。顶事件应是针对所研究对象的系统级故障事件，是在各种可能的系统故障中筛选出来的最危险的事件。对于复杂的系统，顶事件不是唯一的，分析的目标、任务不同，应选择不同的顶事件，但顶事件要求满足：①顶事件必须是机械的关键问题，它的发生与否必须有明确的定义。②顶事件必须是能进一步分解的，即可以找出使顶事件发生的次级事件。③顶事件必须能够度量。

(2)确定边界条件。根据选定的顶事件，合理地确定建立故障树的边界条件，以确定故障树的建立范围。故障树的边界条件应包括：①初始状态。当系统中的部件有数种工作状态时，应指明与顶事件发生有关的部件的工作状态。②不容许事件。在建立故障树的过程中认为不容许发生的事件。③必然事件。系统工作时在一定条件下必然发生的事件和必然不发生的事件。

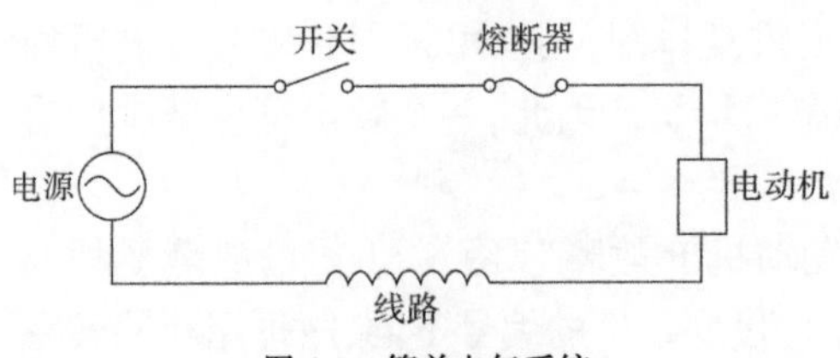

图 6-7　简单电气系统

现以图 6-7 所示的简单电气系统为例，说明顶事件和边界条件的关系。该电气系统的故障状态有两种可能：一是电动机不转动；二是电动机虽转动，但温升过高，不能按要求长时间工作。对应于这两种故障状态的顶事件和边界条件列于表 6-17 中。

简单电气系统的顶事件和边界条件 表6-17

顶事件	电动机不转	电动机过热
初始状态	开关闭合	开关闭合
不容许事件	外来因素导致系统失效（不包括人为因素）	外来因素导致系统失效
必然事件	无	开关闭合

(3)分析顶事件发生的原因。顶事件发生的原因需从三个方面来考虑:①系统在设计、制造和运行中的问题,如设计或制造的质量问题、运行时间的长短等;②外部环境对系统故障的影响,如发动机起动性能与季节的关系等;③人为失误造成顶事件的发生,如操作者的技术水平和熟练程度等。因此,故障树分析必须由技术人员、设计人员和操作人员密切合作,透彻了解系统,才能分析和推出所有造成顶事件发生的各种次级事件。

(4)逐层展开并建立故障树。从顶事件开始,逐级向下演绎分解展开,直至底事件,建立所研究的系统故障和导致该系统故障诸因素之间的逻辑关系,并将这种关系用故障树的图形符号(表6-14~表6-16)表示,构成以顶事件为根、若干中间事件和底事件为干枝和分枝的倒树图形。需要注意的是,建立故障树时不允许门-门直接相连,门的输出必须用一个结果事件清楚定义。

在建立故障树时要明确系统和部件的工作状态。如果是故障状态,就应明确是什么故障状态,其发生的条件是什么。在确定边界条件时,一般把小概率事件当作不容许事件,在建立故障树时可不考虑。例如,在图6-7所示的例子中,忽略了导线和接头的故障。但是,小部件的故障或小故障事件是两个不同的概念。有些小部件故障或多发性的小故障事件所造成的危害可能远大于一些大部件或重要设备的故障所导致的后果,如挑战者号航天飞机的爆炸就只源于一个密封圈失效的"小故障"。有的故障发生概率虽小,可是一旦发生,则后果严重,这类事件就不能忽略。

(5)化简故障树。为了便于定性和定量分析,需对初始绘出的故障树进行化简,包括:去掉多余的逻辑事件;将不是与门、或门的逻辑门,按逻辑门等效变换规则变成等效的与门和或门的组合。化简的方法有"修剪"法、模块法、卡诺图法和计算机辅助化简法等。对于一般的故障树,可利用逻辑函数构造其结构函数,然后再应用逻辑代数运算规则来对其进行简化,获得等效的故障树。

(6)故障树的定性分析。故障树的定性分析就是寻找系统故障的割集和最小割集,并基于所获得的割集和最小割集分析系统获得系统故障的完整集合,以及各基本事件的对于系统故障的影响等信息。系统的最小割集分析不仅可为防止系统潜在事故的发生起着重要作用,也可为修复故障机械、确定维修顺序提供科学线索。

(7)故障树的定量分析。当有了各零、部件的故障概率数据后,就可以根据故障树的逻辑图,对系统故障作定量分析。定量分析可以得到系统故障发生的概率、最不可靠割集和结构的重要度等,根据它们就可判别系统的可靠性、安全性及系统的最薄弱环节。

在工程应用中,可视具体情况灵活选择定性分析或定量分析,许多时候定性分析也能取得较好的效果。

6.3.3 故障树的建立

建立故障树、进行故障树分析要经过以下几个基本程序：

(1)熟悉系统。详细了解机械系统状态及各种参数，绘出工艺流程图或布置图。

(2)调查事故。收集机械事故案例，进行事故统计，了解机械系统可能发生的事故。

(3)确定顶事件。对机械所发生的事故进行全面分析，从中找出后果严重且较易发生的事故作为顶事件。

(4)确定目标值。根据经验教训和事故案例，统计分析求解事故发生的概率(频率)，以此作为要控制的事故目标值。

(5)调查原因事件。调查与事故有关的所有原因事件和各种因素。

(6)画出故障树。从顶事件开始，逐级找出直接原因的事件，直至所要分析的深度，按其逻辑关系，画出故障树。

(7)简化故障树。按故障树结构进行简化，删除冗余的事件。

建立故障树是在仔细地分析系统顶事件发生原因的基础上进行的。下面分别以轴承故障、内燃机不能发动和电动机过热等为顶事件，建立它们的故障树。

【实例 6-4】 内燃机不能发动的故障树。

图 6-8 是内燃机不能发动的故障树。它首先取决于三个“一级”次级事件：燃烧室缺油、活塞不能压缩和火花塞不点火。这三个次级事件只要有一个发生，顶事件都将发生，用“或门”连接。“一级”次级事件又可进一步分解为若干个“二级”次级事件。其中，燃烧塞缺油和火花塞不点火的“二级”次级事件不能进一步分解而作为底事件；活塞不能压缩可以进一步分解，直至分到不能再分解的底事件为止。

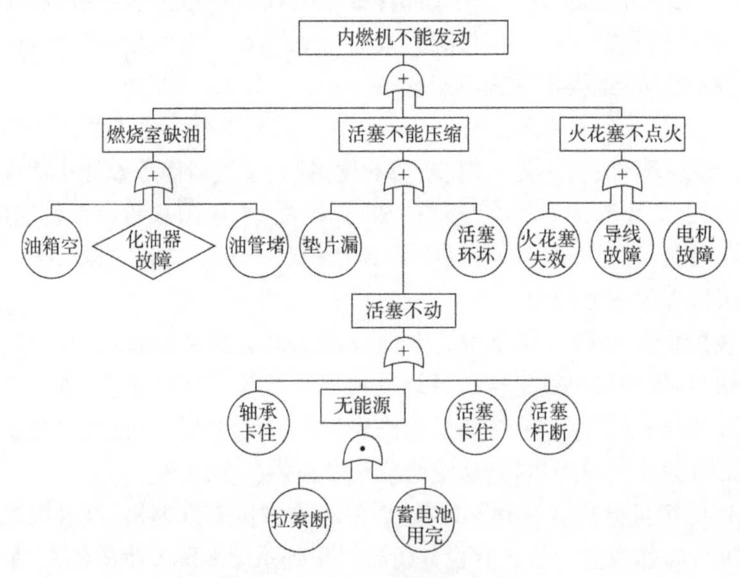

图 6-8 内燃机不能发动的故障树

【实例 6-5】 电动机过热的故障树。

电动机过热故障树(图 6-9)由三个“一级”次级事件组成：电动机电流过大、电动机润滑不良或散热不好、负荷过大或工作时间过长。这三个次级事件只要有一个发生，顶事件就发生，用“或门”连接。其中，只有次级事件——电动机电流过大可以进一步分解，其他两个次级事件既是一级次级事件，又是底事件。

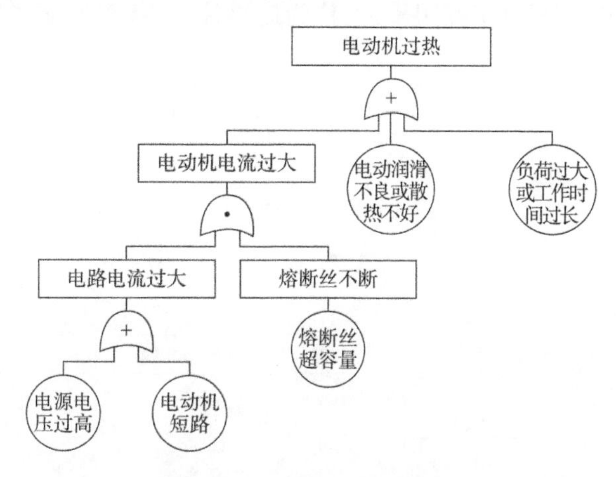

图 6-9　电动机过热的故障树

【实例 6-6】　轴承故障的故障树。

轴承故障的故障树(图 6-10)可分解为两个“一级”次级事件：轴承材料升温和主机未停机。这两个次级事件要同时发生，顶事件才发生，用“与门”连接。每个一级次级事件又可进一步分解为“二级”次级事件……，直至分到底事件为止。

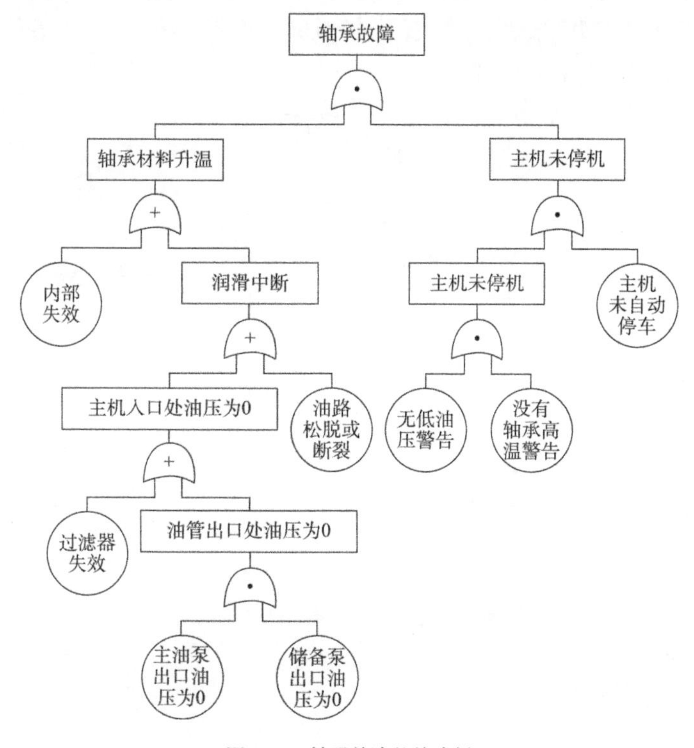

图 6-10　轴承故障的故障树

【实例6-7】 电动机不转故障的故障树。

电动机不转故障的故障树(图6-11)由两个"一级"次级事件——线路上无电流和电动机故障引起。两个事件中只要有一个发生,顶事件就会发生,用"或门"连接。其中,电动机故障没有进一步细分,是未探明事件,作为底事件;而线路上无电流进行了进一步的细分。

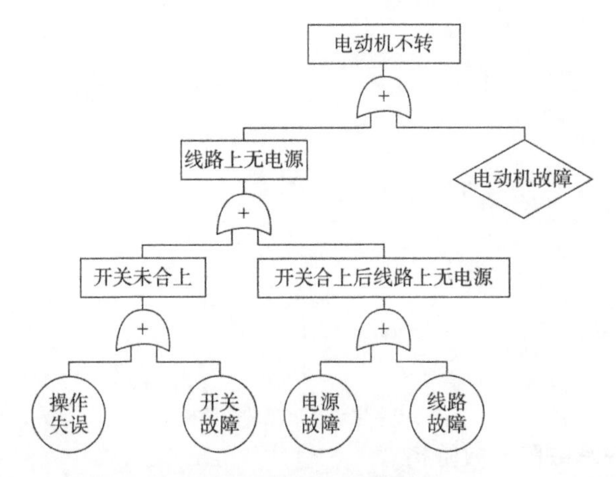

图6-11 电动机不转故障树

【实例6-8】 遥控发动机不点火故障的故障树。

遥控发动机是装在卫星本体内的大型发动机,遥控发动机不点火事件(图6-12)的发生或者是由于发动机故障或卫星本体上发生了与之有关的故障,或者是未接到点火指令两大原因,这两者是"一级"事件,用"或门"与顶事件连接。对"一级"事件进行进一步划分可找出"二级"事件,直至底事件。

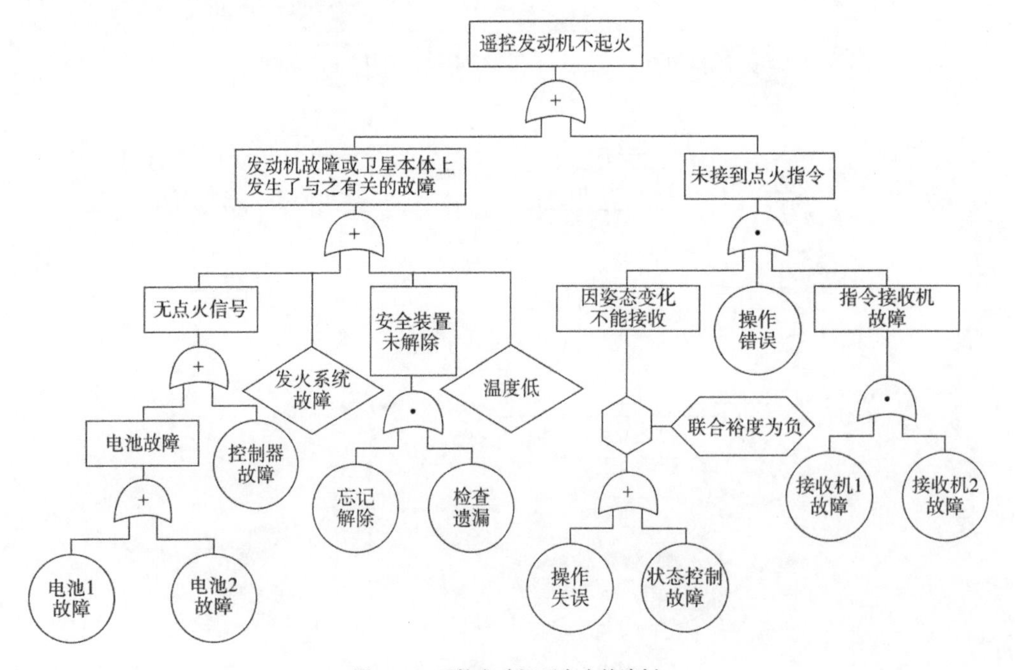

图6-12 遥控发动机不点火故障树

6.3.4 故障树结构函数

故障树是由系统的全部底事件通过逻辑关系联系而成,且系统的全部底事件又只有失效和不失效两种可能。因此,可以用逻辑函数作为系统故障的结构函数,作为对故障树进行定性和定量分析的基础。

考虑由 n 个不同的独立底事件构成的故障树,系统故障为故障树的顶事件,记作"T";系统各零部件的失效为故障树的底事件,用 $x_1,x_2,\cdots,x_n$ 表示底事件的状态。故障树顶事件的状态可由底事件的状态 $x_i(i=1,2,\cdots,n)$ 表达:

$$\varphi(x)=\varphi(x_1,x_2,\cdots,x_n) \tag{6-5}$$

称逻辑函数 $\varphi(x)$ 为故障树的结构函数。对于顶事件和底事件,都仅考虑两种状态,即失效和不失效。

则底事件的状态:

$$x_i=\begin{cases}1, & \text{当第 } i \text{ 个事件发生时} \\ 0, & \text{当第 } i \text{ 个事件不发生时}\end{cases} \quad i=1,2,\cdots,n \tag{6-6}$$

顶事件的状态:

$$\varphi(x)=\begin{cases}1, & \text{当顶事件发生时} \\ 0, & \text{当顶事件不发生时}\end{cases} \tag{6-7}$$

它们都是布尔函数。

图 6-13 所示"与门"的结构函数为:

$$\varphi(x)=\prod_{i=1}^{n}x_i \tag{6-8}$$

式(6-8)的工程意义是:当全部底事件都发生,即全部 x_i 都取值 1 时,顶事件才发生(即 $\varphi(x)=1$)。

图 6-14 所示"或门"的结构函数为:

$$\varphi(x)=\sum_{i=1}^{n}x_i \tag{6-9}$$

式(6-9)的工程意义是:只要系统中任一个底事件发生,顶事件就发生。

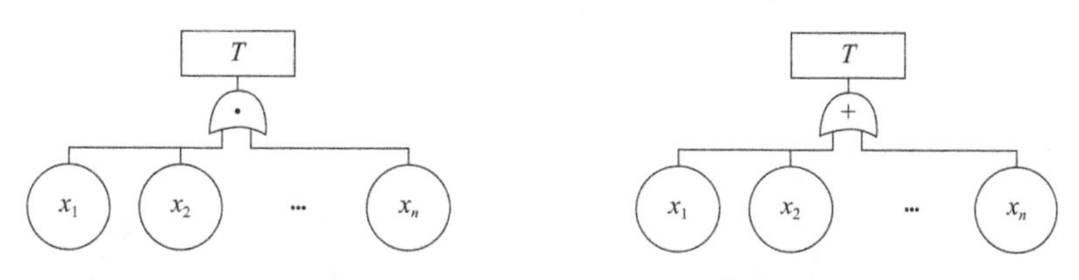

图 6-13 "与门"故障树　　图 6-14 "或门"故障树

对于一般的故障树,可先写出其结构函数,然后利用逻辑代数运算规则和逻辑门等效变换规则获得对应的简化故障树,下面举几个例子说明。

内燃机不能起动故障的故障树(图 6-8)用符号表示为图 6-15,它的结构函数为:

$$\begin{aligned}\varphi(x) &= G_1 + G_2 + G_3 \\ &= (x_1 + x_2 + x_3) + (x_4 + G_4 + x_5) + (x_6 + x_7 + x_8) \\ &= (x_1 + x_2 + x_3) + [x_4 + (x_9 + G_5 + x_{10} + x_{11}) + x_5] + (x_6 + x_7 + x_8) \\ &= (x_1 + x_2 + x_3) + \{x_4 + [x_9 + (x_{12} \cdot x_{13}) + x_{10} + x_{11}] + x_5\} + (x_6 + x_7 + x_8) \\ &= x_1 + x_2 + \cdots + x_{11} + x_{12} \cdot x_{13}\end{aligned}$$

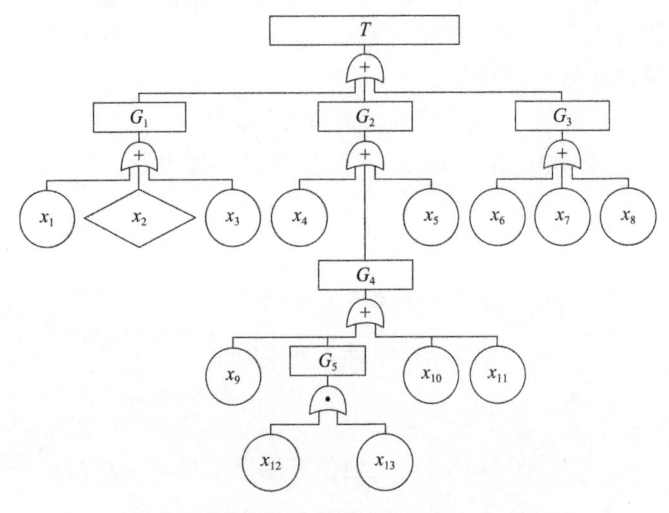

图 6-15　用符号表示的内燃机不能发动的故障树

图 6-9 电动机过热的故障树用符号表示如图 6-16，它的结构函数为：

$$\begin{aligned}\varphi(x) &= G_1 + x_1 + x_2 \\ &= G_2 \cdot G_3 + x_1 + x_2 \\ &= (x_3 + x_4)x_5 + x_2 \\ &= x_3x_5 + x_4x_5 + x_2\end{aligned}$$

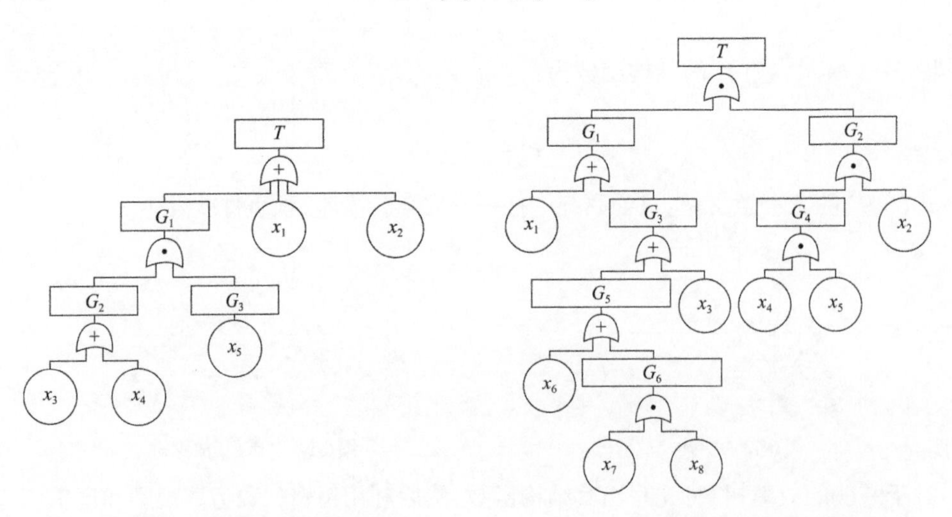

图 6-16　用符号表示的电动机过热故障树

图 6-17　用符号表示的轴承故障树

图 6-10 所示的轴承故障的故障树可用符号表示为图 6-17，它的结构函数为：

$$
\begin{aligned}
\varphi(x) &= G_1 \cdot G_2 \\
&= (x_1 + G_3) \cdot (G_4 \cdot x_2) \\
&= [x_1 + (G_5 + x_3)] \cdot (x_2 \cdot x_4 \cdot x_5) \\
&= (x_1 + x_6 + G_6 + x_3) \cdot x_2 \cdot x_4 \cdot x_5 \\
&= (x_1 + x_6 + x_7 \cdot x_8 + x_3) \cdot x_2 \cdot x_4 \cdot x_5 \\
&= x_1x_2x_4x_5 + x_2x_4x_5x_6 + x_2x_4x_5x_7x_8 + x_2x_3x_4x_5
\end{aligned}
$$

6.3.5 故障树的简化

为了进行定性和定量分析,必须对故障树的结构函数进行简化,以减少分析的工作量。

1)特殊门的简化

(1)顺序与门变换为与门。顺序与门[图6-18a)]变换为与门[图6-18b)]时,输出和其余输入不变,顺序条件事件 X 作为一个新的输入事件。

(2)禁门转换为与门。禁门[图6-19a)]变换为与门[图6-19b)]时,原输出事件 T 不变,与门之下有两个输入,一个为原输入事件 A,另一个 X 为禁门打开的条件事件。

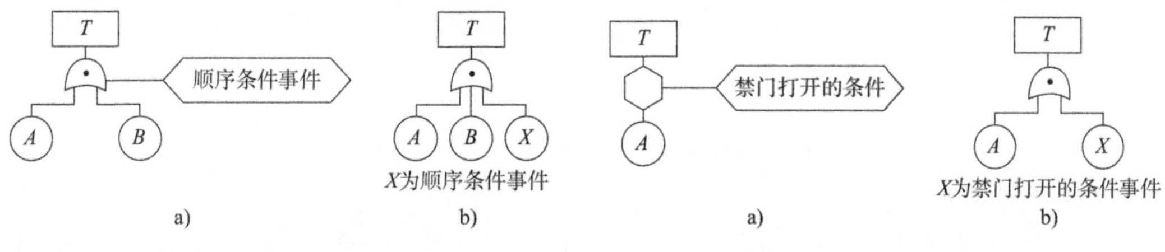

图6-18 顺序门变换为与门

图6-19 禁门变换为与门

(3)表决门变换为或门和与门的组合。一个 r/n 表决门有以下两种等效变换,都为或门和与门的组合。

①表决门[图6-20a)]转换时,原输出事件下接一个或门,或门之下有 C_n^r 个输入事件(中间事件),每个输入事件之下再接一个与门,每个与门之下是 r 个输入事件(底事件)[图6-20b)]。

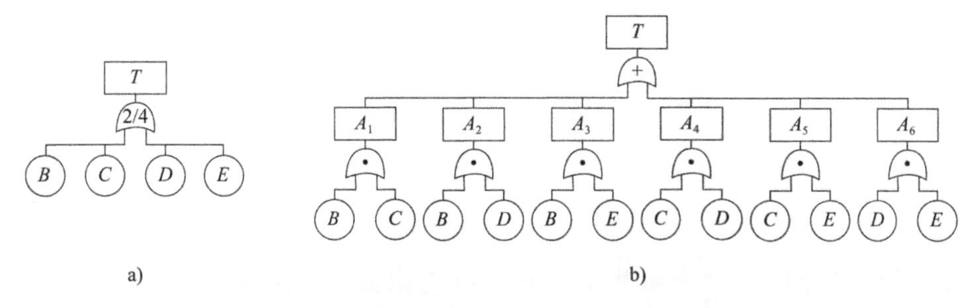

图6-20 2/4 表决门变换为或门和与门的组合(方法一)

②原输出事件下接一个与门,与门之下有 n 个输入事件(中间事件),每个输入事件之下再接一个或门,每个或门之下有 C_n^{n-r+1} 个原输入事件(底事件)[图6-21b)]。

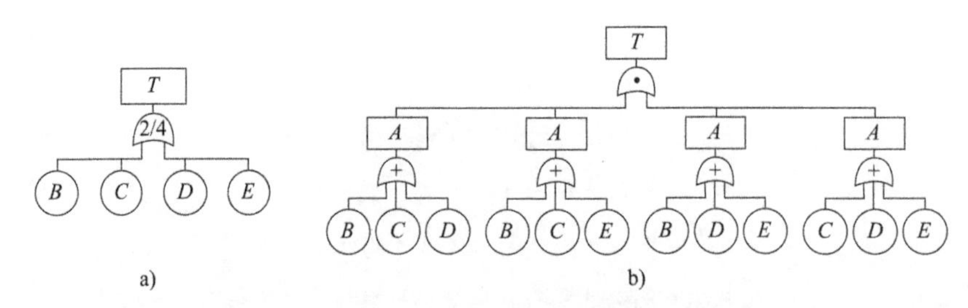

图6-21　2/4 表决门变换为或门和与门的组合(方法二)

(4)异或门转换为或门、与门和非门的组合。异或门[图6-22a)]转换时,原输出事件不变,异或门变为或门,或门下接两个与门,每个与门之下分别接一个原输入事件和一个非门。非门之下接一个原输入事件[图6-22b)]。

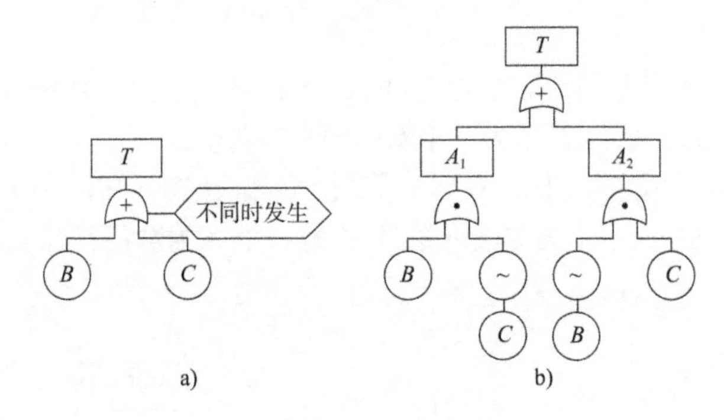

图6-22　异或门变换为或门、与门和非门的组合

2)用转移符号简化

(1)用相同转移符号表示相同子树。使用相同转移符号可将图6-23a)变为图6-23b)。

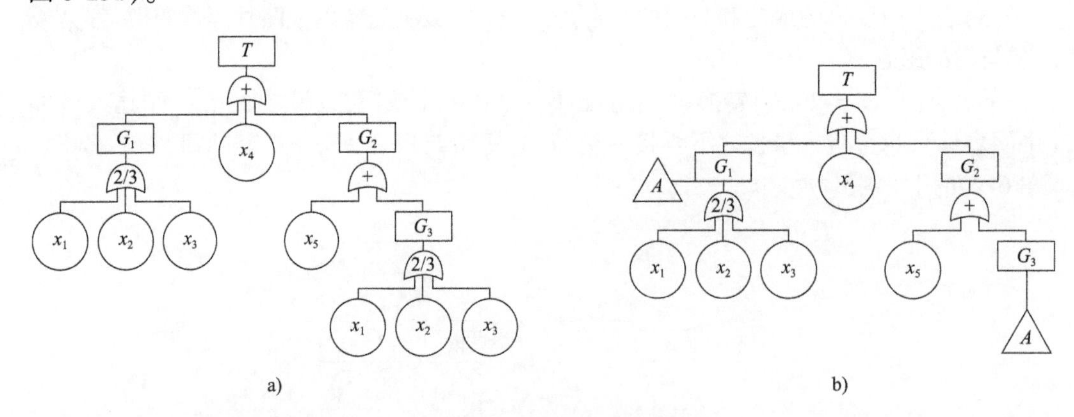

图6-23　使用相同转移符号简化

(2)用相似转移符号表示相似子树。使用相似转移符号可将图6-24a)变为图6-24b)。

3)按布尔代数的运算法则简化

结构函数的简化也可利用布尔代数的运算法则进行,下面通过举例来说明简化的方法。

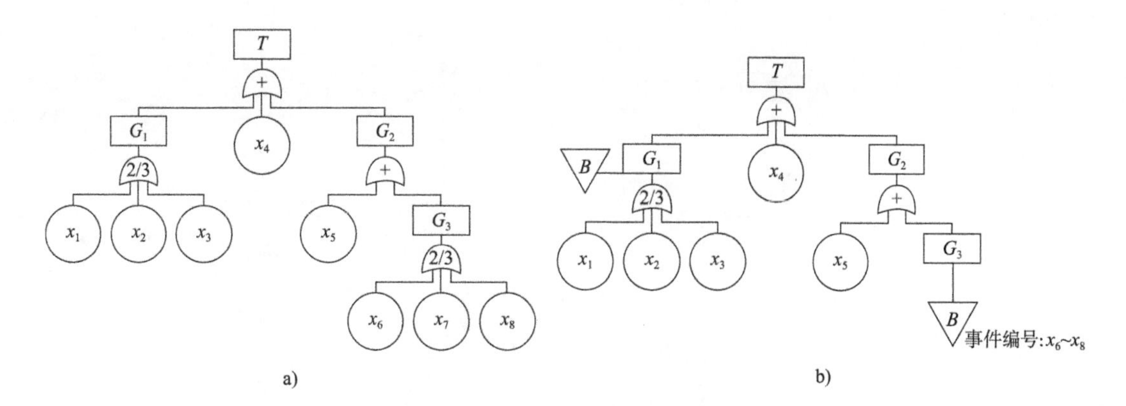

图 6-24 使用相似转移符号简化

(1)按结合律简化。

①$(A+B)+C=A+B+C$。图 6-25a)可作如图 6-25b)的简化。

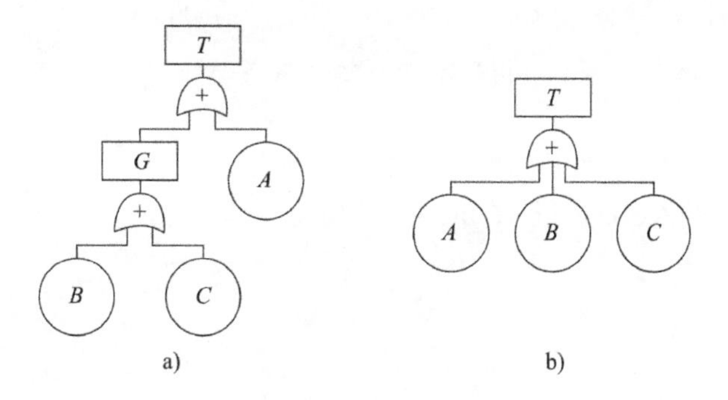

图 6-25 按结合律简化或门

②$(AB)C=ABC$。图 6-26a)可作如图 6-26b)的简化。

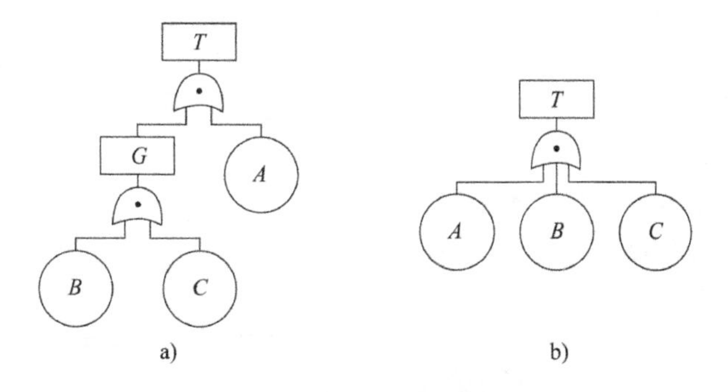

图 6-26 按结合律简化与门

(2)按分配律简化。

①$AB+AC=A(B+C)$。图 6-27a)可作图 6-27b)的简化。

②$(A+B)(A+C)=A+BC$。图 6-28a)可作图 6-28b)的简化。

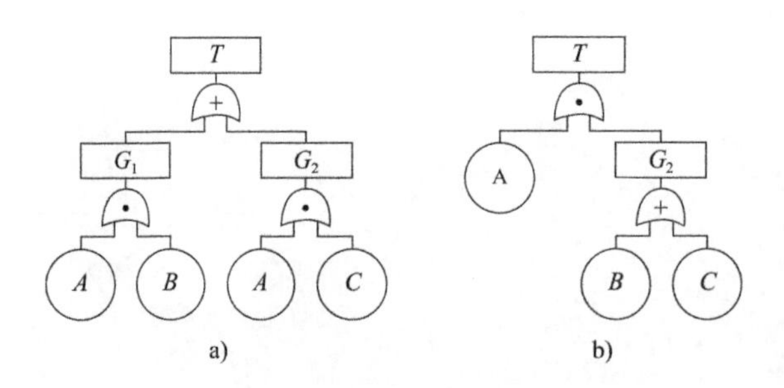

图6-27　按分配律简化之一

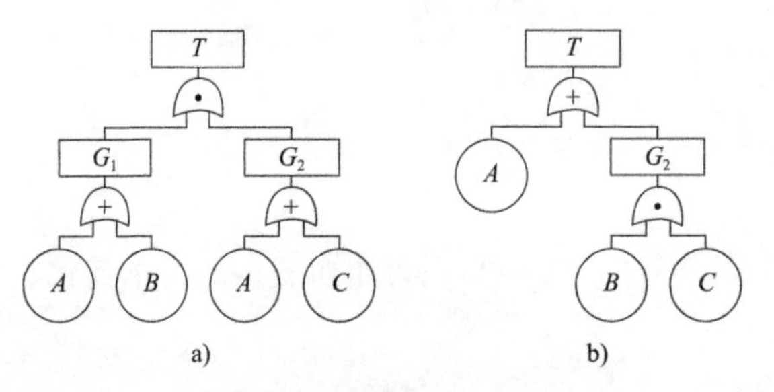

图6-28　按分配律简化之二

(3)按吸收律简化。

①$A(A+B)=A$。图6-29a)可作图6-29b)的简化。

②$A+AB=A$。图6-30a)可作图6-30b)的简化。

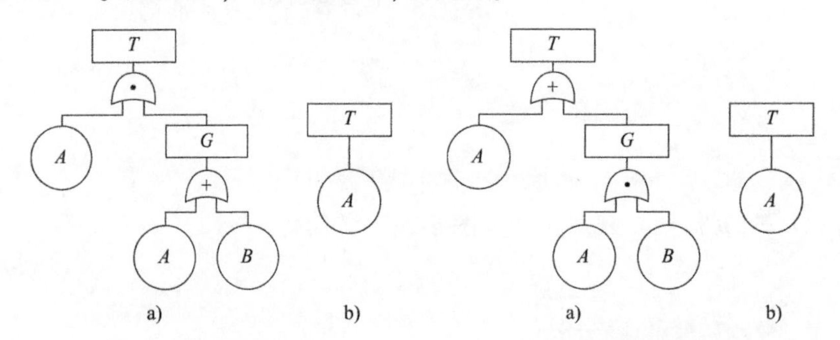

图6-29　按吸收律简化之一　　　图6-30　按吸收律简化之二

(4)按等幂律简化。

①$A+A=A$。图6-31a)可作图6-31b)的简化。

②$A\cdot A=A$。图6-32a)可作图6-32b)的简化。

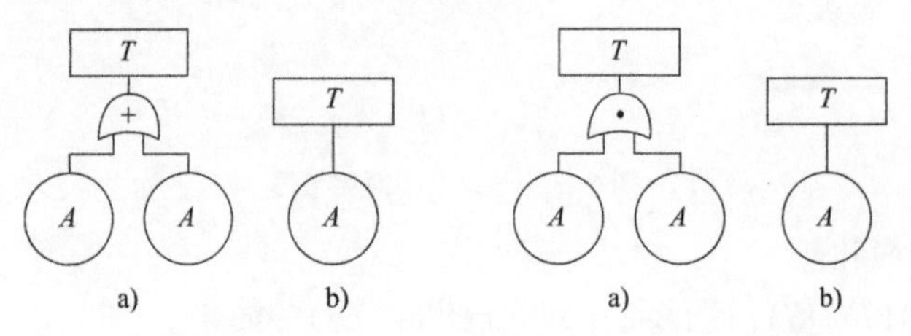

图6-31　等幂律简化或门　　　图6-32　等幂律简化与门

(5)按互补律简化。

$A \cdot \overline{A} = \Phi$($\Phi$ 为空集)。图 6-33 中事件 T 是不可能发生的事件,因此可以全部删去。

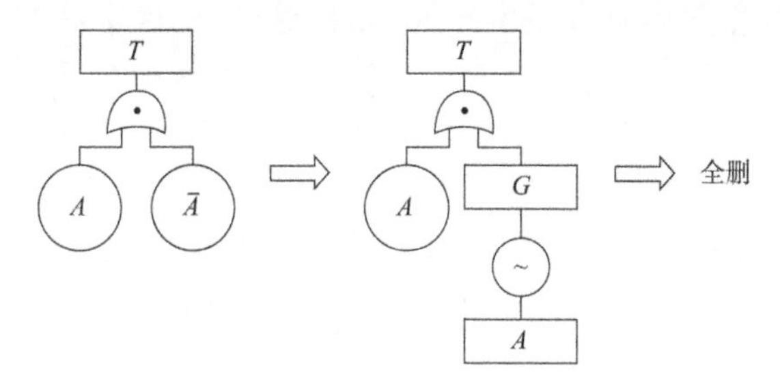

图 6-33 按互补律简化

6.3.6 故障树的定性分析

故障树定性分析的目的是要找出系统故障的全部可能起因,或导致指定事件发生的全部可能起因,并定性地识别系统的薄弱环节。为了达到这一目的,首先应求出故障的最小割集或最小路集。

1)割集与路集

设故障树全部底事件的集合为:

$$E = \{e_1, e_2, \cdots, e_n\} \tag{6-10}$$

所对应的状态向量 $\boldsymbol{x}$ 为:

$$\boldsymbol{x} = \{x_1, x_2, \cdots, x_n\} \tag{6-11}$$

对于 n 个独立底事件的故障树,其状态向量数为 2^n。

(1)割集和最小割集。

如有一子集S_j 所对应的状态向量为:

$$\boldsymbol{S}_j = \{x_{j_1}, x_{j_2}, \cdots, x_{j_l}\} \quad j = 1, 2, \cdots, k \tag{6-12}$$

当满足条件 $x_{j_1} = x_{j_2} = \cdots = x_{j_l} = 1$ 时,使 $\Phi(x) = 1$,则该子集S_j 就是割集。即当某子集所含的全部底事件均发生时,顶事件必然发生,则该子集就是割集。割集代表了系统发生故障的一种原因。式中 l 为割集的底事件数,k 为割集数;与该割集所对应的状态向量 $\boldsymbol{x}_j$ 称为割向量。

如果将割集所含的底事件任意去掉一个,即不能成为割集的割集称为最小割集。最小割集是导致故障树顶事件发生的数目最少而又必要的底事件的割集。

最小割集的性质是:仅当最小割集所包含的底事件都同时存在时,顶事件才发生。反言之,只要最小割集中有任何一个事件不发生,则顶事件就不会发生(假设同时无其他最小割集发生)。因此,欲保证系统安全、可靠,就必须防止所有最小割集发生。反之,如果系统发生了不希望的故障事件,则必定至少有一个最小割集发生。故障树的全部最小割集即是顶事件发生的全部可能原因。一个最小割集表示系统的一种故障模式,系统的全体最小割集就构成系统的故障谱。显然,对于一个复杂系统,怎样防止顶事件发生是很复杂、头绪很多的事,往往使人无从下手,但最小割集却为人们分析系统的可靠性提供了科学的线索。

从直观上看,最小割集是导致顶事件发生的“最少”的底事件的组合。因此,理论上如果能做到使每个最小割集中至少有一个底事件“恒”不发生,顶事件就会不发生。所以,找出复杂系统的最小割集对于消除潜在事故颇有意义。

在复杂机械系统中,导致系统故障的原因常常不是以“单个零件”故障,而是以零件“故障群”形式出现,而最小割集代表导致系统故障的“最少故障零件群”。以维修为例,在发现和修复了某个故障零件后,应当继续追查同一最小割集中的其他零件,直至全部修复,系统的可靠性才能恢复。

(2)路集与最小路集。

如有一子集P_i 所对应的状态向量为:

$$\boldsymbol{P}_i = \{x_{i_1}, x_{i_2}, \cdots, x_{i_l}\} \quad i = 1, 2, \cdots, m \tag{6-13}$$

当满足条件 $x_{i_1} = x_{i_2} = \cdots = x_{i_l} = 0$ 时,使 $\Phi(x) = 0$,则该子集就是路集。式中 l 为路集的底事件数,m 为路集数;与该路集所对应的状态向量 $\boldsymbol{x}_i$ 称为路向量。

最小路集是导致故障树顶事件不发生且数目最少,而又必要的底事件的路集。与最小路集包含的底事件相对应的状态向量称为最小路向量。因此,一个故障树的全部最小路集的完整集合代表了顶事件不发生的可能性,给出了系统成功模式的完整描述。据此,可进行系统可靠性及其特征量的分析。

2)最小割集与最小路集算法

(1)最小割集算法。

求最小割集的方法,对于简单的故障树,只需将故障树的结构函数展开,使之成为具有最少项数的积之和表达式,每一项乘积就是一个最小割集。但是,对于复杂系统的故障树,与顶事件发生有关的底事件数可能有几十个以上。要从这样为数众多的底事件中,先找到割集,再从中剔除一般割集求出最小割集,往往工作量很大,又容易出错。下面介绍几种常用的最小割集计算算法。

①上行法。

1972 年,Semanders 首先提出求解故障树最小割集的 ELRAFT(故障树有效的逻辑简化分析)计算机程序,其原理是:对给定的故障树,从最下级底事件开始,若底事件用与门同中间事件相连,则用式(6-8)来计算;若底事件用或门同中间事件相连,则用式(6-9)来计算。然后,顺次向上,直至顶事件,运算才终止。按上行原理列出故障树结构函数,并应用逻辑代数运算规则将结构函数整理、简化为底事件逻辑积求和的形式,称为积和表达式,便可得到最小割集。再运用吸收律去掉多余的项,则表达式中的每一项即是故障树的一个最小割集。

ELRAFT 程序的缺点是计算机中利用素数的乘积可能会很快地超出计算机所能表示的数字范围而造成“溢出”,故底事件一般不宜过多。

②下行法。

1972 年,Fussel 根据 Vesely 编制的计算机程序 MOCUS(获得割集的方法)提出了一种手工算法,故又称为 Fussell-Vasely 法。它是根据故障树中的逻辑或门会增加割集的数目，逻辑与门会增大割集容量的原理，从故障树的顶事件开始，由上到下，顺次把上一级事件置换为下一级事件；遇到与门将输入事件横向并列写出，遇到或门将输入事件竖向串列写出，直到完全变成由底事件（含省略事件）的集合所组成的一列，它的每一集合代表一个割集，整个列代表了故障树的全部割集。若得到的割集不是最小割集，需再利用吸收率等逻辑代数运算规则求得最小割集。用下行法求解轴承故障的故障树（图6-16）的最小割集，步骤见表6-18。得到最小割集为$\{x_1,x_2,x_4,x_5\}$、$\{x_2,x_3,x_4,x_5\}$、$\{x_2,x_4,x_5,x_6\}$、$\{x_2,x_4,x_5,x_7,x_8\}$，与用上行法得到的最小割集是相同的。

求图6-16最小割集的步骤　　表6-18

步骤1	步骤2	步骤3	步骤4	步骤5	步骤6	步骤7
G_1,G_2	x_1,G_2 G_3,G_2	x_1,G_4,x_2 G_3,G_4,x_2	x_1,x_4,x_5,x_2 G_3,x_4,x_5,x_2	x_1,x_4,x_5,x_2 G_5,x_4,x_5,x_2 x_3,x_4,x_5,x_2	x_1,x_4,x_5,x_2 x_6,x_4,x_5,x_2 G_6,x_4,x_5,x_2 x_3,x_4,x_5,x_2	x_1,x_4,x_5,x_2 x_6,x_4,x_5,x_2 x_7,x_8,x_4,x_5,x_2 x_3,x_4,x_5,x_2

（2）最小路集算法。

故障树T的对偶树T_D（Dual Fault Tree）表达了故障树T中的全部事件（包括顶事件）都不发生时，这些事件的逻辑关系。因此，它实际上是系统的成功树（功能树）。对偶树的画法是把故障树中的每一事件都变成其对立事件，并且将全部“或门”换成“与门”，全部“与门”换成“或门”，这样便构成T的对偶树T_D。

对偶树与故障树的关系为：

①T_D的全部最小割集就是T的全部最小路集，而且是一一对应的；反之亦然。

②T_D的结构函数$\varphi(\bar{x})=1-\varphi(1-\bar{x})$与$T$的结构函数$\varphi(x)$满足下列关系：

$$\varphi_D(\bar{x})=1-\varphi(1-\bar{x}) \tag{6-14}$$

$$\varphi(x)=1-\varphi_D(1-x) \tag{6-15}$$

其中，$\bar{x}=1-x=\{1-x_1,1-x_2,\cdots,1-x_n\}=\{\bar{x}_1,\bar{x}_2,\cdots,\bar{x}_n\}$。

利用上述的对偶性，只要首先构造故障树的对偶树，然后利用前面所介绍的最小割集算法求出对偶树的最小割集，这就是原故障树的最小路集。

3）最小割集的定性比较

在求得全部最小割集后，如果有足够的数据，就能计算出底事件的发生概率，进行定量分析。当数据不足时，仅进行定性的比较和分析也能获得有价值的信息。

首先，将最小割集的阶数定义为其所含底事件的数目。在此基础上，可作以下分析。

（1）底事件重要性比较。

在各个底事件发生概率相差不大的情况下，判断底事件的重要性应遵循以下原则：①阶数越小的割集越重要。因为故障率都是小于1的数，相乘的次数越少则发生的概率越大。即几个事件同时发生的概率小于某个事件单独发生；②在低阶最小割集中出现的底事件比在高阶最小割集中的底事件重要；③属于相同阶数割集的底事件，在不同最小割集中出现次数越多的底事件越重要。一般来说，可以限定所分析最小割集的阶数，大于某个阶数的割集可不再作分析。

若故障树的最小割集为$\{x_1,x_3\}$、$\{x_1,x_5\}$、$\{x_3,x_4\}$、$\{x_2,x_4,x_5\}$，则各底事件的重要性排序见表6-19。

故障树底事件的重要性排序　　表6-19

底事件编号	底事件在最小割集中出现的次数			重要性排序
	1阶	2阶	3阶	
1	0	2	0	1(2)
2	0	0	1	4(5)
3	0	2	0	1(2)
4	0	1	1	3
5	0	0	1	4(5)

(2)系统失效率的定性比较。

系统失效率定性比较的原则为：①在构成故障树的底事件相同的情况下，最小割集的最小阶数越小，系统的失效率越高；②在最小割集的最小阶数相同的情况下，最小割集越多，系统的失效率越高。

由相同电器元件组成的两个电路Ⅰ和Ⅱ，设这些元件失效均为小概率事件，分别为x_1、x_2、x_3、x_4、x_5、x_6、x_7和x_8。经分析，两个电路的故障树的最小割集分别为：

电路Ⅰ：$\{x_1,x_2,x_3\}$，$\{x_2,x_4\}$，$\{x_1,x_7\}$，$\{x_3,x_4\}$，$\{x_5,x_6\}$，$\{x_8\}$，$\{x_2,x_6\}$；

电路Ⅱ：$\{x_3,x_4,x_5\}$，$\{x_1,x_6,x_8\}$，$\{x_2\}$，$\{x_3,x_8\}$，$\{x_4,x_5,x_6\}$，$\{x_7\}$。

试比较两个电路的可靠性以及各元件在各电路中的重要性。

该例子的分析过程及结果见表6-20～表6-22。其中表6-20为两个电路的可靠性比较；表6-21和表6-22分别为电路Ⅰ、Ⅱ中元件重要性的排序。

电路Ⅰ、Ⅱ的可靠性比较　　表6-20

电路	最小割集数目				可靠性排序
	一阶	二阶	三阶	总数目	
Ⅰ	1	5	1	7	1
Ⅱ	2	1	3	6	2

电路Ⅰ中元件重要性排序　　表6-21

底事件编号	在最小割集中出现的次数			重要性排序
	一阶	二阶	三阶	
1	0	1	1	4
2	0	2	1	2
3	0	1	1	4
4	0	2	0	3
5	0	1	0	5
6	0	2	0	3
7	0	1	0	5
8	1	0	0	1

电路Ⅱ中元件重要性排序 表6-22

底事件编号	在最小割集中出现的次数			重要性排序
	一阶	二阶	三阶	
1	0	0	1	4
2	1	0	0	1
3	0	1	1	2
4	0	0	2	3
5	0	0	2	3
6	0	0	2	3
7	1	0	0	1
8	0	1	1	2

6.3.7 故障树的定量分析

对故障树进行定量分析的主要目的是求顶事件发生的特征量(如可靠度、重要度、故障率、累积故障概率等)和底事件的重要度。

在计算顶事件发生概率时,必须已知各底事件发生的概率,并且需先将故障树进行化简,使其结构函数用最小割集(或最小路集)来表达,然后才能进行计算。

故障树顶事件发生的概率是各底事件发生概率的函数:

$$P(T)=Q=Q(q_1,q_2,\cdots,q_n) \tag{6-16}$$

1)顶事件发生概率

设事件 $A_1,A_2,\cdots,A_n$ 发生的概率为 $P(A_1),P(A_2),\cdots,P(A_n)$,则这些事件的和与积的概率可按下式计算:

(1)n 个相容事件的积的概率:

$$P(A_1,A_2\cdots A_n)=P(A_2\mid A_1)P(A_3\mid A_1A_2)\cdots \tag{6-17}$$

和的概率:

$$P(A_1+A_2+\cdots+A_n)=\sum_{i=1}^{n}P(A_i)-\sum_{1\leqslant i\leqslant j\leqslant n}P(A_iA_j)+\sum_{1\leqslant i\leqslant j\leqslant k\leqslant n}P(A_iA_jA_k)-\cdots+(-1)^{n-1}P(A_1A_2\cdots A_n) \tag{6-18}$$

(2)独立事件。

如果事件 A_2 的发生不影响事件 A_1 发生的概率,即:

$$P(A_1\mid A_2)=P(A_1) \tag{6-19}$$

则称事件 A_1 对 A_2 是独立的。

n 个独立事件的积的概率为:

$$P(A_1A_2\cdots A_n)=P(A_1)P(A_2)\cdots P(A_n) \tag{6-20}$$

n 个独立事件的和的概率为:

$$\begin{aligned}P(A_1+A_2+\cdots+A_n)&=\sum_{i=1}^{n}(-1)^{i-1}\sum_{1\leqslant j_1\leqslant\cdots\leqslant j_i\leqslant n}P(A_{j_1})P(A_{j_2})\cdots P(A_{j_n})\\&=1-[1-P(A_1)][1-P(A_2)]\cdots[1-P(A_n)]\end{aligned} \tag{6-21}$$

(3)相斥事件。

若事件 A_1 和 A_2 不能同时发生,即:

$$P(A_1A_2)=0$$

则称事件 A_1 对 A_2 是相斥事件,也叫互不相容事件。

n 个相斥事件的积的概率:

$$P(A_1A_2\cdots A_n)=0 \tag{6-22}$$

n 个相斥事件的和的概率:

$$P(A_1+A_2+\cdots A_n)=P(A_1)+P(A_2)+\cdots P(A_n) \tag{6-23}$$

如果已求得某机械系统故障树的所有最小割集 $S_1,S_2,\cdots,S_m$,并且已知组成系统的各机械零件的基本故障事件 $x_1,x_2,\cdots,x_n$ 发生的概率 $p_1,p_2,\cdots,p_n$,则表征机械系统发生故障的顶事件 T 发生的概率为:

$$\begin{aligned} P(T)&=P(S_1+S_2+\cdots+S_m) \\ &=\sum_{i=1}^{m}(-1)^{i-1}\left[\sum_{1\leqslant j_1\leqslant\cdots\leqslant j_i\leqslant m}P(S_{j_1}S_{j_2}\cdots S_{j_n})\right] \end{aligned} \tag{6-24}$$

当各底事件发生的概率 $p_i(i=1,2,\cdots,n)$ 在0.1数量级时,顶事件发生概率可以近似取式(6-24)的前两阶,即:

$$P(T)=\sum_{i=1}^{m}P(S_i)-\sum_{1\leqslant i\leqslant j\leqslant m}P(S_iS_j) \tag{6-25}$$

当各底事件发生的概率 $p_i(i=1,2,\cdots,n)$ 在0.01数量级时,顶事件发生概率可以近似取式(6-24)的第一阶,即:

$$P(T)=\sum_{i=1}^{m}P(S_i)=P(S_1)+P(S_2)+\cdots+P(S_m) \tag{6-26}$$

若故障树已求得的最小割集为 $S_1=\{x_1,x_3\}$、$S_2=\{x_1,x_5\}$、$S_3=\{x_3,x_4\}$、$S_4=\{x_2,x_4,x_5\}$,已知底事件相互独立,且发生的概率为:$p_1=p_2=p_3=1\times10^{-3}$,$p_4=p_5=1\times10^{-4}$,求顶事件发生的概率,则有:

$$P(S_1)=P(x_1x_3)=p_1p_3=1\times10^{-6}$$

$$P(S_2)=P(x_1x_5)=p_1p_5=1\times10^{-7}$$

$$P(S_3)=P(x_3x_4)=p_3p_4=1\times10^{-7}$$

$$P(S_4)=P(x_1x_4x_5)=p_1p_4p_5=1\times10^{-11}$$

①精确计算。

$$\begin{aligned} P(T)&=P(S_1+S_2+S_3+S_4) \\ &=P(S_1)+P(S_2)+P(S_3)+P(S_4)- \\ &\quad[P(S_1S_2)+P(S_1S_3)+P(S_1S_4)+P(S_2S_3)+P(S_2S_4)+P(S_3S_4)]+ \\ &\quad[P(S_1S_2S_3)+P(S_1S_2S_4)+P(S_1S_3S_4)+P(S_2S_3S_4)]- \\ &\quad[P(S_1S_2S_3S_4)] \\ &=1.2001\times10^{-6} \end{aligned}$$

②近似计算。

由于 $p_i(i=1,2,\cdots,5)$ 在0.01数量级,因此可用近似公式:

$$P(T)=\sum_{i=1}^{4}P(S_i)=P(S_1)+P(S_2)+P(S_3)+P(S_4)=1.2001\times10^{-6}$$

近似值与精确值相比,误差极小。

对于内燃机不能发动的故障树(图6-15),可得最小割集为:$S_j,l,\cdots,k,x_j$,各底事件相互独立,且发生的概率为:$\{x_1,x_2\},\{x_1,x_2,x_3\},\{x_1,x_2\},\{x_1,x_2,x_3\},x_3,\{x_1,x_2\}$,求顶事件的概率,则有:

$$P(S_1)=p_1=0.0016$$

$$P(S_2)=p_2=0.03$$

$$P(S_4)=P(S_5)=0.001$$

$$P(S_6)=0.03$$

$$P(S_{12})=P(x_{12})P(x_{13})=p_{12}p_{13}=0.0012$$

$$P(S_3)=P(S_7)=P(S_8)=P(S_9)=P(S_{10})=P(S_{11})=0.01$$

由于$p_i(i=1,2,\cdots,13)$在0.01数量级,故可用近似式:

$$P(T)=\sum_{i=1}^{12}P(S_i)=0.1148$$

2)最不可靠割集

最小割集的发生概率是各不相同的,其中发生概率最大的最小割集称为最不可靠割集。最不可靠割集反映了系统可靠性、安全性的最薄弱环节。所以,从最不可靠割集的底事件入手,力求减小最不可靠割集发生的概率就可有效地改善系统的可靠性和安全性。如图6-8和图6-15所示内燃机不能发动的故障树的最不可靠割集为S_2,其概率$P(S_2)=0.03$。其中,化油器发生故障的概率最大,火花塞失效次之。

故障树的定量分析需要基本事件有较准确的故障概率,为此就需要进行必要的试验和数据积累。

3)部件重要度

从可靠性、安全性角度看,系统中各部件并不是同等重要的,可引入重要度的概念来标明某个部件对系统故障影响的程度,这对改进系统设计、制订维修策略十分重要。

在工程中,重要度分析一般用于以下几个方面:①改进系统设计;②确定系统运行中需监测的部位;③制订系统故障诊断时核对清单的顺序。

对于不同的对象和要求,可采用不同的重要度指标。常用的有重要度指标有概率重要度、结构重要度、相对概率重要度和相关割集重要度。

在故障树所有底事件互相独立的条件下,顶事件发生的概率$Q=P(T)$是底事件发生概率$p_1,p_2,\cdots,p_n$的函数,称为故障概率函数(Failure Probabilistic Function)。

$$Q=\varphi(p_1,p_2,\cdots,p_n) \tag{6-27}$$

(1)结构重要度。底事件结构重要度从故障树结构的角度反映了各底事件在故障树中的重要程度。第i个底事件的结构重要度(Structure Importance of Bottom Event)$I_\varphi(i)$为:

$$I_{\varphi}(i)=\frac{1}{2^{n-1}}\sum_{x_1,\cdots,x_{i-1},x_{i+1},\cdots,x_n}[\Phi(x_1,x_2,\cdots,x_{i-1},1,x_{i+1},\cdots,x_n)-\Phi(x_1,x_2,\cdots,x_{i-1},0,x_{i+1},\cdots,x_n)]\quad i=1,2,\cdots,n \tag{6-28}$$

结构重要度的计算步骤为：

第一步：将全部底事件列入表6-23所示的状态枚举表中，并在其中列出全部底事件状态的组合。其中，$x_i=1$表示事件i发生，$x_i=0$表示事件i不发生。

第二步：在表中根据底事件状态写出顶事件状态（即系统的状态）。此时，可利用最小割集进行判断。同样，$\varphi=1$表示顶事件发生，$\varphi=0$表示顶事件不发生。

第三步：在所有$x_i=1$的系统状态中挑出$\varphi=1$的状态，设此类状态数为$n_i(x_i=1)$。

第四步：在所有$x_i=0$的系统状态中挑出$\varphi=0$的状态，设此类状态数为$n_i(x_i=0)$。

状态枚举表 表6-23

序号	底事件状态				顶事件状态 $\varphi(x)$
	x_1	x_2	…	x_n	
1					
2					
⋮					
2^n					

第五步：用式(6-21)计算第i个底事件的结构重要度$I_{\varphi}(i)$。

$$I_{\varphi}(i)=\frac{1}{2^{n-1}}(n_1-n_2) \tag{6-29}$$

下面，举例说明结构重要度的计算。

设某故障树共有3个底事件，已知其最小割集为$\{x_1,x_2\}$、$\{x_1,x_3\}$，试求各底事件的结构重要度。

为求各底事件的结构重要度，先列状态枚举表（表6-24）。

状态枚举表 表6-24

序　号	底事件状态			顶事件状态 $\varphi(x)$
	x_1	x_2	x_3	
1	0	0	0	0
2	0	0	1	0
3	0	1	0	0
4	0	1	1	0
5	1	0	0	0
6	1	0	1	1
7	1	1	0	1
8	1	1	1	1

于是，计算各底事件的结构重要度为：

$$I_1 = \frac{1}{2^2}(3-0) = \frac{3}{4}$$

$$I_2 = \frac{1}{2^2}(2-1) = \frac{1}{4}$$

$$I_3 = \frac{1}{2^2}(2-1) = \frac{1}{4}$$

(2)概率重要度。第 i 个底事件的概率重要度表示该事件发生概率的微小变化而导致顶事件发生概率的变化率。在故障树所有底事件互相独立的条件下，第 i 个底事件的概率重要度(Probabilistic Importance of Bottom Event) $I_p(i)$ 为：

$$I_p(i) = \frac{\partial}{\partial p_i}\varphi(p_1, p_2, \cdots, p_n) \quad i=1,2,\cdots,n \tag{6-30}$$

(3)相对概率重要度。第 i 个底事件的相对概率重要度表示该事件发生概率微小的相对变化而导致顶事件发生概率的相对变化率。在故障树所有底事件互相独立的条件下，第 i 个底事件的相对概率重要度(Relative Probabilistic Importance of Bottom Event) $I_c(i)$ 为：

$$I_c(i) = \frac{p_i}{\varphi(p_1, p_2, \cdots, p_n)} \cdot \frac{\partial}{\partial p_i}\varphi(p_1, p_2, \cdots, p_n) \quad i=1,2,\cdots,n \tag{6-31}$$

(4)相关割集重要度。若 $x_1, x_2, \cdots, x_n$ 是故障树的所有底事件，$S_1, S_2, \cdots, S_m$ 是由底事件组成的故障树的所有最小割集，其中包含第 i 个底事件的最小割集为 $S_1^i, S_1^i, \cdots, S_{mi}^i$，记：

$$Q_i = P\left(\sum_{k=1}^{mi}\prod_{x_j \in S_k^i} x_j\right) \tag{6-32}$$

当故障树的底事件相互独立的情况下，Q_i 是底事件发生概率 $p_1, p_2, \cdots, p_n$ 的函数：

$$Q_i = Q_i(p_1, p_2, \cdots, p_n) \tag{6-33}$$

第 i 个底事件的相关割集重要度表示：包含第 i 个底事件的所有故障模式中至少有一个发生的概率与顶事件发生的概率之比。第 i 个底事件的相关割集重要度(Correlated Cutset Importance of Bottom Event) $I_{rc}(i)$ 定义为：

$$I_{rc}(i) = \frac{Q_i(p_1, p_2, \cdots, p_n)}{Q(p_1, p_2, \cdots, p_n)} \tag{6-34}$$

第7章　机械常见故障及其诊断

本章主要介绍机械中的常用部件及总成，如齿轮箱、轴承、发动机等的故障及其诊断。

在对其进行振动分析之前，首先要了解其结构构成及技术参数。因为故障的识别要综合考虑振动频率、各部件转速以及其他的设备特征，如齿轮齿数、滚动体数目等。如果没有这些信息，则采集的各种数据是没有任何价值的，想要完全查明故障的原因更是不可能的。

在进行精确的诊断分析之前，要详细了解设备的以下信息：

(1)旋转部件的转速 RPM[1]。直接连接的装备只需要知道一个转速。齿轮驱动的装备有多个转速。单级齿轮增速箱或减速箱，需要知道输入和输出转速。多级齿轮增速箱或减速箱需要知道中间齿轮的转速、输入和输出转速和过桥齿轮转速。皮带轮驱动的装备，要知道驱动轴和被驱动轴的转速。由于皮带传动存在弹性滑动，与带轮转速之间有误差，因此，皮带的实际转速也必须知道。

(2)轴承的类型。轴承分为滑动轴承和滚动轴承。进行诊断分析之前，详细了解装备中轴承的类型和布置是非常重要的。磨损的或有缺陷的圆柱轴承或滑动轴承与存在缺陷的滚动轴承具有不同的振动特征。如果是滚动轴承，需要知道滚动体的数量及轴承的几何尺寸。有了这些信息，就能精确计算轴承各部位和零件，如内外滚道、滚动体等损伤时的特征频率。

(3)风扇叶片的数量。发动机冷却系统中的风扇，在已知风扇转速和叶片数量后，可以计算出叶片通过频率(叶片数量×转速)，这个振动频率也称气流脉动频率。

(4)叶轮叶片的数量。机械设备底盘中的液力变矩器中存在叶轮。与风扇类似，知道泵叶轮的叶片数量后，可以计算出叶轮叶片的通过频率，这个频率也称流体脉动频率。

(5)齿轮的齿数。已知每一个齿轮的转速和齿数，就可以计算齿轮的啮合频率。

(6)联轴节的类型。齿轮联轴节和其他润滑类型的联轴节在润滑中断和润滑不充分的情况下，会产生一些独特的振动频率。

(7)装备的临界转速。高速多级离心泵、压缩机和汽轮机这类装备的工作转速通常在设计时就高于轴的固有频率，即常说的“共振”频率。轴或转子的“共振”频率被称为临界频率，在这个转速附近运行就会发生共振，激励出相当大的振幅。

---

[1] RPM 是 Revolutions Per Minute 的缩写，即转/分，表示设备每分钟旋转的次数。

(8)环境振动源。在目标装备上测量的振动往往会受到附近其他装备振动的干扰。安装在相同基础上的装备,或者通过管道或其他方式相连接的装备都要注意这一点。特别对于那些振动水平要求很严的精密设备和加工设备,尤其要排除其他振动的干扰。这时,往往需要将分析的设备停机,直接测试环境振动的严重程度。

7.1 转子常见故障及其诊断

根据ISO标准,机械中由轴承支撑的旋转体称为转子,不动的部件称为定子或静子。转子多为机械中的原动机(如发动机、电机、齿轮泵)和工作机(如液压电动机)中的主要旋转部件。如电机的转子一般由绕有线圈的铁芯、滑环、风叶等组成。机械中,由于转子转速高且构成转子的零部件多,因此转子故障最为多发,已知的就有20~30种。

常见的转子故障通常都可以以振动的形式表征出来,图7-1所示为转子的常见故障及其振动的类型。其中,不平衡、不对中、轴弯曲、装配件或基础松动等都会激励出与转子转动同步的频率成分来,其本质是强迫振动;油膜涡动、油膜振荡等则属于自激振动,常以低于转动频率的频率振动,也称为亚同步振动。

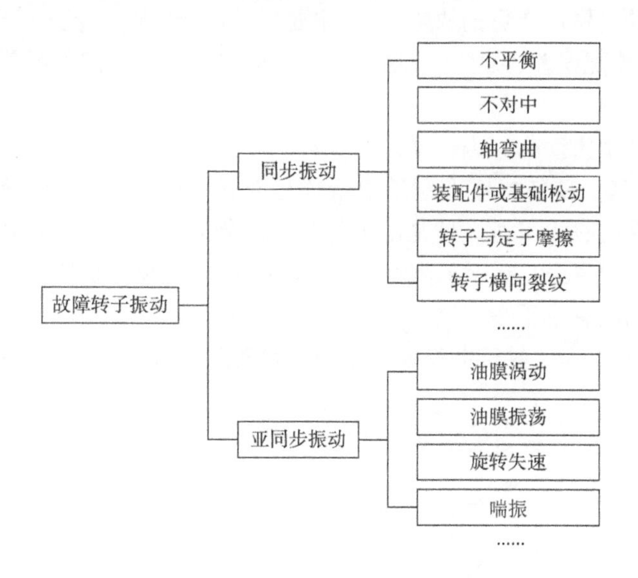

图7-1 转子常见故障及其振动类型

图7-2所示为带滚动轴承的旋转机械发生不同故障时,主要频率成分的分布情况。其中,不平衡故障主要激励出1倍转频;不对中故障常常使得2倍频成分突出;松动故障发生时,会在激励出较多的噪声成分的同时使得高倍转频成分也变得显著;而当滚动轴承出现故障时,大量的高频成分被激励出来,主要为滚动轴承的故障特征频率及其边频(以转频为间隔)。

图7-3所示为带滑动轴承的旋转机械发生不同故障时,主要频率成分的分布情况。油膜涡动或轴承碰磨会以0.5倍转频表现出来;转子松动则会激励出转频的高次谐波。

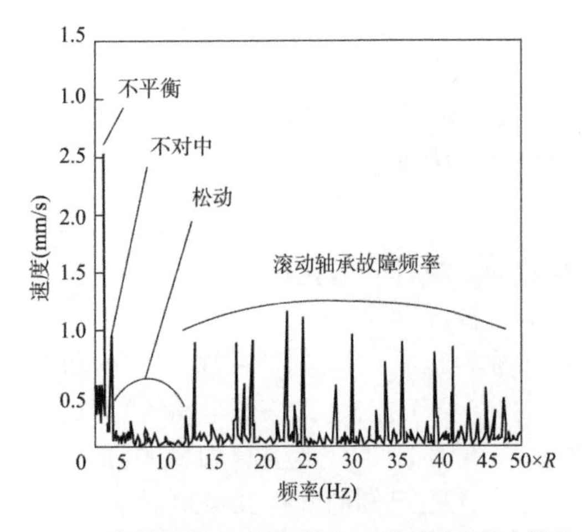

图 7-2 旋转机械发生不同故障时主要频率成分分布情况

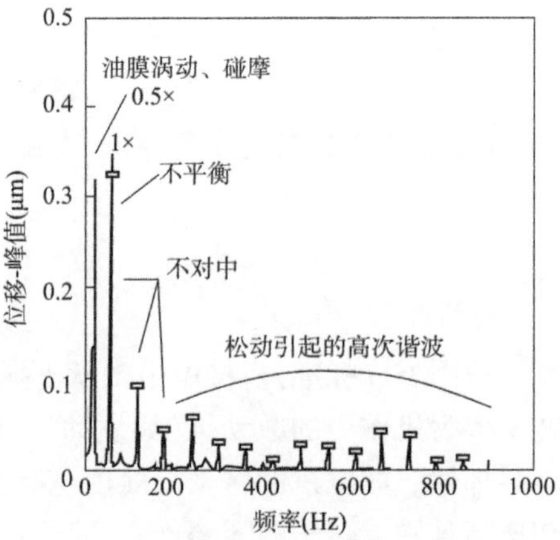

图 7-3 带滑动轴承的旋转机械的频谱图

以下将对旋转机械常见故障的形成原因、故障特征及诊断要点进行逐一分析。

7.1.1 转子不平衡

不平衡是旋转机械最常见的故障之一,主要由设计、制造、安装中转子材质不均匀、结构不对称、加工和装配误差,或由于机械运行时结垢、热弯曲、零部件脱落等原因导致。

1)不平衡的原因

导致转子不平衡振动的原因包括以下几种。

(1)固有不平衡。即使机组在制造过程中已对各个转子做过动平衡,但连接起来的转子系统仍会存在固有不平衡。这是由于各转子残余不平衡、材质不均匀、安装不当等原因的累积引起,应在平衡机上现场做静平衡和动平衡,加以校正。图 7-4 所示为皮带轮由于质量偏心导致的固有不平衡。

(2)轴弯曲(图 7-5)。轴弯曲有初始弯曲与热弯曲之分。

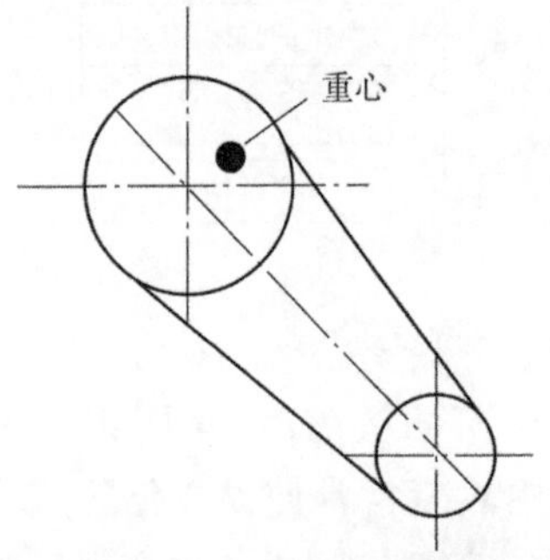

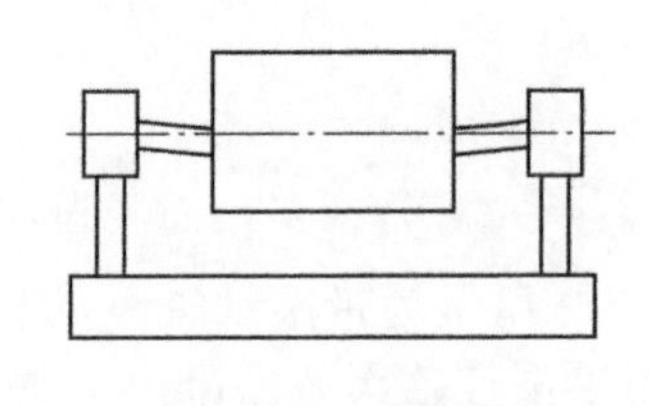

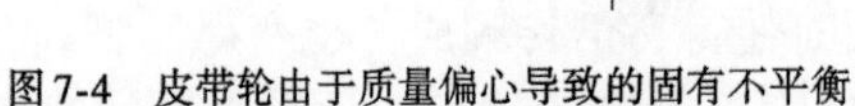

图 7-4 皮带轮由于质量偏心导致的固有不平衡

图 7-5 轴弯曲

转子的初始弯曲是由于加工不良、残余应力或碰撞等原因引起的,它引起转子系统工频振动。振动测量并不能把转子的初始弯曲与转子的质量不平衡区分开来,但在低速转动下检查转子各部位的径向跳动量可予以判断。当转子弯曲不严重时可用平衡方法加以校正,当转子弯曲严重时必须进行校正。

转子发生热弯曲的原因,可能是由于转子与定子发生间歇性局部接触(如密封处),由摩擦热引起的转子临时性弯曲,也可能是由于转子受热或冷却不均匀引起转子临时性弯曲。转子热弯曲的特点是转子的振动随着时间、负荷的变化在大小和相位上均有改变。因此,可通过变负荷或一段时间的振动监测判断转子热弯曲故障。防止热弯曲要从两个方面着手,一是减小导致转子不均匀受热的影响因素,如启停机时充分暖机,保证机组均匀膨胀;二是注意装配间隙,各部件要有相近的线膨胀系数。

(3)转子部件脱落。旋转转子上部件突然脱落,会使转子产生阶跃性的不平衡变化,使机组振动加剧,振动频率为转速频率。当由转子部件脱落导致的不平衡矢量与原始转子不平衡矢量叠加时,合成的不平衡矢量在大小、相位和位置三个方面均与原始转子不平衡矢量不同,因此测量相位可进行诊断。

(4)联轴节精度不良。联轴节精度不良在对中时产生端面偏摆和径向偏摆,相当于给转子施加一个初始不平衡量,使转子振动增大。这时,可能会出现二倍转速频率的振动,频谱图上有明显的二次谐波峰值。

2)不平衡的类型

按不平衡故障的发展,尤其是振幅的变化趋势,可将不平衡分为原始不平衡、渐发性不平衡和突发性不平衡(图7-6)。

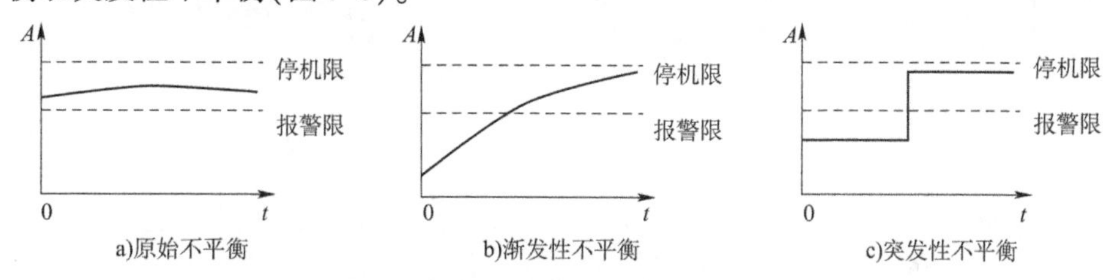

图7-6 各种不平衡故障下振幅的变化趋势

(1)原始不平衡在开始运行时就表现出较大的振幅,如果及时不排除,这种大幅度振动会一直持续[图7-6a)]。原始不平衡通常由转子制造误差、装配误差以及材质不均匀等造成,如果在出厂时动平衡没有达到平衡精度要求,在投用之初,便会产生较大的振动。

(2)渐发性不平衡的振幅随运行时间的延长而逐渐增大[图7-6b)],通常由转子的不均匀结垢、粉尘不均匀沉积、介质中颗粒对的不均匀磨损、工作介质对转子的磨蚀等造成。

(3)突发性不平衡表现为振幅的突然显著增大,随后稳定在一定水平[图7-6c)],通常由转子上零部件脱落或叶轮流道有异物附着、卡塞造成。

表7-1所示列出了各种原因导致的不平衡的振动特征及其消除措施。

各种不平衡的振动特征及其消除措施 表7-1

不平衡类型	振动特征	消除措施
质量不平衡	低速晃动小	平衡
初始弯曲	低速晃动大	静态校直
热弯曲	振动随负荷增大,但有滞后	低速盘车
部件位移或脱落	震动阶跃性增加,然后稳定	停车检查
部件结垢	振动缓慢增加,轴向振动和轴向推力增大,机器效率降低	清除污垢
联轴节不平衡	相邻轴承振动大,相位相同	平衡

3）不平衡的诊断

旋转过程中，质量不平衡会激起转子的振动。质量不平衡所产生的离心力始终作用在转子上，它相对于转子是静止的，其振动频率就是转子的转速频率，也称为工频（即工作频率）。

按导致不平衡的外力因素，不平衡分为力不平衡和力偶不平衡。无论是哪种不平衡，其振动具有以下共同特征：

（1）时域波形接近于一个正弦波，如图7-7a）所示；

（2）振动频率和转动频率（$f_r = n/60$）一致，谐波能量主要集中于1倍频（基频），转动频率的高次谐波幅值很低，整个频谱呈"枞树形"，如图7-7b）所示；

（3）轴心轨迹呈现较大的椭圆形；

（4）理论上，刚性转子不平衡产生的离心力与转速的平方成正比，但由于轴承与转子之间的非线性，在轴承座测得的振动随转速增加而加大，不一定与转速的平方成正比；

（5）临界转速附近振幅会出现一个峰值，相位在临界转速前后相差近180°。

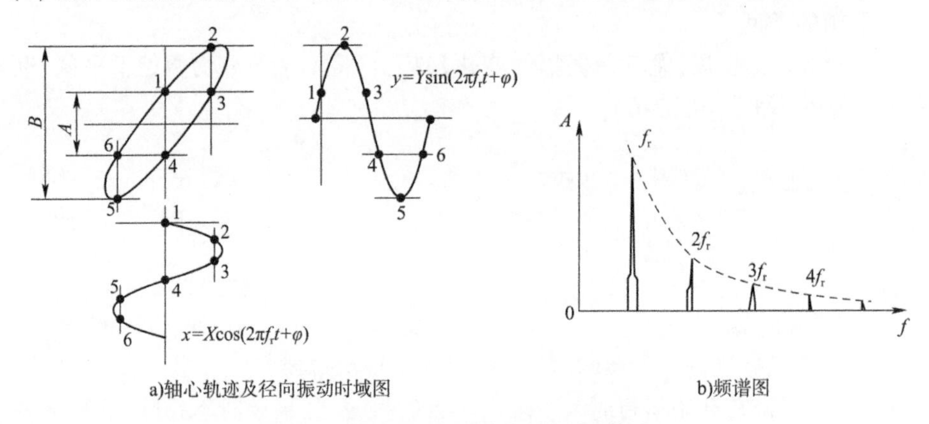

图7-7　转子不平衡的振动时域及频域特征

除了上述共性特征以外，力不平衡时的振动还具有以下特征：

（1）径向振动占优势，轴向振动不明显；

（2）振动相位偏移方向与测量方向成正比，且相位稳定。

除了上述不平衡故障的共性特征以外，力偶不平衡时的振动还具有以下特征：

（1）同一轴上的相位相差180°；

（2）轴向振动也具有较大的幅值；

（3）动平衡需要在两个修正面上修正。

图7-8所示的悬臂转子同时存在力不平衡和力偶不平衡两种情况，在运行过程中的振动在轴向方向的读数同相位，在径向方向上的读数可能不稳定。

4）不平衡故障诊断实例

【实例7-1】　风机系统不平衡故障诊断。

一台风机系统（图7-9）在运行过程中在透平机端存在明显的振动。为了找出导致振动的原因，在图中所示的A、B两处用振动速度传感器分别测试轴向、径向水平方向和径向竖直方向的振动，获得的频谱图如图7-10所示。分析该图可知：①信号的噪声水平小，频谱图毛刺小;②A、B 两处的轴向振动都非常小,而径向振动明显;③振动能量主要集中在 1 倍工频处。此外,调整转速并测振发现,振幅随转速升高,且过临界转速时有共振峰。以上都是典型的不平衡故障的频谱特征,故可判断,导致振动的原因为透平机不平衡。

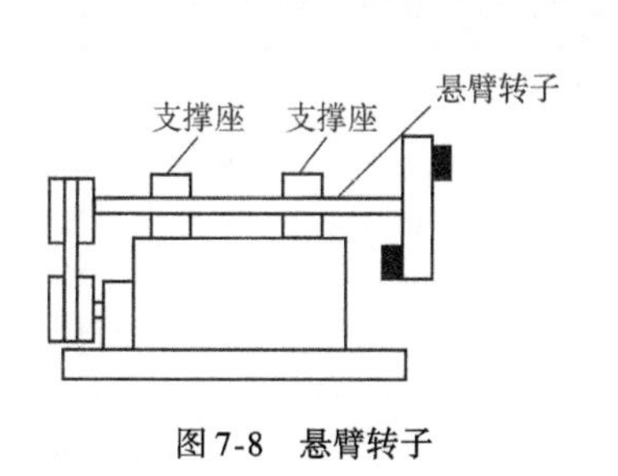

图 7-8　悬臂转子

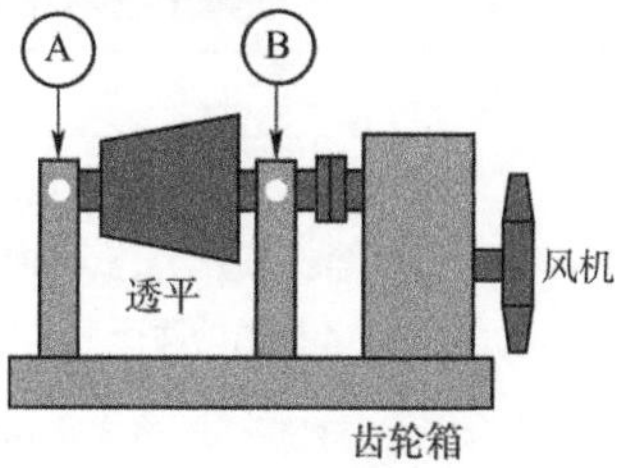

图 7-9　风机结构示意图

7.1.2　转子不对中

如图 7-11 所示,机械中的机械传动系统通常是由多个转子串接组成的复杂系统,转子由转轴两端的轴承支撑,转子与转子之间用联轴节联接。

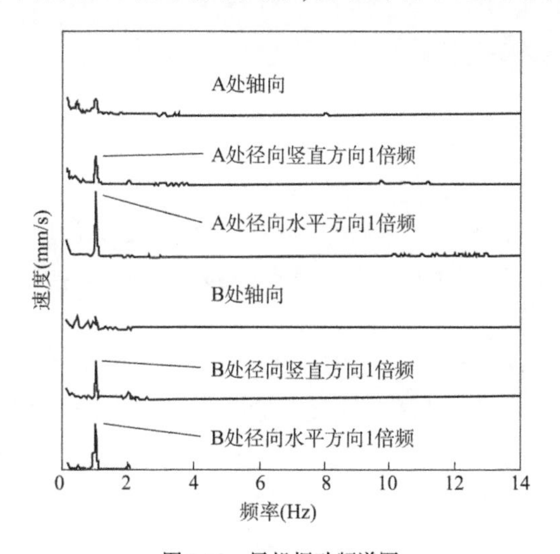

图 7-10　风机振动频谱图

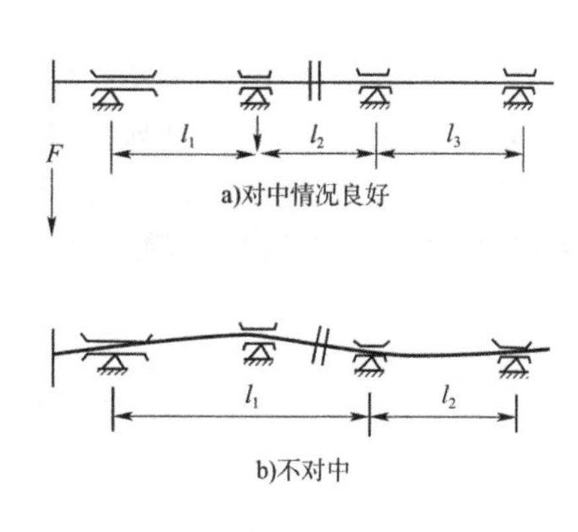

图 7-11　转子不对中故障示意图

转子不对中通常是指相邻两转子的轴心线与轴承中心线的倾斜或偏移程度[图 7-11b)],是旋转机械的常见故障之一。据统计,旋转机械故障有 60% 是由转子不对中引起的,所以对不对中故障的诊断一直是机械故障诊断的重点内容之一。

当不对中超差过大时,将产生附加弯矩,给轴承增加附加载荷,致使轴承间的负荷重新分配,形成附加激励,引起机体强烈振动,从而对装备造成一系列有害的影响,严重时会导致联轴节咬死、轴承碰磨、转子与定子间碰磨、油膜失稳、转轴挠曲变形增大等后果,甚至会造成灾难性事故。

1)不对中的原因

导致不对中的原因很多,即使采用了自动调位(调心)轴承和可调节联轴节,也难以使轴系及轴承绝对达到对中。有的机器,在冷态(未运转时)情况下转子对中情况是符合要求的，一旦运转中温度升高就可能发生热不对中。此外，联轴节销孔磨损等也会引发不对中。可见，造成不对中的原因比较复杂，须根据装备的具体情况作具体分析。表7-2列出了转子不对中的常见原因和治理措施。

转子不对中的常见原因和治理措施 表7-2

序号	故障原因分类	故障原因	治理措施
1	设计原因	①对工作状态下热膨胀量计算不准； ②介质压力、真空度变化对机壳的影响计算不准； ③给出的冷态对中数据不准	①核对设计给出的冷态对中数据； ②按照技术要求，检查调整轴承对中； ③检查热态膨胀是否受限； ④检查保温是否完好； ⑤检查调整基础沉降
2	制造原因	材质不均，造成热膨胀不均匀	
3	安装维修	①冷态对中数据不符合要求； ②检修失误造成热态膨胀受阻； ③机壳保温不良，热膨胀不均匀	
4	操作运行	①超负荷运行； ②介质温度偏离设计值	
5	状态劣化	①机组基础或基座沉降不均匀； ②基础滑板锈蚀，热膨胀受阻； ③机壳变形	

转子不对中包括轴承不对中和轴系不对中两种情况。

多转子系统的转子间采用刚性或半挠性联轴节连接，以传递运动和转矩。各转子之间用联轴节连接时，由于制造、安装及运行中支承轴架不均匀，以及膨胀、管道力作用、机壳膨胀、地基不均匀下沉等多种原因，造成轴系不对中。我们通常讲的不对中，多指轴系的不对中。

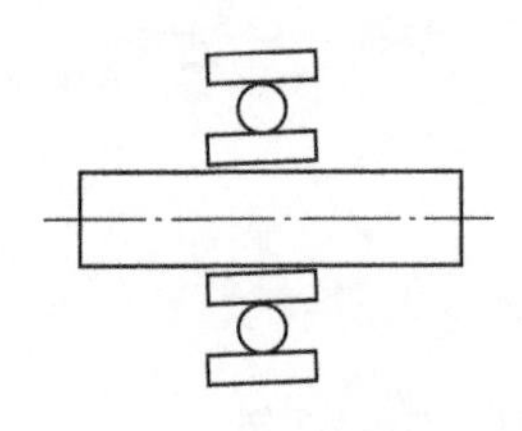
图7-12 轴承不对中

轴颈在轴承中偏斜称为轴承不对中（图7-12）。对滑动轴承来说，它与轴承是否形成良好的油膜有直接关系。滚动轴承的不对中（如电动机转子两端轴承不对中），主要是由于两端轴承座孔不同轴，以及轴承元件损坏、外圈配合松动、两端支座（对电动机来说是前后端盖）变形等引起。轴承不对中本身不会产生振动，它主要会影响到油膜的性能和阻尼。在转子不平衡的情况下，由于轴承不对中对不平衡力的反作用，会出现工频振动。

2）不对中的类型

图7-13是转子不对中的三种基本形式，分为平行不对中、角度不对中，以及两者的组合，称为综合不对中。表7-3中列出的为三种不对中故障的振动特点，它也是进行不对中故障诊断的重要依据。

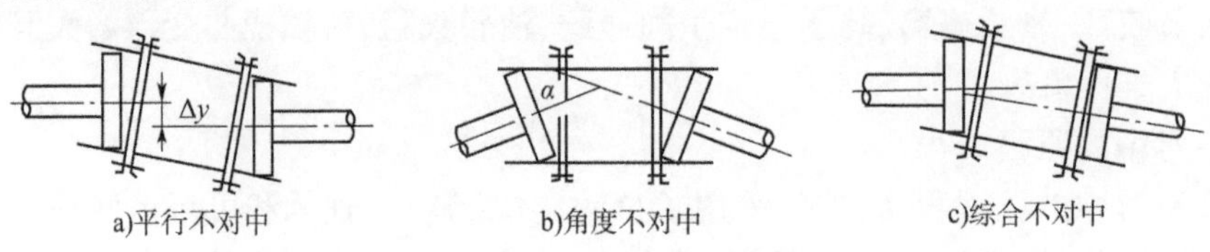

a)平行不对中 b)角度不对中 c)综合不对中

图7-13 不对中的三种基本形式

转子常见不对中故障及其特征 表7-3

序号	特征参量	故障特征		
		平行不对中	角度不对中	综合不对中
1	时域波形	1倍频与2倍频叠加波形	1倍频与2倍频叠加波形	1倍频与2倍频叠加波形
2	特征频率	2倍频明显较高,通常大于1倍频,但两者的关系与联轴节类型和结构有关	2倍频明显较高	2倍频明显较高
3	常伴频率	1倍频、高次谐波(4~8倍频)	径向1倍频、高次谐波 轴向1倍、2倍、3倍频	1倍频、高次谐波
4	振动稳定性	稳定	稳定	稳定
5	振动方向	径向为主	径向、轴向均较大	径向、轴向均较大
6	相位特征	较稳定	较稳定	较稳定
7	轴心轨迹	双环椭圆	双环椭圆	双环椭圆
8	进动方向	正进动	正进动	正进动
9	矢量区域	不变	不变	不变

3)不对中故障的诊断

不对中故障通常显示出以下特点,对于不对中故障,可以参考这些特点进行判断:

(1)不对中的形式不同,频率特征和振动方向也有差别。平行不对中主要引起径向振动,振动频率为2倍的转速频率,且如图7-14a)所示,2倍频分量幅值高于基频幅值,同时也存在多倍频振动。角不对中则主要引起轴向振动(约为径向振动的50%),且如图7-14b)所示,转频(基频)成分突出。各种不对中故障的共同点是转频的倍频成分明显,且不对中越严重,高次谐波(4~8倍频)越明显。

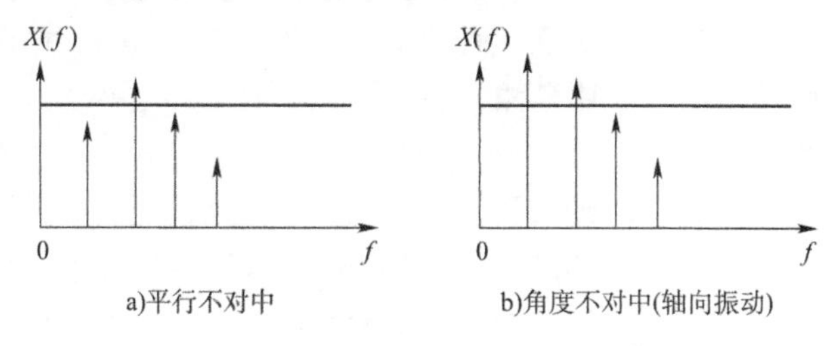

图7-14 各种不对中故障的频谱特征

目前,频率分析是诊断不对中的常用方法。不对中的频率结构比较复杂,在频率分析时要着重观察1倍频、2倍频及多倍频的分布和增长规律。这些都可以利用简易诊断仪器来完成。图7-15和图7-16分别为实测的平行不对中和角度不对中频谱图。

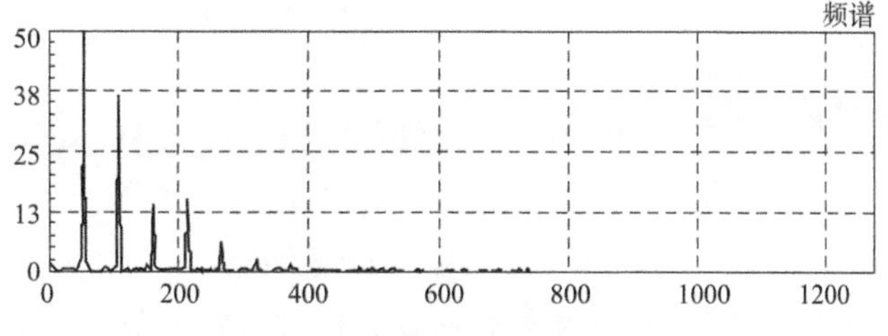

图7-15 实测平行不对中频谱图

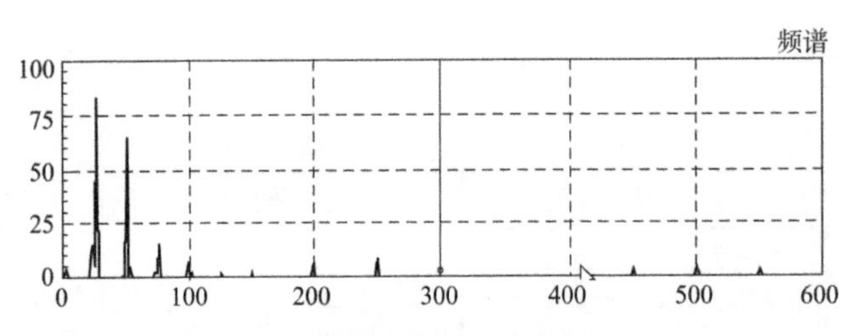

图 7-16 实测角度不对中频谱图(轴向)

(2)联轴节的类型甚至长短也会影响振动频率特性。联轴节过长或过短时,通常都会产生明显的3倍频的振动。表7-4列出了不同联轴节产生不对中故障时的振动特性。

不同联轴节产生不对中故障时的振动特性 表 7-4

联轴节类型	振动特征
刚性联轴节	有2倍频成分; 轴向振动1倍频成分大
齿式联轴节	轴向振动大,有2倍频及高次谐波; 径向振动可能有2倍、3倍、4倍频等; 联轴节两侧振动的相位常相反
膜片联轴节	有 n 倍频成分(n 为螺钉数)

(3)改变轴承支承负荷,轴承的油膜压力也随之改变,负荷减小时,轴承可能会产生油膜失稳。

(4)最大振动往往位于不对中联轴节两侧的轴承上,且振动幅度与转子的负荷有关,随负荷的增大而成正比例地增大(图7-17),且转动频率分量变化明显。

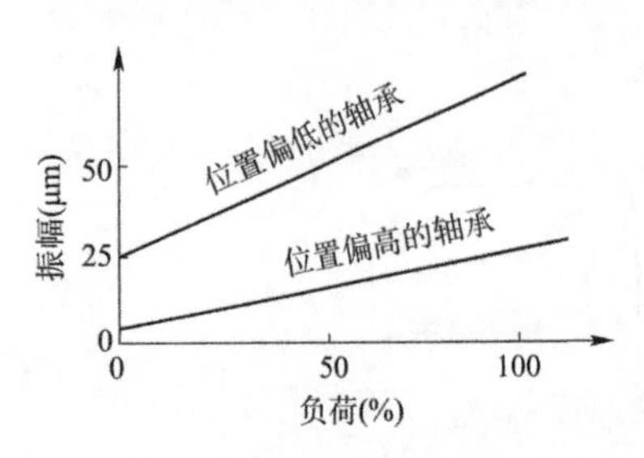

图7-17 不对中故障振幅随负荷变化情况

(5)由于不对中产生的对转子的激励力将随转速升高而线性增大,因此,高速旋转机械更应注重转子的对中要求。

(6)相位测量也是诊断不对中的常用诊断方法。联轴节同一侧相互垂直的两个方向,2倍频的相位差是基频的2倍;联轴节两侧同一方向的相位差如图7-18所示,在平行不对中时,径向相位差为180°;在角度不对中时,轴向相位差为180°,两侧径向相位是同相的;综合不对中同时,相位差为0~180°。由于受机器动力特性的影响,实际测得的相位差不一定是180°,通常在150~200°之间。

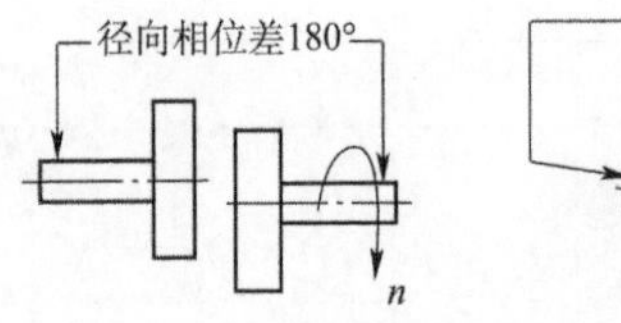

图 7-18 不对中时联轴节两侧相位差

(7)轴系在不对中情况下,中间齿套的轴心线相对于联轴节的轴心线会产生相对的移动,在平行位移不对中时的回转轮廓为圆柱;在角位移不对中时,为一双锥体;在综合位移不对中时,是介于两者之间的形状。回转体的回转范围由不对中量决定。

表7-5列出了当转子出现不对中故障时,对振动敏感的参数,可以此作为诊断依据。

转子不对中故障振动敏感参数 表7-5

序号	敏感参数	随敏感参数变化情况
1	振动随转数变化	明显
2	振动随油温变化	有影响
3	振动随介质温度变化	有影响
4	振动随压力变化	不变
5	振动随流量变化	有影响
6	振动随负荷变化	明显
7	其他识别方法	①联轴节两侧轴承振动较大; ②转子轴向振动较大; ③环境温度变化对振动有影响

【实例7-2】 透平压缩机组不对中故障诊断。

某透平压缩机组整体布置如图7-19所示。该机组年度检修时,除了正常检查和调整工作外,还更换了连接压缩机高压缸和低压缸间联轴节的连接螺栓,对轴系的转子对中情况进行了调整。

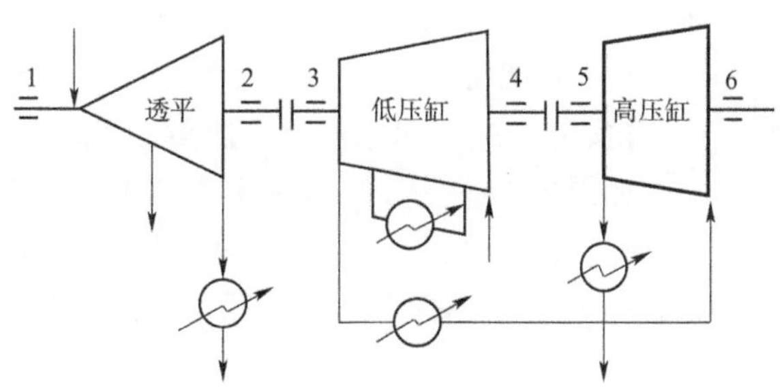

图7-19 机组布置示意图

检修后启动机组时,透平和压缩机低压缸运行正常,而压缩机高压缸振动较大(但在允许范围内)。机组运行一周后,压缩机高压缸振动突然加剧,测点4、5的径向振动增大,其中测点5振动值增大了两倍,测点6的轴向振动加大,透平和压缩机低压缸的振动没有明显变化。机组运行两周后,高压缸测点5的振动值又突然增加了一倍,超过了设计允许值,振动剧烈,危及生产。

如图7-20所示,压缩机高压缸主要振动特征如下:

(1)连接压缩机高、低压缸之间的联轴节两端振动较大。

(2)测点5的振动波形畸变为基频和倍频的叠加[图7-20a)],二次谐波具有较大峰值[图7-20b)]。

(3)轴心轨迹为双曲圆复合轨迹[图7-20c)]。

(4)轴向振动大。

诊断结果为:压缩机高压缸与低压缸之间存在转子对中不良,联轴节发生故障,必须紧急停机检修。

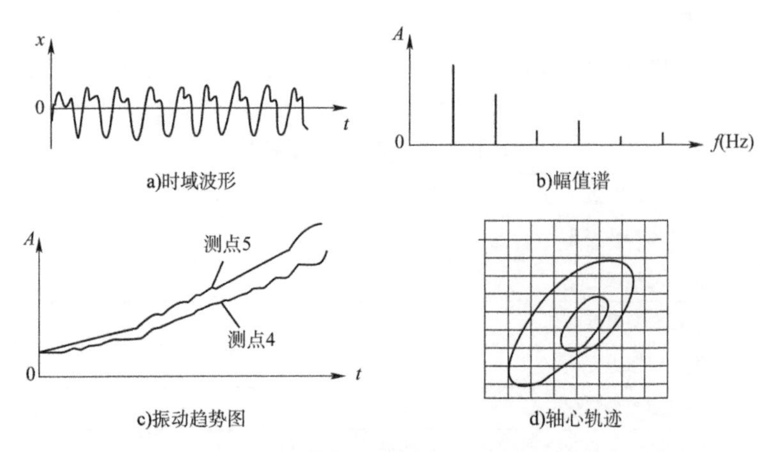

图 7-20 压缩机高压缸异常振动特征(测点 5)

根据诊断结果,检修人员重点对机组联轴节进行局部解体,检查后发现:连接压缩机高压缸与低压缸之间的联轴节(半刚性联轴节)固定凸缘和内齿套的连接螺栓已经断掉三只;复查转子的对中情况,发现对中严重超差,不对中量大于设计要求 16 倍;同时发现连接螺栓的机械加工和热处理工艺不符合要求,螺纹根部应力集中,且热处理后未进行正火处理,金相组织为淬火马氏体,螺栓在拉应力作用下发生了脆性断裂。

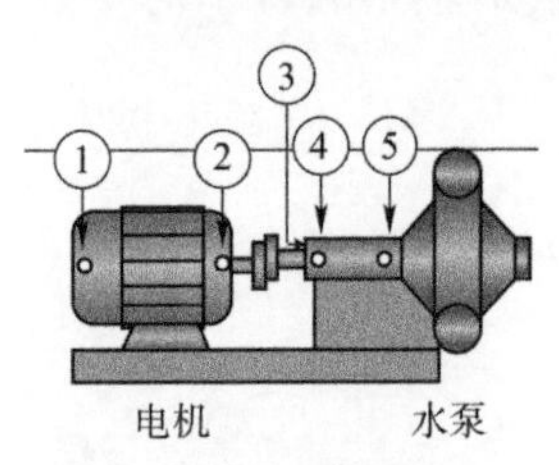

图 7-21 水泵系统测点布置示意图

根据诊断意见及检查结果,重新对中找正高压缸转子,并更换上符合技术要求的连接螺栓,重新启动后,机械运行正常,避免了一场恶性事故。

【实例 7-3】 水泵不对中故障诊断。

如图 7-21 所示,该水泵由电机驱动,在工作过程中振动明显,噪声突出。检修人员在图中标出的 5 个测点安装了振动传感器。图 7-22 为各个测点振动信号的频谱图。

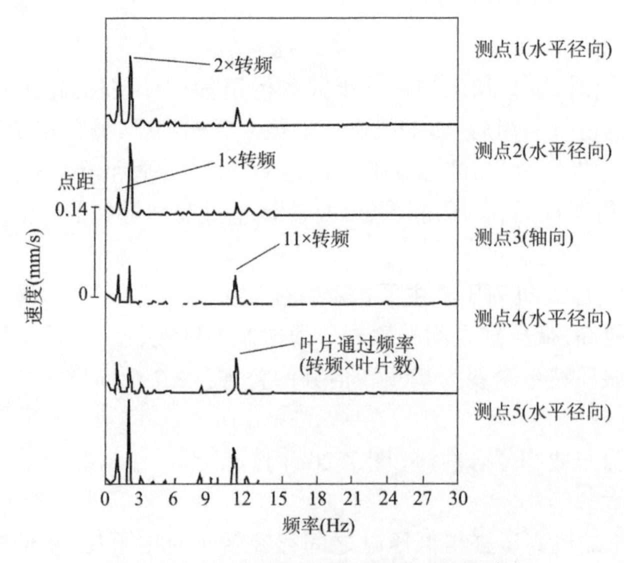

图 7-22 水泵各测点测得的振动信号的频谱图

观察频谱图可知，各测点的振动呈现以下特点：

(1)信号噪声水平总体不高。

(2)1 倍、2 倍转频成分突出。另外，11 倍频也突出，经分析水泵叶片数为 11，此为叶片通过频率。

(3)测点 3 测得的轴向振动幅值较大。

(4)承轨迹呈现外 8 字形。

(5)改变转速发现，振动强度与转速关系不大。

综合以上分析，得出结论，振动是由电机输出轴和水泵输入轴对中不良引起的。

7.1.3　松动

旋转机械的转子通常由各类支撑部件将其支撑在机体上，支撑点处安装有轴承用以减小摩擦。当支撑系统结合面存在间隙或连接刚度不足时，就会导致松动，进而会造成机械阻尼偏低、机械运行振动过大。松动是旋转机械较常见的故障之一。

对于松动的分析需要借助于非线性理论，而由松动导致的振动通常具有以下特点：①非线性可能引起转子的次谐波共振(共振频率为 1/2、1/3……倍转频)，即所谓的亚同步振动。②松动使转子系统在水平方向和垂直方向具有不同的临界转速，因此，次谐波共振现象可能发生在水平方向，也可能发生在垂直方向。③松动部件的振动具有不连续性。当发生松动时，振动形态会发生跳跃，即当转速缓慢增加或减小时，振动会突然增大或减小。④振动具有方向性。这是松动导致的振动的一大特征。特别是在松动方向上，约束力的下降将导致振动加大。⑤松动处除了产生上述低频振动外，还会出现转频的同频或倍频振动[图 7-23b)]。⑥相对于转子不平衡等故障，松动导致的振动往往具有较高的噪声水平[图 7-23b)]。⑦在松动的结合面两边，振幅有明显差别。

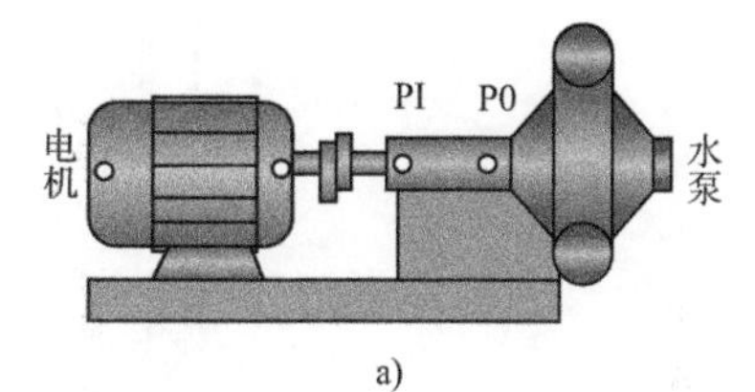

a)

b)

图 7-23　水泵系统松动实例

转子松动分为非转动部分松动和转动部分松动两种情况。轴承支撑零部件松动属于前者。轴承支撑部分包括轴承座、支座、轴承定圈等，是指安装在机器机体上，不随轴转动的部分。如当轴承套与壳体间有较大间隙或配合过盈量不足时，轴承套受离心力作用沿着圆周方向发生周期性变形，就会导致油膜稳定性变差、周向出现不连续位移、定子和转子间相碰擦等现象。转动部分松动是指转子上零件之间正常的配合关系被破坏，造成配合间隙超差而引起松动。图 7-24 所示为轴承内圈与轴颈配合松动(内圈与轴之间应该过盈配合，随轴转动)，测得的径向振动的频谱图如图 7-24b)所示，激励出 0.5 倍频、1.5 倍频这样的间入谐频分量。

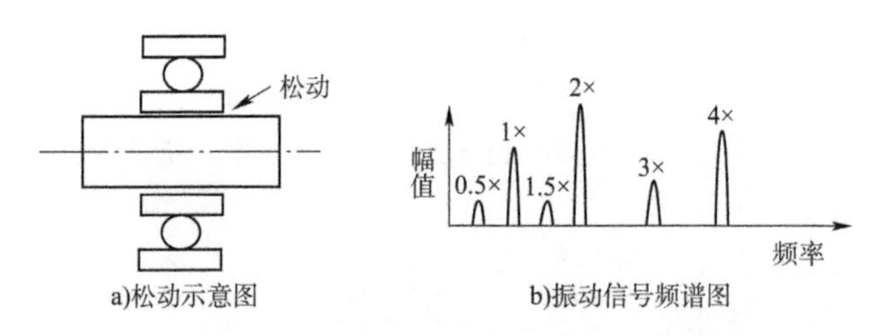

图 7-24　轴承内圈与轴颈配合松动

【实例 7-4】　压缩机轴承松动故障诊断。

图 7-25 上半部分为压缩机轴承未出现松动时的频谱，其中转动频率的 1 倍频、2 倍频、3 倍频等倍频成分十分明显。

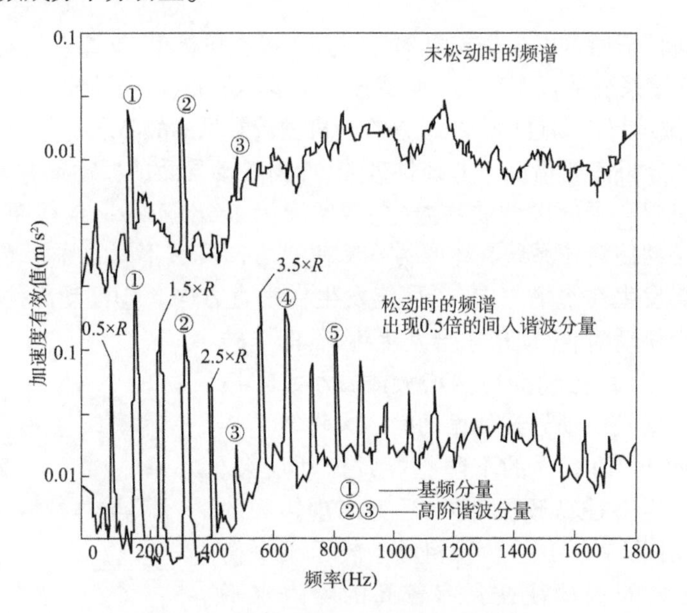

图 7-25　压缩机轴承松动时的振动频谱图

图 7-25 下半部分为出现松动时的频谱，0.5 倍、1.5 倍、2.5 倍、3.5 倍等间入谐频成分十分突出，同时还具有较高的噪声低线，这些都是转轴上零件松动的典型频率特征。

7.1.4　转子刚性不足

工程上，当转子的工作转速低于一阶临界转速 n_{r1} 时称为刚性转子，而转子的工作转速高于一阶临界转速时称为柔性转子。高速转子的转速一般都超过一阶或二阶临界转速。柔性转子的稳定性相对较差，当转子工作转速接近转子轴承系统的一阶或二阶临界转速，转轴会产生挠度变形(图 7-26)，将发生共振。一旦转动频率越过共振频率，则振幅下降。当转子工作转速接近 2 倍的一阶临界转速时，又可能出现油膜振荡。因此，任何旋转机械转子的工作转速都不得接近临界转速。

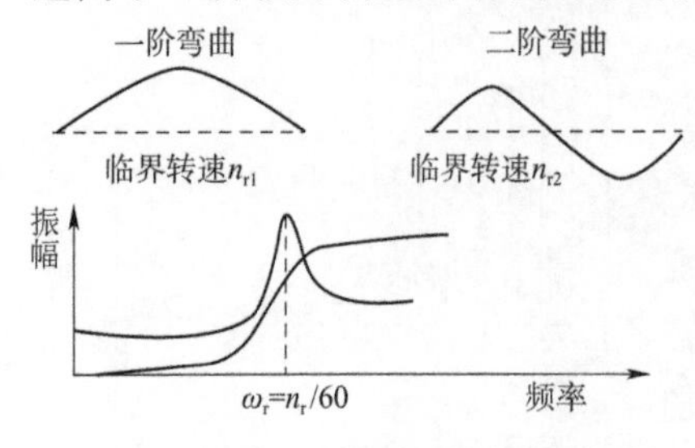

图 7-26　临界转速下转轴的挠曲变形与共振

悬臂式转子的振型节点一般都靠近轴承支承点,使轴承的油膜失去对转子的大部分阻尼,如果设计不当,转子通过临界转速时会发生大幅度振动。齿式联轴节的悬臂过长、质量过大、配合不紧,转子工作时常会发生联轴节共振。

7.1.5　动静摩擦

机械中,转子与固定件接触碰撞而产生的摩擦称为动静摩擦,如转子上的叶轮、迷宫密封、平衡盘、止推盘、径向轴承的轴颈与定子之间发生的动静摩擦。摩擦不仅产生振动,严重时还会造成零部件损坏,机器发生事故。

导致动静摩擦的原因有:①转子弯曲、转子不对中导致轴心严重变形;②间隙不足;③非旋转部件弯曲变形;④流体冲击;⑤轴位移过大;⑥轴上配合件与轴之间的内摩擦,或转轴材料弹性滞后产生的内摩擦等。

动静摩擦会产生巨大的热量。对于高速旋转机械,摩擦点温度可达上千度,接触局部温升可达数百度,这可以从转子碰磨以后接触部位的颜色变蓝,甚至发生塑性变形得到证实。这种温度差必然会使转子产生热变形,引起新的质量不平衡。

发生动静摩擦的转子,其振动特征有:

(1)振动频带宽(类似于机械松动),并伴有异常噪声。动静摩擦的频谱中既含有与转速频率相关的低频分量,也有与固有频率相关的高次谐波分量。摩擦还可能导致自激振动,自激的涡动频率为转子的一阶固有频率,也可能出现转频的亚谐波成分(图7-27)。这些可通过振动频谱和噪声频谱测量进行判别。

(2)振动随时间而变。在转速、负荷一定的工况条件下,由于接触导致局部发热而引起振动矢量的变化,其相位与旋转方向相反,这从轴心轨迹总是反向进动可以看出。

(3)接触摩擦开始瞬间会引起严重相位跳动(大于100°的相位变化),局部摩擦时,无论是同步还是异步,其轨迹均带有附加的环。

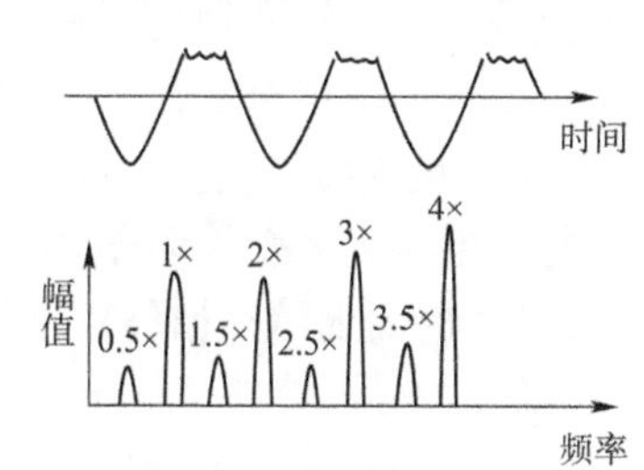

图7-27　动静摩擦的振动时域波形及频谱图举例

7.2　齿轮常见故障及其诊断

齿轮传动是机械中常用的机械传动方式,齿轮箱失效又是诱发装备故障的常见原因。

齿轮箱主要由轴、齿轮和轴承等结构组成,由于制造和装配误差,或在不适当的条件(如过载、润滑不良等)下工作,导致齿轮箱中零件和组件损伤。齿轮箱中各类零件损坏的百分比约为:齿轮60%、轴承19%、轴10%、箱体7%、紧固件3%、油封1%。从齿轮箱零件损坏的比例可知,齿轮箱故障中齿轮和轴承的故障占了很大的比重。

早期的齿轮故障诊断方法大体可分为两大类:一类是通过采集齿轮运行中的动态信号(振动和噪声),运用信号分析方法来进行诊断;另一类是根据摩擦磨损理论,通过润滑油液分析来实现。这些诊断仅限于直接测量一些简单的振动参数,如振动峰值p_k、均方根值RMS等,通过观察这些参数的变化来掌握齿轮的运行状况。有时,还采用一些无量纲参数,如峰值系数等,应用脉冲冲击仪等简易仪表对齿轮故障进行简易诊断。这类简单参数对齿轮故障反应的灵敏度不高,尤其无法确定故障是否在齿轮上。相比较而言,基于振动信号的频域分析方法是判断齿轮是否故障以及故障部位的更有效的方法,尤其对于齿轮磨损、断齿等故障的诊断比较成功。

与滚动轴承诊断相比,齿轮故障诊断的困难在于信号在传递中所经环节较多,齿轮经轴、轴承、轴承座最后到测点,高频信号(20kHz 以上)在传递中大多丧失。工作条件下很难直接检测某一个齿轮的故障信号,一般测得的信号是轮系的信号,必须从轮系的信号中分离出故障信息。因此,齿轮故障诊断通常需借助于较为细致的信号分析技术,以提高信噪比和有效地提取故障特征。

7.2.1 齿轮的典型故障及其特点

齿轮的损伤主要是轮齿的损伤,主要包括以下损伤形式:

(1)齿面磨损。当润滑油供应不足或不清洁,金属微粒、污物、尘埃和沙粒等进入齿轮导致材料磨损、齿面局部熔焊并随之撕裂,进一步齿面将发生剧烈的磨损微粒。这种磨损使齿廓显著改变,侧隙加大,还会由于齿厚过度减薄导致断齿。

(2)齿面胶合和擦伤。重载和高速的齿轮传动,齿面工作区温度很高。如果润滑不当,齿面间的油膜破裂,一个齿面的金属会熔焊在与之相啮合的另一个齿面上,在齿面上形成垂直于节线的划痕。较软齿面沿着滑动方被撕下,形成沟纹。这一现象称为胶合。未经跑合的新齿轮常在某一局部产生这种现象,使齿轮擦伤。

(3)齿面接触疲劳。啮合过程中齿轮既有相对滚动又相对滑动。这两种力的作用使齿轮表层深处产生脉动循环变化的剪应力。当这种剪应力超过齿轮材料的剪切疲劳极限,或者齿面上脉动循环变化的接触应力超过齿面的接触疲劳极限时,表面将产生疲劳裂纹。裂纹扩展,最终齿面金属小块剥落,在齿面上形成小坑,即为点蚀。点蚀主要发生在节线处。当点蚀扩大,连成一片时,形成齿面上金属整块剥落。严重剥落时齿轮不能正常工作,甚至造成轮齿折断。很多情况下,由于齿轮材质不均,或局部擦伤,容易在某一齿面上首先出现接触疲劳,产生剥落。

(4)弯曲疲劳与断齿。同悬臂梁类似,轮齿承受载荷时根部受到脉动循环的弯曲应力作用。当这种周期性应力过大时,就在根部产生裂纹,并逐步扩展,最终导致断齿。在齿轮工作中,由于严重的冲击和过载,接触线上的过分偏载以及材质不均都可能引起断齿。齿轮断齿有疲劳断裂和过负荷断裂两种。最常见的是疲劳断裂,受力的齿廓根部由于应力集中产生龟裂,并逐渐向齿廓方向发展,最终导致断裂。过负荷断裂是由于机械系统速度发生急剧变化、轴系共振、轴承破损、轴弯曲等原因,使齿轮产生不正常的一端接触,载荷集中到齿面一端而引起。

(5)齿面塑性变形。过大应力作用下,软齿面材料处于屈服状态,产生齿面或齿体塑性流动。这种故障一般发生在软齿面齿轮上。

此外,凡是使齿廓偏离其理想形状和位置的变化,都属于齿轮故障。

7.2.2 齿轮振动的频率特性

当齿轮旋转时,无论齿轮异常与否,齿的啮合都会发生冲击啮合振动,其振动波形表现出调制的特点;由于设计不当(如刚性不好)、材质不均及制造和安装的误差会使齿轮在运转中产生振动;齿面磨损,产生冲击、剥落、胶合、裂纹以至断裂时,更会引起剧烈的振动。以上导致产生的振动,都会有某种特征频率。因此,可对齿轮箱进行频谱分析,按出现的频率及其幅值来判别齿轮故障及其失效程度。齿轮振动的频率特征如下。

1)轴系的回转频率及谐波

轴系的回转频率:

$$f=\frac{n}{60}\quad(\mathrm{Hz})\tag{7-1}$$

式中:n——齿轮(轴)转速(r/min)。

当回转频率与系统的固有频率相一致时,系统即产生共振,引起整个机械系统的损坏。回转频率的谐波为 Nf,其中 $N=2,3,\cdots$。

2)齿轮的啮合频率及其谐波

渐开线齿廓的齿轮在节点附近时为单齿啮合。由于齿轮传动在设计时都会考虑重叠度的问题,因此在节线的两边为双齿啮合。双齿啮合区大小由重叠系数而定。齿轮在啮合过程中,由于承载部位的不断变化,其刚度也是不断变化的,因此,其啮合过程中承受的载荷是不断变化的,这会引起齿轮的振动。此外,一对轮齿啮合过程中,两齿面的相对滑动速度和摩擦力方向在节点处发生改变,也使轮齿产生振动。这两者形成了啮合频率及其谐波振动。

啮合频率:

$$f_{\mathrm{m}}=\frac{n}{60}Z\quad(\mathrm{Hz})\tag{7-2}$$

式中:n——轴转速(r/min);

Z——齿轮齿数。

啮合频率的谐波为:$NnZ/60$。当 $N=1$ 时是啮合频率,称基波;当 $N=2,3\cdots$时,是齿轮啮合频率的二次谐波、三次谐波……

对于有固定齿圈的行星轮系,其啮合频率为:

$$f_{\mathrm{m}}=\frac{1}{60}Z(n_{\mathrm{r}}+n_{\mathrm{c}})\quad(\mathrm{Hz})\tag{7-3}$$

式中:Z——任一参考齿轮的齿数;

n_{r}——参考齿轮的转速(r/min);

n_{c}——转臂的回转速度(r/min),其与参考齿轮转向相反时取正号,否则取负号。

3)齿轮的固有频率

齿轮的固有频率振动是齿轮的主要振动。一对直齿圆柱齿轮的固有频率可由式(7-4)求得:

$$f_{n1}=\frac{1}{2\pi}\sqrt{\frac{k}{m}}\quad(\mathrm{Hz})\tag{7-4}$$

式中:k——一对齿轮的平均弹性系数,$1/k=1/k_{\mathrm{L}}+1/k_{\mathrm{S}}$,$k_{\mathrm{L}}$、$k_{\mathrm{S}}$ 分别为大小齿轮的刚度系数;

m——齿轮副的等效质量，$1/m = 1/m_L + 1/m_S$，m_L、m_S 分别为大小齿轮的质量。

齿轮的固有频率多为 1 ~ 10kHz 的高频，当这种高频振动传递到齿轮箱等部件时，高频冲击振动已衰减，多数情况下只能测到齿轮的啮合频率。

4）隐含成分

隐含成分（或称鬼线）由齿轮加工机床分度齿轮误差传递到加工齿轮上引起，其频率相当于机床分度轮啮合频率。起名鬼线的原因是开始时找不到其来源，而在功率谱图上又常常存在。

隐含成分有两个特点：①总是出现在啮合频率附近，且不受载荷变化影响；②当齿轮运转一段时间后，由于磨损趋于均匀，啮合频率及其谐波成分增大而隐含成分及其谐波成分逐渐减少。

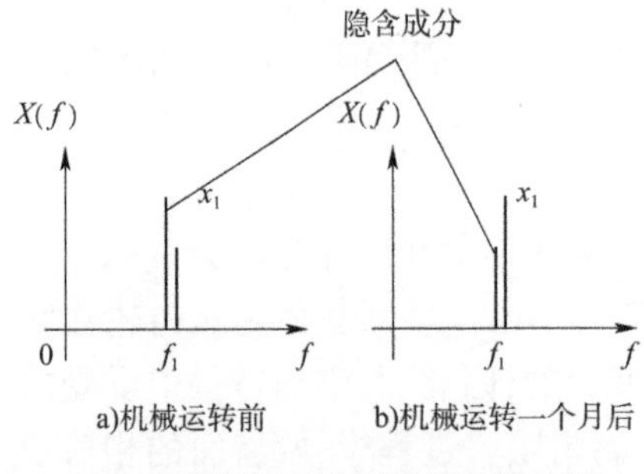

图 7-28　隐含成分与啮合频率的关系

图 7-28 是隐含成分的一个典型例子。原始状态时，啮合频率的幅值为 116dB，隐含成分的幅值为 123dB；当机械运转一个月后，啮合频率增加到 123dB，而隐含成分下降到 117dB。因此，隐含成分可作为齿轮故障诊断的辅助信息，用来表示齿轮跑合和磨损的历史。

5）信号调制

当齿轮产生故障时，振动信号出现调制现象而引成调制波，其频率为啮合频率及其谐波或其他高频成分，而故障的振动频率就是调制信号的频率。

调制可分为幅值调制（图 7-29）和频率调制（图 7-30）。调制结果是在频谱中齿轮啮合频率两边产生一簇边频带，其间隔即为故障引起的频率。因此，边频带分析在齿轮故障诊断中具有较重要的地位。齿轮偏差、齿间距周期性变化、载荷起伏等都会引起幅值调制和频率调制。

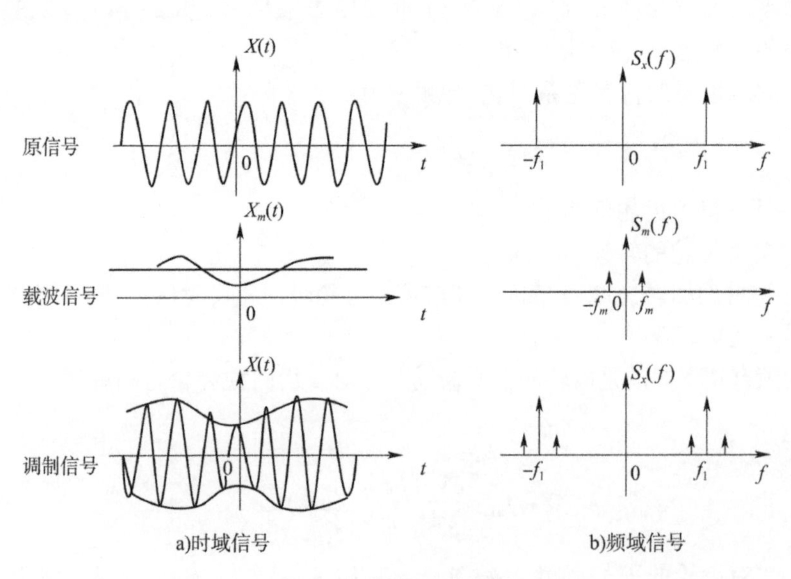

图 7-29　信号的幅值调制

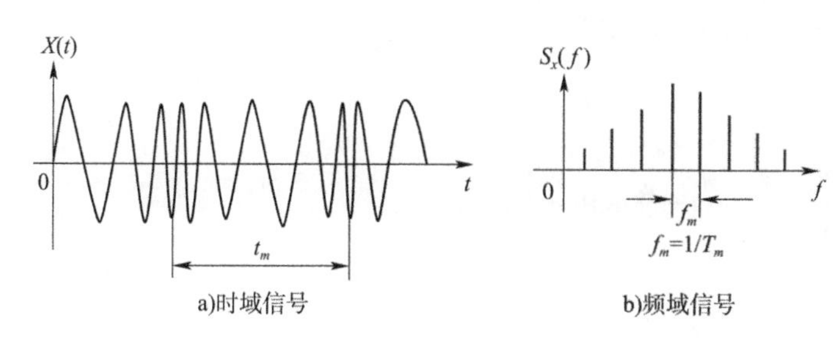

图 7-30 信号的频率调制

6)附加脉冲

由于不对中、不平衡、机械松动等原因会引起附加脉冲。附加脉冲会有轴系频率的低次谐波 f/N。

通过以上分析可见,齿轮箱的频谱图上,频率是很丰富的。齿轮振动频谱图的谱线一般有齿轮的回转频率及其谐波频率、齿轮的啮合频率及其谐波频率、啮合频率的边频带、齿轮副的各阶固有频率等。其中,齿轮副的固有频率由于齿轮啮合时齿间撞击而引起齿轮自由衰减振动,它们位于高频区,且幅值较小,易被噪声信号淹没。齿轮箱故障诊断就是根据这些频率特征来确定故障零件及异常程度。

7.2.3 齿轮故障的时域和频域特征

1)正常齿轮

正常齿轮振动主要由于齿轮自身的刚度等引起。正常齿轮由于刚度的影响,其时域波形为周期性的衰减波形。其低频信号具有近似正弦波的啮合波形。

正常齿轮的信号反映在功率上,有啮合频率及其谐波分量,即有 $nf_c(n=1,2,\cdots)$:①以啮合频率 f_c 成分为主,高次谐波依次减小;②低频处有齿轮轴旋转频率及其高次谐波 $Nf_r(N=2,3,\cdots)$。

正常齿轮的时域和频域特征如图 7-31 所示。

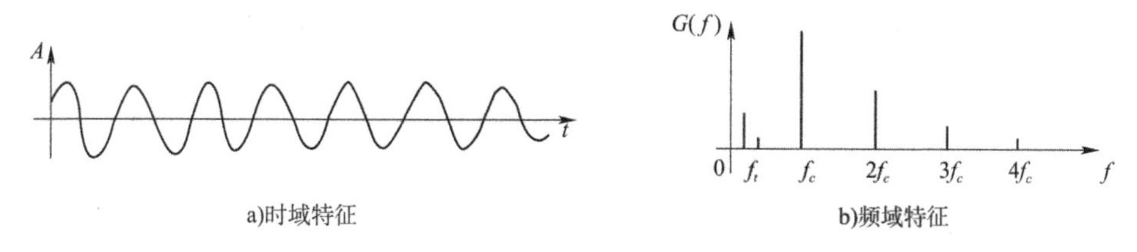

图 7-31 正常齿轮的时域和频域特征

2)齿轮磨损

齿轮均匀磨损是指由于齿轮的材料、润滑等方面的原因,或长期在高负荷下工作造成大部分齿面磨损。

齿轮发生均匀磨损时,齿侧间隙增大,通常会使其正弦波式的啮合波形遭到破坏,引起的高频及低频振动。其特征如图 7-32 所示:

(1)齿面均匀磨损时,啮合频率及其谐波分量 $Nf_c(N=1,2,\cdots)$ 在频谱图上的位置保持不变,但其幅值大小发生改变,且高次谐波幅值相对增大较多;

(2)随着磨损的加剧,还有可能产生 $1/k(k=2,3,4,\cdots)$ 倍的分数谐波;

(3)有时还会出现呈非线性振动的跳跃现象。

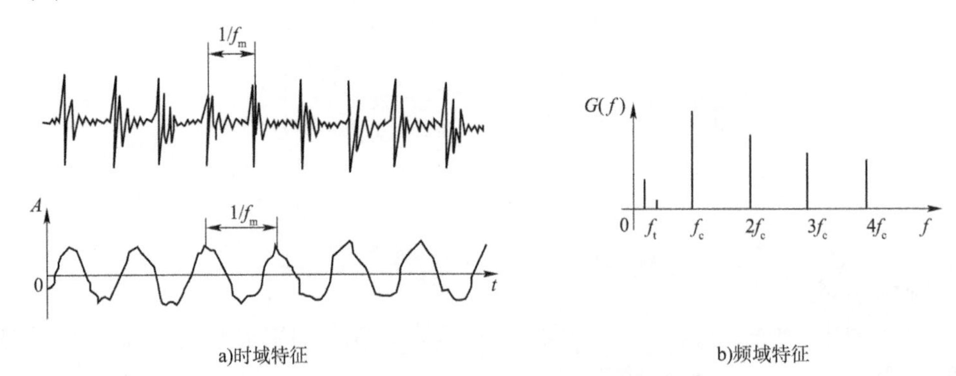

a)时域特征　　b)频域特征

图 7-32　磨损齿轮的时域和频域特征

3)齿轮偏心

齿轮偏心也称齿轮不同轴故障,是指齿轮的中心与旋转轴的中心不重合,通常由于加工造成。偏心会使齿轮产生局部接触,导致部分轮齿承受较大的负荷。其振动波形将被调制,产生调幅振动。

齿轮偏心故障的频域特征如下:

(1)以齿轮的旋转频率为特征的附加脉冲幅值增大。

(2)出现以齿轮一转为周期的载荷波动。

(3)当一对互相啮合的齿轮中有一个齿轮存在偏心时,振动的时域信号具有明显的调幅现象。调制频率为齿轮的回转频率,比所调制的啮合频率要小得多。频谱上存在以各阶啮合频率 $Nf_c(N=1,2,\cdots)$ 为中心,以故障齿轮旋转频率 f_r 为间隔的边频带,即 $Nf_c \pm f_r(N=1,2,\cdots)$。

齿轮不同轴故障的时域和频域特征如图 7-33 所示。

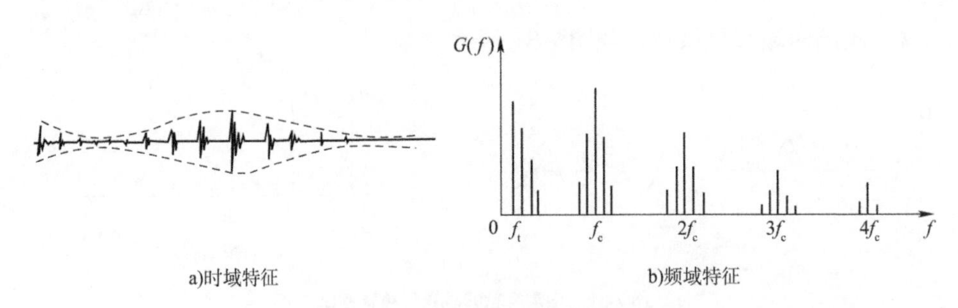

a)时域特征　　b)频域特征

图 7-33　齿轮不同轴故障的时域和频域特征

4)齿轮局部异常

齿轮的局部异常包括齿根部有较大裂纹、局部齿面磨损、轮齿折断、局部齿形误差等。

局部异常齿轮的振动波形是典型的以齿轮旋转频率为周期的冲击振动[图 7-34a)]。

具有局部异常故障的齿轮,由于裂纹、断齿或齿形误差的影响,将以旋转频率为主要频域特征,即 $mf_r(m=1,2,\cdots)$。

齿轮局部异常的时域和频域特征如图 7-34 所示。

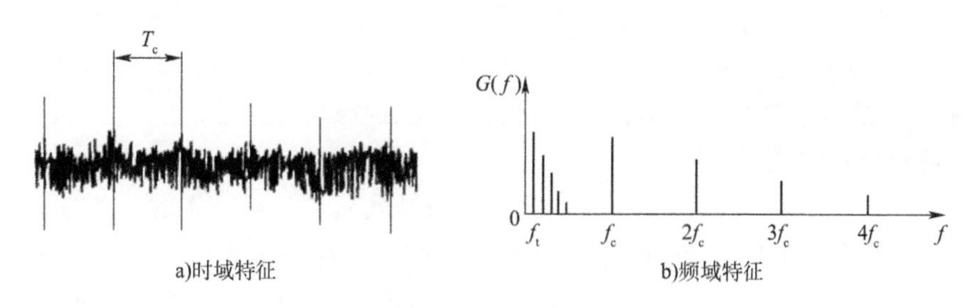

图7-34　齿轮局部异常的时域和频域特征

5）齿轮齿距误差的时域和频域特征

齿距误差是指一个齿轮的各个齿距不相等，几乎所有的齿轮都有微小的齿距误差。具有齿距误差的齿轮，其振动波形理论上应具有调频特性，但由于齿距误差一般在整个齿轮上以谐波形式分布，故在低频下也可以观察到明显的调幅特征。在频域表现为：①包含旋转频率的各次谐波 $mf_r(m=1,2,\cdots)$。②包含各阶啮合频率 $nf_c(n=1,2,\cdots)$。③包含以故障齿轮的旋转频率为间隔的边频 $Nf_c\pm mf_r(N,m=1,2,\cdots)$等。齿轮齿距误差故障的时域和频域特征如图7-35所示。

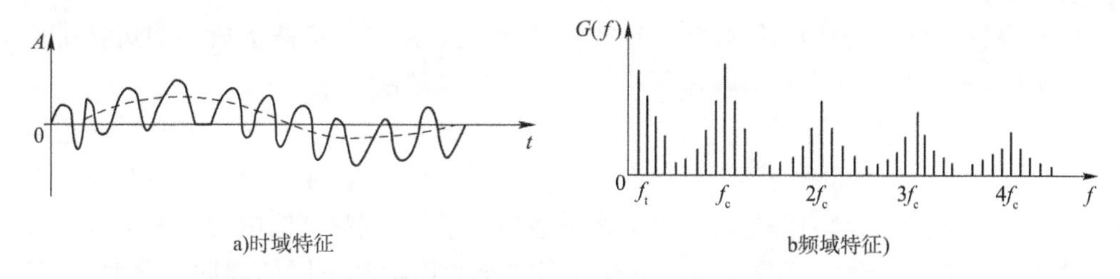

图7-35　齿轮齿距误差故障的时域和频域特征

6）齿轮不平衡故障

齿轮的不平衡是指齿轮质心和回转中心不重合，从而导致齿轮副的不稳定运行和振动。具有不平衡质量的齿轮在不平衡力的激励下会产生以调幅为主、调频为辅的振动。主要特征为：①由于齿轮自身的不平衡产生的振动，将在啮合频率及其谐波两侧产生 $Nf_c\pm mf_r(N,m=1,2,3,\cdots)$的边频带。②受不平衡力激励，齿轮轴的旋转频率及其谐波 mf_r 的能量也有相应增加。

齿轮不平衡故障的时域和频域特征如图7-36所示。

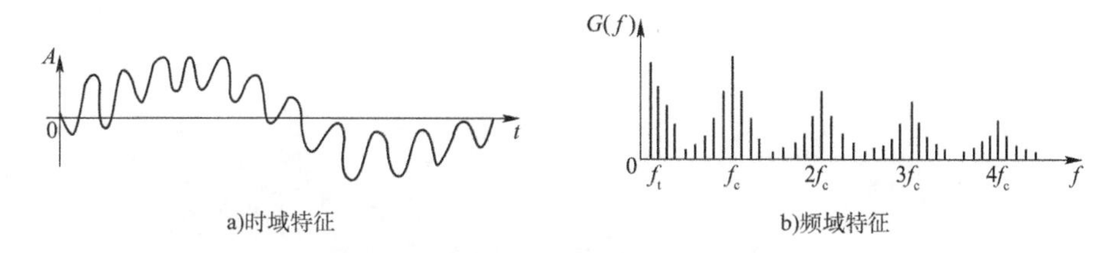

图7-36　齿轮不平衡故障的时域和频域特征

7.2.4　齿轮箱振动故障的常用诊断方法

齿轮箱振动故障诊断的方法很多，常见的有：①时域分析方法，如时域波形、调幅解调、相位解调等。②频域分析方法,如功率谱、细化谱等。③倒频谱分析方法。④时频域分析方法,如短时 FFT,维格纳分布,小波分析等。⑤瞬态信号分析方法,如瀑布图等。其中,较为有效的方法有时域分析方法、倒频谱分析法、时频分析法等。

1)特征量分析方法

直接利用振动时域信号进行分析并给出结果是最简单且最直接的诊断方法,特别是当信号中明显含有简谐成分、周期成分或瞬时脉冲成分时更为有效。

振动信号的时域特征量包括:①振动幅值的峰值、有效值(均方根值)、平均幅值、峰值(零峰值和峰-峰值)等。②振动周期,不同故障源会产生不同周期的振动。③相位,不同振源产生的振动具有不同相位。④其他指标和无量纲示性指标,其他指标如偏度、峭度等。无量纲性指标主要有峰态因数、波形因数、脉冲因数、峰值因数、裕度因数。无量纲性指标诊断能力大小依次为峰态因数、裕度因数、脉冲因数、峰值因数、波形因数。

2)齿轮频率细化分析技术

齿轮故障在频谱图上反映出的边频带较多,进行频谱分析时须有足够的频率分辨率。当边频带的间隔(故障频率)小于分辨率时,就分析不出齿轮的故障,此时可采用频率细化分析技术提高分辨率。

由于倒频谱分析受传输途径的影响很小,并且能将原来频谱图上成簇的边频带谱线简化为单根谱线,所以在齿轮故障诊断中具有特殊的优越性。

在齿轮箱振动信号的频谱图中,以某一基频为中心,每隔 $\pm\Delta f$ 有一谱线形成边频带信号,边带信号的谱线间隔是调制波频率 $f=\Delta f$。边频带信号在频谱图中近似是周期为 Δf 的周期波。因此,采用倒频谱分析可以分离出边频带信号,倒频谱图中的离散谱线高度反映原功率谱中周期分量幅值的大小。当有许多大小和周期都不同的周期成分时,功率谱图很难直观地发现其特点,但用倒频谱分析就会显得清晰明了。

【实例 7-5】 磨损齿轮功率谱和倒频谱。

图 7-37 是磨损齿轮箱振动功率谱和倒频谱,图 7-37a)滤掉了低次谐频,倒频谱峰值在 20ms 处,符合一个齿轮的旋转速度(50Hz)。图 7-37b)是完整功率谱中得到的倒频谱(包含了低次谐频),在倒频谱图中除了反映了与 50Hz 齿轮啮合影响外,倒频谱中还非常明显反映另一个齿轮的旋转速度 121Hz(8.2ms),这在功率谱图上是难以具体表示的。

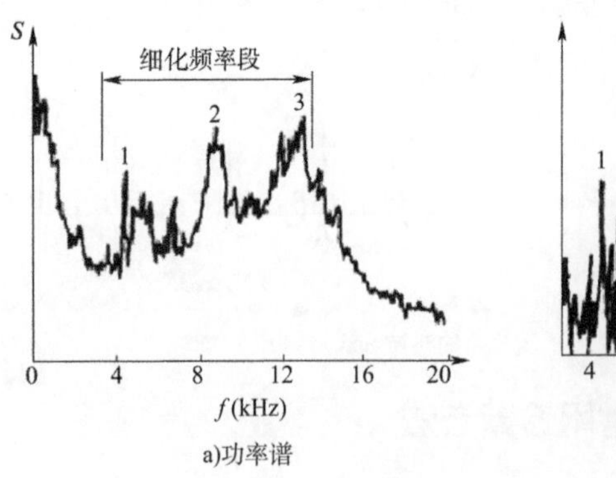

a)功率谱

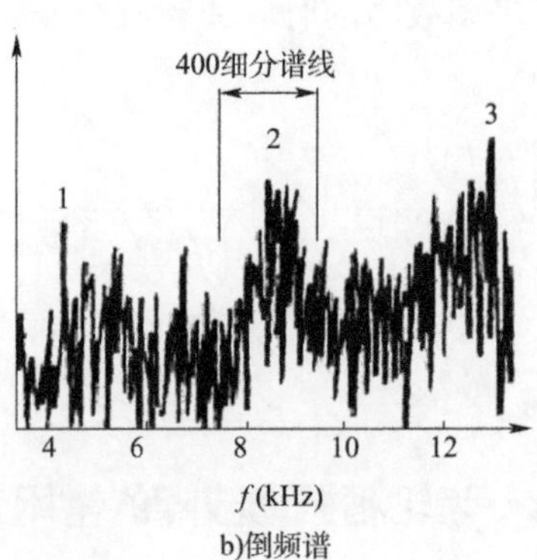

b)倒频谱

图 7-37 磨损齿轮振动特征

7.3 滚动轴承常见故障及其诊断

轴承是旋转机械中用于减摩的重要部件,同时也是机械中的易损部件。据统计,旋转机械故障有30%由轴承引起,轴承的好坏对机械的工作状况影响极大。尤其对于精密机械,对轴承的质量要求更高,其滚道上微米级的缺陷都是不允许的。轴承的缺陷会导致机械剧烈振动和产生噪声,甚至会加速机械的损坏。外部振源或轴承本身的结构特点及缺陷均可引起轴承振动,润滑剂在轴承运转中还会产生的流体动力振动和噪声,也会导致机械振动。因此,在机械运行过程中采集轴承的振动或噪声信号,并通过频谱分析来判断轴承状态,是非常重要的轴承故障诊断方法。

最早的轴承故障诊断是用听音棒接触轴承,靠听觉和经验来判断故障。现在,电子听诊器已经代替了听音棒,其感知的灵敏度和诊断的正确率都得到了大幅提高,有经验的技术人员甚至能凭此发现刚发生的疲劳剥落。但是,这种诊断方法受主观因素影响较大。随着振动诊断技术的发展和日渐成熟,人们采用各种测振仪,开始用振动位移、速度或加速度的均方根值或峰值来判断轴承故障,较大程度上减少了诊断结果对检修人员经验的依赖性。目前,滚动轴承的状态检测与故障诊断中广泛运用了多种信号处理技术,如频率细化技术、倒频谱、包络谱等等;在信号预处理过程中上采用了各种滤波技术,如相干滤波、自适应滤波等,大幅提高了诊断的灵敏度和准确性。

7.3.1 滚动轴承的常见故障

滚动轴承在运转过程中可因各种原因引起损坏,如装配不当、润滑不良、水分和(或)异物侵入、腐蚀和过载等都可使轴承过早损坏。即使在安装、润滑和使用维护都正常的情况下,经过一段时间运转,轴承也会出现疲劳剥落和磨损而不能正常工作。

滚动轴承的主要故障形式有以下几种:

(1)疲劳剥落(图7-38)。在滚动轴承中,滚道和滚动体表面既承受载荷又相对滚动,由于交变载荷的作用,首先在表面下一定深度处(最大剪应力处)形成裂纹,继而扩展到接触表面使表层发生剥落坑,最后发展到大片剥落,这种现象叫作疲劳剥落(也称疲劳点蚀)。疲劳剥落使机械在运转时产生冲击、振动和噪声。在正常工作条件下,疲劳剥落往往是滚动轴承失效的主要原因。一般所说的轴承寿命就是指轴承的疲劳寿命,而轴承的寿命试验就是疲劳试验。试验规程规定,在滚道或滚动体上出现面积为0.5mm^{2}的疲劳剥落坑时轴承的寿命就终结。滚动轴承的疲劳寿命符合威布尔分布(Weibull distribution)规律,分散性很大。同一批轴承,最高寿命与最低寿命可以相差几十倍乃至上百倍。这也从另一角度说明了滚动轴承故障监测的重要性。

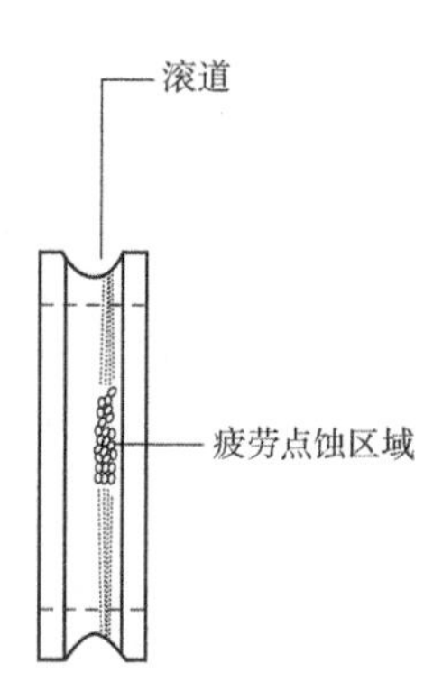

图7-38 轴承滚道上的疲劳剥落

(2)磨损。滚道和滚动体的相对运动和尘埃异物的侵入引起轴承表面发生磨料磨损,润滑不良加剧轴承的磨损。磨损的结果使轴承游隙增大,表面粗糙度增加,降低了轴承运转精度,因而也降低了机械的运动精度,振动及噪声增大。对于精密机械用轴承,往往是磨损量限制了轴承的寿命。当轴承不旋转而仅受振动时，由于滚动体和滚道接触面间有微小的、反复的相对滑动会产生磨损，结果在滚道表面上形成振纹状的磨痕，这种磨损即微动磨损。

(3)塑性变形。工作负荷过重的轴承受到过大的冲击载荷或静载荷，或因热变形引起额外的载荷，或有硬度很高的异物侵入时会在滚道表面上形成凹痕、划痕或压痕，这导致轴承在运转时产生剧烈的振动和噪声。而且，压痕引起的冲击载荷能进一步引起附近表面的剥落。

(4)锈蚀。锈蚀是滚动轴承的严重问题之一。高精度的轴承会由于表面锈蚀丧失精度，而不能继续工作。水分直接侵入会引起轴承锈蚀。当轴承停止工作时，轴承温度下降达到露点，空气中水分凝结成水滴附在轴承表面上也会引起锈蚀。此外，当轴承内部有电流通过时，在滚道和滚动体上的接触点处，电流通过很薄的油膜引起火花，使表面局部熔融，在表面上形成搓板状的凹凸不平。

(5)断裂。过大的载荷，磨削、热处理和装配引起的过大残余应力，工作时过大的热应力等都可能引起轴承零件破裂。装配不恰当时，轴承套圈上的挡边或滚子倒角处易产生掉块的缺陷。

(6)胶合。胶合是指一个零部件表面上的金属黏附到另一个零件部件表面上的现象。润滑不良、高速重载下的轴承因摩擦发热导致轴承零件极短时间内达到很高的温度，导致表面烧伤及胶合。

(7)保持架损坏。装配和使用不当可引起保持架发生变形，增加了它与滚动体之间的摩擦，甚至导致某些滚动体卡死而不能滚动，或保持架与内外圈发生摩擦等。这些都将增加轴承的振动、噪声和发热。

表7-6所列为不同维修模式下，滚动轴承各种故障的发生概率。

滚动轴承常见故障及发生概率 表7-6

故障原因	磨损	疲劳	应力	腐蚀	合计
预防维修时的发生概率(%)	66	8	3	23	100
事后维修时的发生概率(%)	81	1	2	16	100

7.3.2 滚动轴承的特征频率

随着对滚动轴承运动学、动力学的深入研究，人们较清楚地了解了轴承振动信号中的频率成分和轴承零件的几何尺寸及缺陷类型的关系，加之快速Fourier变换(FFT)技术的发展，用频域分析方法检测和诊断轴承故障的方法变得十分有效。其中的代表性研究成果有A. E. H. Loye计算出了钢球的共振频率；1961年，W. F. Stokey给出了轴承圈自由共振频率的公式；1964年，O. G. Gustafsson研究了滚动轴承振动和缺陷、尺寸不均匀及磨损之间的关系；1969年，H. L, Balderston通过滚动轴承的运动分析得出了滚动轴承的滚动体在内、外滚道上的通过频率和滚动体及保持架的旋转频率的计算公式。这些研究奠定了滚动轴承频域诊断的理论基础。

滚动轴承由内圈、外圈、滚动体、保持架等基本元件组成，各元件尺寸参数如图7-39所示。当轴承元件的工作表面出现疲劳剥落、压痕或局部腐蚀时，机械运行会出现周期性脉冲，其频率通常为各元件的特征频率及其谐波。

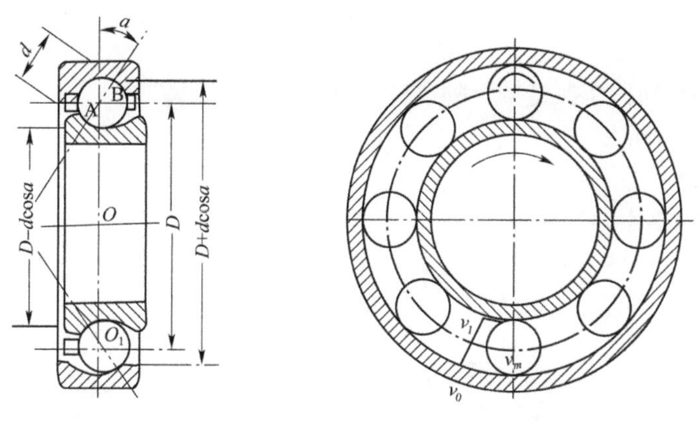

图 7-39　滚动轴承组成及基本参数

1）轴承零件损伤时的特征频率

滚动轴承内外圈滚道与滚动体之间为高副接触（即点接触或面接触），既承受载荷又相对滚动。在长期工作后，滚道表面与滚动体由于交变载荷的作用，首先在表面下一定深度处形成裂纹，继而扩展到表面并发生剥落，这种现象叫作疲劳剥落（也称疲劳点蚀）。正常工作条件下，疲劳剥落往往是滚动轴承失效的主要原因，轴承寿命通常就指轴承的疲劳寿命。

疲劳剥落使机械在运转时产生冲击、振动和噪声，可通过监测和分析这些状态信息判断轴承故障。同时，各元件发生故障时的特征频率可基于轴承参数由计算得出。计算时作如下假设：

第一，滚道与滚动体之间作纯滚动，无相对滑动；

第二，各零件为刚性体，承受径向、轴向载荷时均无变形；

第三，内圈为动圈，与轴一起转动。轴的转速为 N（r/min），内圈的旋转频率 $f_r = N/60$。

（1）内圈剥落特征频率。内圈一旦出现疲劳剥落、划伤，则每个滚动体滚过该损伤处时都会激励出振动。该振动的频率可通过下式计算：

$$f_i = 0.5Zf_r\left(1 + \frac{d}{D}\cos\alpha\right) \tag{7-5}$$

式中：Z——滚动体数；

f_r——内圈（轴）的回转频率；

d——滚动体直径；

D——保持架横截面中性轴直径（mm）；

α——接触角。

（2）外圈剥落特征频率。外圈一般为定圈，不转动，但每个滚动体滚过外圈滚道上的剥落处都会激励出振动。该振动的频率可通过下式计算：

$$f_o = 0.5Zf_r\left(1 - \frac{d}{D}\cos\alpha\right) \tag{7-6}$$

（3）滚动体剥落特征频率。滚动体剥落后，工作过程中会在内圈及外圈都激发出振动来，其特征频率可通过下式计算：

$$f_b = \frac{D}{d} f_r \left[1 - \left(\frac{d}{D} \right)^2 \cos^2 \alpha \right] \tag{7-7}$$

该频率同时也是滚动体在保持架上的通过频率。

(4) 内滚道不圆特征频率。内滚道不圆会激励出旋转频率 f_r 的一阶乃至高阶谐波 f_r，$2f_r$，…，nf_r。

(5) 保持架不平衡特征频率。

$$f_c = 0.5 f_r \left(1 - \frac{d}{D} \cos\alpha \right) \tag{7-8}$$

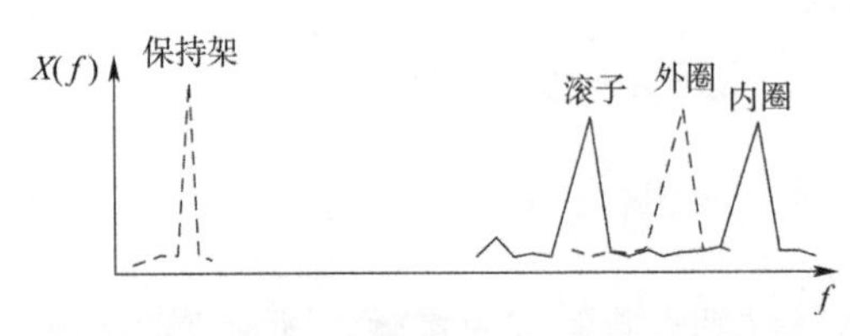

图 7-40 滚动轴承各零件损伤时的振动频率分布

图 7-40 所示为各零件损伤时滚动轴承的振动频率分布情况，频率分布从低到高依次为保持架特征频率 f_c、滚动体特征频率 f_b、外圈特征频率 f_o、内圈特征频率 f_i。

2) 轴承零件固有频率

当外部激励正好在轴承某零件的固有频率（也称自振频率）时，会激励起该零件的共振。由于轴承内圈随轴转动，外圈为定圈，固定在机体上，一般不会发生共振。具有较大的共振可能性的是钢球和保持架。

(1) 钢球固有频率。

$$f_b = 0.101 \frac{Eg}{D\gamma} \tag{7-9}$$

式中：E——钢球材料的弹性模量，钢球取 210GPa；

g——重力加速度，取 9800mm/s^2；

γ——钢球密度，取 $7.86 \times 10^{-6}\text{kg/mm}^3$。

(2) 保持架径向弯曲固有频率。如图 7-41 所示，轴承保持架在受力时容易发生弯曲，无法视作刚体，其在自由状态下发生径向弯曲时的固有频率可以用式(7-10)计算：

$$f_{cn} = \frac{k(k^2-1)}{2\pi\sqrt{k^2+1}} \frac{4}{D} \sqrt{\frac{EIg}{\gamma A}} \tag{7-10}$$

式中：k——振动阶数，$k = 2, 3, \cdots$；

E——保持架材料的弹性模量；

I——保持架横截面的惯性矩(mm^2)；

A——保持架的横截面积，$A \approx bh$(mm^2)。

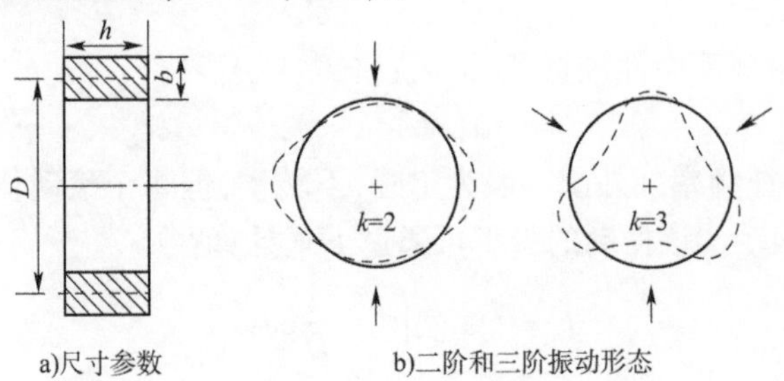

图 7-41 轴承保持架尺寸参数及振动模态

对于钢材,将诸常数代入式(7-10),得:

$$f_{cn}=9.4\times10^{5}\frac{h}{b^{2}}\frac{k(k^{2}-1)}{\sqrt{k^{2}+1}} \tag{7-11}$$

可见,轴承每一种零件有其特殊的故障频率。轴承故障诊断就是根据这些频率值确定故障元件,再根据各频率处的幅值大小确定元件异常程度。

7.3.3 滚动轴承频域诊断

轴承的故障诊断是根据实测轴承的振动特征与正常状态或某一故障状态轴承的振动特征相比较来差别。

1)正常轴承的振动特征

正常轴承的振动和噪声也相当复杂,有轴承本身结构特点引起的振动,也有与轴承的制造装配等因素引起的振动。

(1)轴承结构特点引起的振动。由不同位置承载的滚子数目不同、承载刚度变化引起轴心的起伏波动,其振动频率为f_c。

(2)轴承刚度非线性引起的振动。滚动轴承的轴向刚度常呈非线性,特别是当润滑不良时,易产生异常的轴向振动。轴承刚度曲线呈对称非线性时,其振动频率为f_r,$2f_r$,$3f_r$,…;刚度曲线呈非对称非线性时,振动频率为f_r,$f_r/2$,$f_r/3$,…

2)故障轴承的振动特征

滚动轴承各零件出现剥落、裂纹、点蚀等损伤时,其振动频率具有以下特征:

(1)内滚道损伤。

①轴承无径向间隙时,如果内圈滚道出现点蚀、划伤等损伤(图7-42),则滚动体经过损伤部位会激励出周期为$T=1/f_i$的冲击。其中,f_i为内圈剥落特征频率,可用公式(7-5)计算。周期脉冲信号的频谱为等间隔的离散谱线,如图7-42c)所示,其基频为f_i,高阶谐波分量的频率为f_i的整倍数,即$nf_i(n=2,3,\cdots)$。

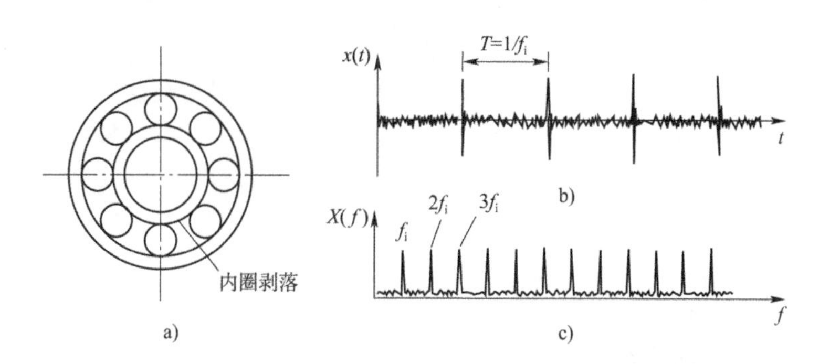

图7-42 内滚道损伤(无径向间隙)时的振动时域波形及频谱图

②轴承内圈出现严重磨损时,轴承会出现偏心现象(图7-43),轴及轴承内圈旋转过程中轴心(内圈中心)会绕外圈中心摆动,激励出回转频率f_r及其高阶谐波$nf_r(n=2,3,\cdots)$。

(2)外圈滚道损伤。

外圈滚道安装在机体上,为定圈,损伤时振动信号不会出现振幅调制。当外圈存在滚道损伤时(图7-44),其冲击周期为$1/f_o$[f_o计算公式见式(7-6)]。由于时域信号为周期性冲击信号,因此,其频谱图上的基频为 f_o,其高阶谐波分量的频率为 f_o 的整倍数,即 $nf_o(n=2,3,\cdots)$。

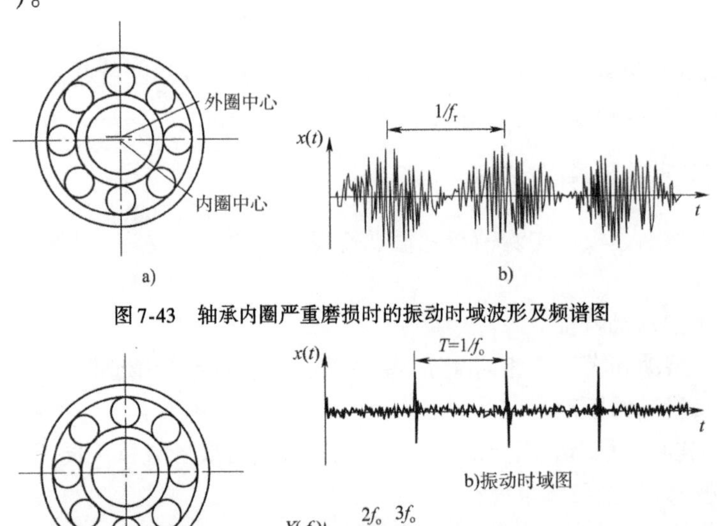

图 7-43　轴承内圈严重磨损时的振动时域波形及频谱图

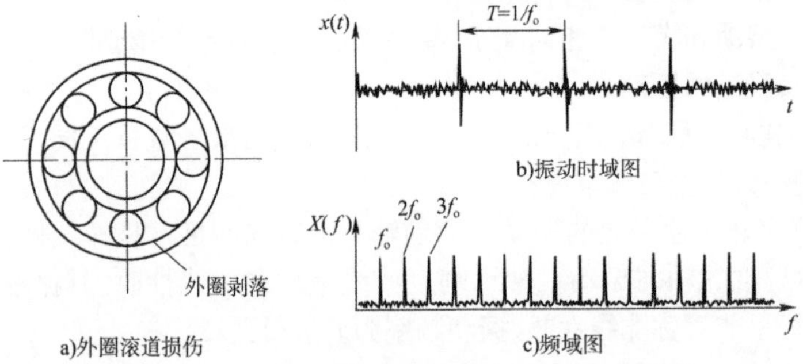

图 7-44　外圈滚道损伤时的振动时域信号及其频谱图

(3)滚动体损伤。

①当滚动轴承无径向间隙时,振动频率为滚动体剥落特征频率 f_b[可用式(7-7)计算]及其高阶谐波 $nf_b(n=2,3,\cdots)$。

②当轴承有径向间隙时(图 7-45),则振动时域波形会出现以滚动体公转频率 f_r 为调制波的幅值调制[图 7-45b)],其频谱图上会出现以 $nf_b(n=1,2,\cdots)$为中心频率的边频带 $nf_b \pm mf_r(m=1,2,\cdots)$。

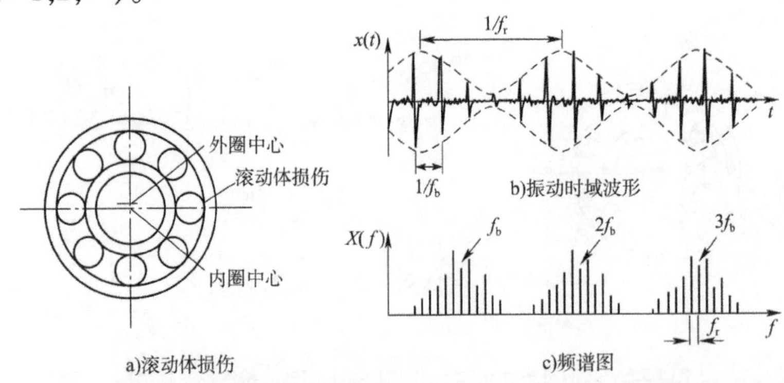

图 7-45　有径向间隙时滚动体损伤的振动时域信号及其频谱图

【实例 7-6】　滚动轴承内外圈滚道损伤。

图 7-46 所示为某旋转机械上同一根轴两端的两个同型号滚动轴承分别发生外圈滚道损伤和内圈顾上损伤时振动信号的频谱图。图 7-46a)中清晰可见外圈滚道损伤的特征频率 f_{out} 及其高阶倍频成分。图 7-46b)中清晰可见内圈滚道损伤的特征频率 f_{in} 及其高阶

倍频成分。此外,还能发现幅值较低的边频成分 $mf_{in} \pm f_r$,表现为轻微的调幅特征,说明轴承存在少量的径向间隙。

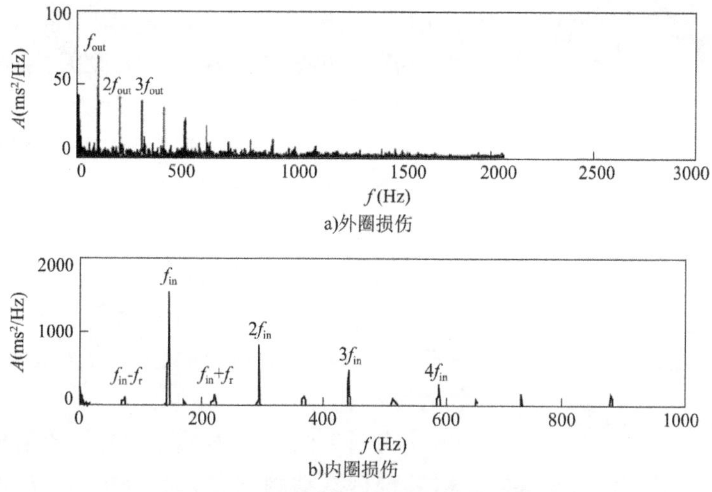

图 7-46 滚动轴承各部位损伤时频谱图

③滚动轴承振动信号各频带特性。滚动轴承振动信号的频率成分相当丰富,频带很宽,并且在不同频带内所包含的轴承故障信息也不同。

低频段(<1kHz)主要包含轴承故障特征频率和加工装配误差引起的振动特征频率。这一频带易受机械中其他零件及结构的影响和电源干扰。在故障初期,反映损伤类故障冲击的特征频率成分信息的能量很小,信噪比较低。

中频段(1 ~ 20kHz)包含有轴承元件表面损伤引起的轴承外圈的固有振动频率等。通过分析这一频带内的振动信号,可以较好地诊断出轴承的损伤类故障。

轴承故障引起的冲击能量大多分布在高频段(20 ~ 80kHz),如果测量用的传感器谐振频率较高,那么对此频带分析可较好地诊断出轴承的故障。

【实例 7-7】 轴承外圈磨痕损伤。

图 7-47 为某轴承外圈磨痕损伤时的振动频谱图比较。改善前,在 1000Hz 出现了外圈磨损故障的特征频率,并在该频率附近出现大量边频带。将该轴承旋转 90°使其承载面质量改善后,该部分频率消失。

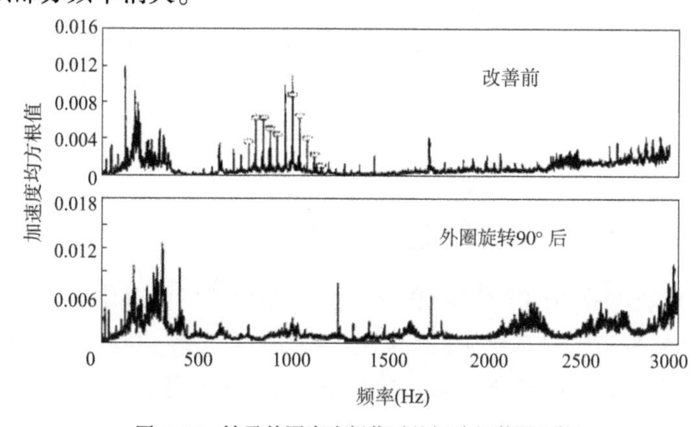

图 7-47 轴承外圈磨痕损伤时的振动频谱图比较

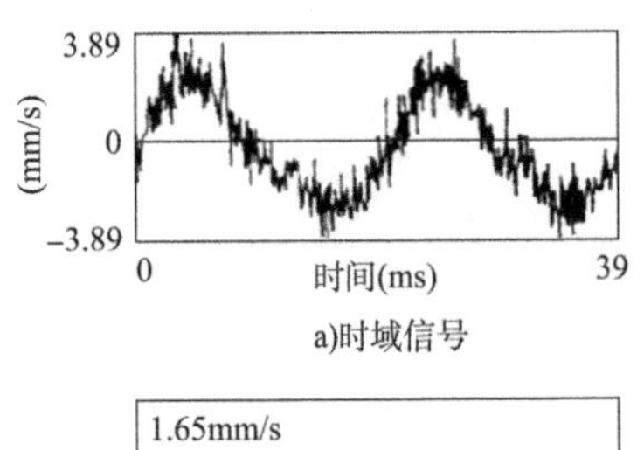

a)时域信号

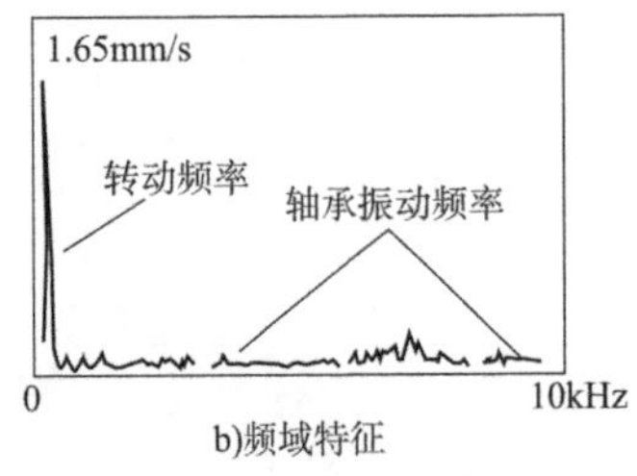

b)频域特征

图 7-48　水泵电机轴承振动

【实例 7-8】　水泵电机轴承发热原因分析。

某水泵电机在检修时更换了轴承，投运后 78h 后发现轴承温度较高，发热明显，疑为轴承质量不合格所致。为了分析导致轴承发热的原因，采集了轴承运转过程中的振动信号，并分析其频域特征（图 7-48）。

图 7-48a）显示，振动信号中存在明显的周期成分。进一步分析其频谱特征[图 7-48b）]，可知该周期成分的频率为轴承的转动频率，为低频成分，属于正常现象。而在高频部分，振动幅值很小，由此可确定轴承无质量问题，只是游隙小，发热为暂时现象，完全可以继续使用。后经长期运行磨合后，轴承运转良好，发热现象消失。

【实例 7-9】　变速器振动超标原因分析。

某变速器振动超标，且有异响。对其进行振动测试和频域分析[图 7-49a）]发现，振动信号的频率成分主要是轴承故障频率及其高阶谐波，且它们的振动速度都已超过标准值，故判断是轴承质量不良引起。

更换了合格的轴承后再次测试和分析[图 7-49b）]，轴承故障频率尤其是其高阶谐波分量的振动速度大幅下降，异响也消失，变速器运转正常。

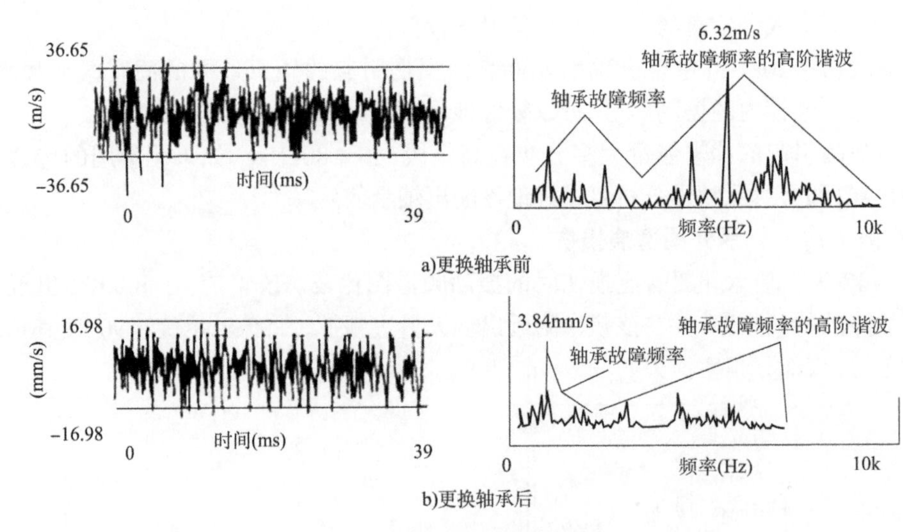

图 7-49　轴承振动速度及频域图

7.3.4　滚动轴承故障发展的四个阶段

轴承故障时一般可分为四个阶段（图 7-50），每个阶段的振动和噪声都有其特征。

第一阶段：初始故障阶段。此阶段开始出现故障的萌芽，并呈现以下特点：①温度和噪声正常，振动速度总量及频谱都正常；②尖峰能量总量及频谱有所征兆，反映轴承故障的初始阶段；③轴承故障频率出现在 20 ~ 60kHz 范围内。

第二阶段:轻微故障阶段。此阶段呈现以下特点:①温度正常,噪声略有增大,振动速度总量略有增大;②振动频谱变化不明显,但尖峰能量增幅较大,频谱更突出;③轴承故障频率出现在500Hz～2kHz范围内。

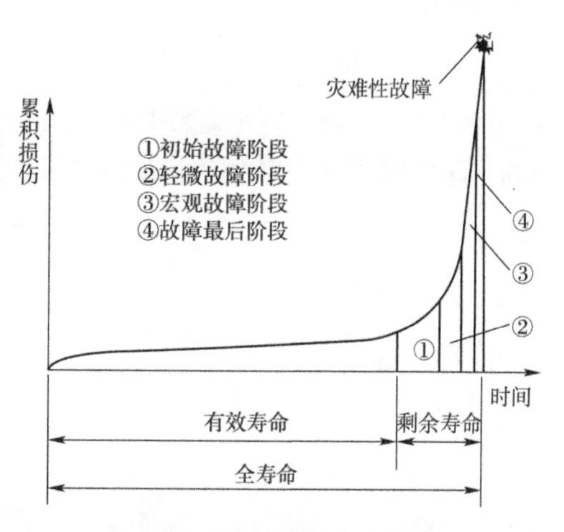

图7-50　轴承故障的四个阶段

第三阶段:宏观故障阶段。此阶段呈现以下特点:①温度略有升高,人耳能听到噪声,振动速度总量有大幅增加;②振动速度频谱上清晰可见轴承故障频率及其谐波和边频带;③尖峰能量总量相比第二阶段变得更大,频谱更突出;④轴承故障频率出现在0～1kHz范围内。

第四阶段:故障最后阶段。此阶段呈现以下特点:①温度明显升高,噪声强度明显改变;②振动速度总量和振动位移总量明显增大,尖峰能量总量迅速增大。注意,绝不能让轴承在故障发展的第四阶段中运转,否则,将可能发生灾难性破坏。

如果滚动轴承的整个使用寿命是L10,那么从轴承安装投入使用时计起,在它的前80%寿命时间段内,轴承是正常的。接下来对应滚动轴承故障发展,其剩余寿命在第一阶段为10%～20%L10;第二阶段为5%～10%L10;第三阶段为1%～5%L10;第四阶段约为1h或1%L10。因此建议,第三阶段后期就应更换轴承。

轴承故障发展到第三阶段后期的识别,可结合温度、噪声、速度谱、尖峰能量谱、速度和尖峰能量的总量趋势及实际经验进行综合诊断。

7.4　滑动轴承常见故障及其诊断

相对于滚动轴承,滑动轴承的结构和工作原理不一样。如图7-51所示,以润滑油作为润滑介质的滑动轴承工作时,以楔形薄油膜支承轴颈。当油膜压力与外载荷平衡时,轴颈就在与轴承内表面不发生接触的情况下稳定地运转,此时轴心位置略有偏移。

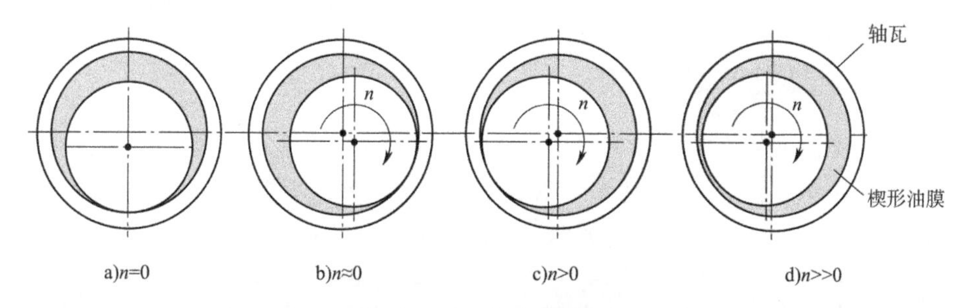

图7-51　滑动轴承润滑原理

但油膜作为流体,在工作过程中经常不稳定,将使得转子轴径在轴承内高速自转的同时,还绕某一平衡中心公转。在轴颈-油膜-轴瓦系统中,与流体有关的转子不稳定现象通称为油膜失稳。油膜失稳常见的油膜失稳有油膜涡动和油膜振荡。

7.4.1 油膜涡动及其诊断

如图7-52所示，轴在轴颈中做偏心旋转时，油楔的进口断面大于出口断面，如果进口处的油液流速不马上下降，则轴颈从油楔中间隙大的地方带入的油量大于从间隙小的地方带出的油量。由于液体的不可压缩性，多余的油就推动轴颈前进，形成与轴旋转方向相同的涡动 Ω。

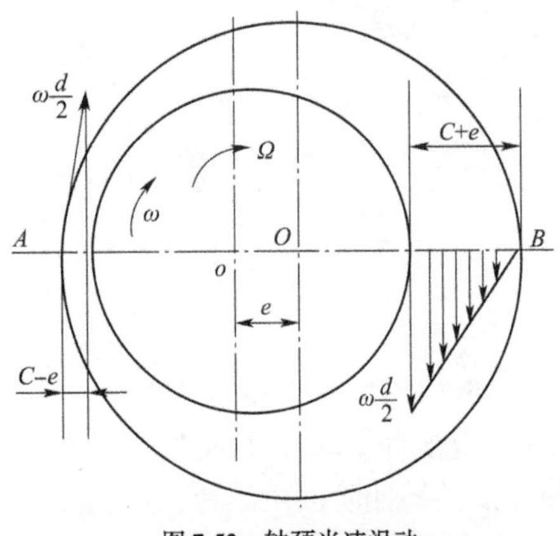

图7-52 轴颈半速涡动

而此时，轴瓦处于静止状态，即轴瓦表面的油膜速度为零，而轴颈以角速度 ω 高速旋转，轴颈表面的油膜速度与轴颈表面速度相同。因此，不论在圆周上的任何剖面，油膜的平均速度均为轴颈圆周速度的一半，即 $\frac{1}{2}\omega$。油膜的楔形在带动轴绕轴瓦中心运动时，油膜的激励将引起轴颈振动，即形成油膜涡动。因楔形油膜的平均速度为轴颈圆周速度的一半，故又称半速涡动(Half speed vortex)。

实际产生的油膜涡动的频率为：

$$\Omega=(0.42\sim0.48)\omega \tag{7-12}$$

油膜涡动的主要特点有：①油膜涡动出现时，其频率分量为转速的一半或略低(图7-53)。②油膜涡动与转速有直接关系，转子转速到达失稳转速后，振幅会突然增加；但当转速下降时，振幅不会立即下降，而是继续下降到某一数值时，振幅突然降低而消失。③油膜涡动的轴心轨迹是由基频与半速涡动频率叠加成的双椭圆，形状较为稳定(图7-54)。④油膜涡动的出现与润滑油温有直接关系。

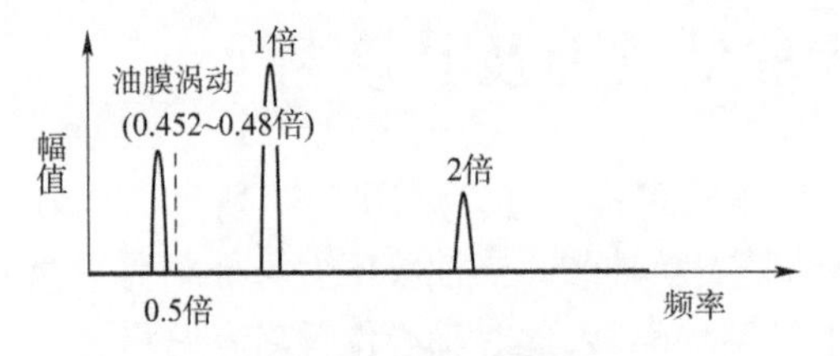

图7-53 油膜涡动频谱特征

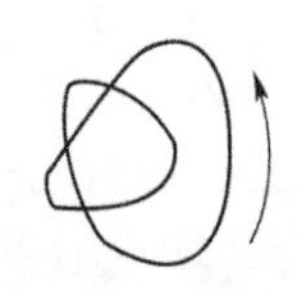
图7-54 油膜涡动的轴心轨迹

7.4.2 油膜振荡及其诊断

油膜的半速涡动频率始终为转子转频的1/2，并随着转速的升高而升高。当转速升高到转子的一阶临界转速时，半速涡动频率达到转子一阶共振频率，从而激起转轴的强烈振荡。这时，油膜涡动发展成共振涡动，称为油膜振荡(Oil whip)。

油膜振荡时，旋转的轴颈带动润滑油高速流动，高速油流又反过来激励轴颈剧烈振荡。维持振动的能量由转轴本身在旋转中产生，不受外部激励力的影响，因此，油膜振荡实际上是一种自激振动。油膜振荡的振幅可达到转轴在临界转速发生共振时的振幅水平，有时甚至更加激烈，不仅会导致高速旋转机械的故障，有时也是造成轴承或整台机械破坏的原因，故应引起重视。

油膜振荡通常具有以下特征，可以作为判断油膜振荡的依据：①油膜振荡只发生在转速高于临界转速的旋转机械。②强烈的油膜振荡一般在转子达到某一转速时开始，该转速称为失稳转速（参见图7-55所示的转速谱），失稳转速通常为转子的2倍一阶临界转速。③油膜振荡一旦发生，振荡频率将保持不变，通常稳定于转子的2倍一阶临界转速附近（图7-55）。④油膜振荡导致的转子涡动方向与转子的旋转方向一致。⑤油膜振荡具有惯性。油膜振荡与转轴在临界转速下产生的共振不同。共振可以通过越过临界转速来消除，而油膜振荡一旦发生，即使增加转速也不会停止，将会在一个比较宽的转速范围内存在，这一现象称为油膜振荡的惯性效应。导致惯性效应的原因是因为油膜振荡是自激振荡，维持振动的能量有转轴在旋转中供应。⑥油膜振荡的发生具有突然性。实际上，在失稳转速以前，就有可能时隐时现轻微的振荡，但到达失稳转速之后，振荡幅度突然剧增。想要消除油膜振荡，只有把转速降低到失稳转速以下，而油膜振荡的消失也具有突然性。⑦油膜振荡的发生具有滞后性。转速升高得比较快时，油膜振荡会滞后出现；降低转速时，油膜振荡也会滞后消失。⑧油膜振荡轴心轨迹紊乱、发散[图7-56a)]。油膜振荡有失稳趋势，一旦油膜破裂，就会导致摩擦与碰撞，因此轴心轨迹不规则，波形幅度不稳定，相位经常发生突变。

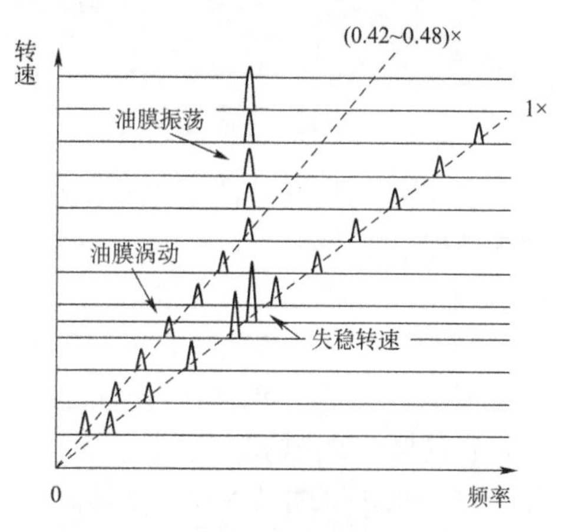

图7-55　油膜涡动和油膜振荡的转速谱

当然，以上只是油膜振荡最一般的特征，并不能包括油膜振荡时可能会发生的所有复杂现象。如在图7-56b)所示的频谱图中，除了2倍一阶临界转速频率，另外还有接近1/2转速的频率成分，通常振幅较小。该频率将随着转子转速的升高而升高，但两者之比始终维持在1/2。这类振荡大多数在2倍临界转速以前，且刚性转子更容易发生。

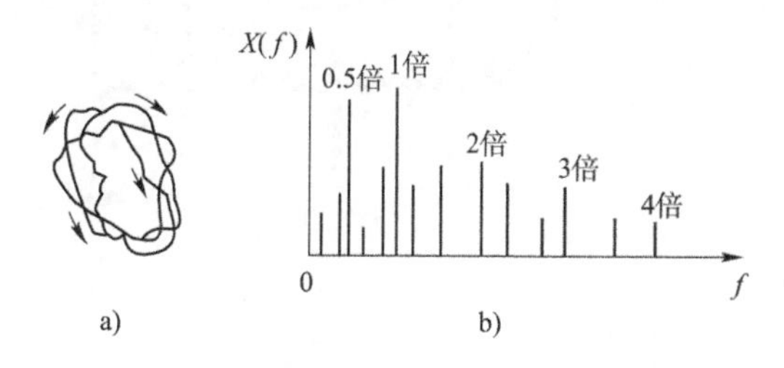

图7-56　油膜振荡的轴心轨迹及频谱图

7.4.3　载荷对油膜失稳的影响

载荷对于油膜失稳有较大影响，轻载、中载和重载转子发生油膜涡动和油膜振荡的时机也不尽相同。轻载转子在第一临界转速 ω_{cr1} 之前就会发生不稳定的半速涡动，但不会产生大幅度的振动。当转速到达第一临界转速 ω_{cr1} 时，转子由于共振而有较大的振幅；越过 ω_{cr1} 后振幅再次减少，当转速达到 $2\omega_{cr1}$ 时，振幅增大并且不随转速的增加而改变，这时形成油膜振荡。中载转子在过了一阶临界转速 ω_{cr1} 后会出现半速涡动，而油膜振荡则在 $2\omega_{cr1}$ 后出现。对于重载转子，因为轴颈在轴承中相对偏心率较大，转子的稳定性好，并不存在半速涡动现象，甚至转速达到 $2\omega_{cr1}$ 时还不会发生很大的振动，当转速达到 $2\omega_{cr1}$ 后的某一转速时，才突然发生油膜振荡。

7.5 发动机常见故障及其诊断

7.5.1 发动机振动诊断

发动机振动诊断与噪声诊断一样，是目前研究最多的诊断方法之一。它最大的优点是振动测量传感器可以安装在发动机的外部机体上，利用外部振动来判断发动机内部故障，下面通过一些实例加以说明。

【实例 7-10】 活塞-汽缸套磨损故障诊断。

图 7-57 是活塞-汽缸套间隙分别为正常、中度磨损、严重磨损三种不同情况时，在机身上测得的振动响应的时域波形。正常时，振动响应的冲击幅值较小，随着磨损严重程度的增加，振动响应的冲击幅度也增加。

【实例 7-11】 活塞环磨损故障诊断。

图 7-58 是活塞环磨损故障检修前后的时域信号比较，检修前活塞环磨损严重，此时活塞横向撞击汽缸套引起机身表面振动瞬态响应的幅值显著增大，响应持续时间延长，修理后振动响应幅值明显减小。

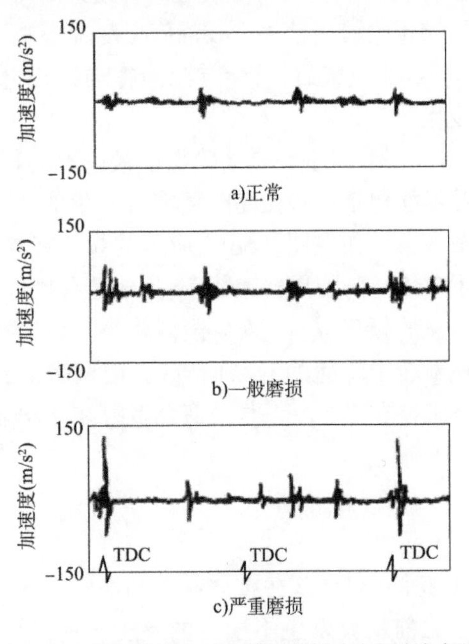

图 7-57 不同活塞-汽缸套间隙时的振动响应时域波形

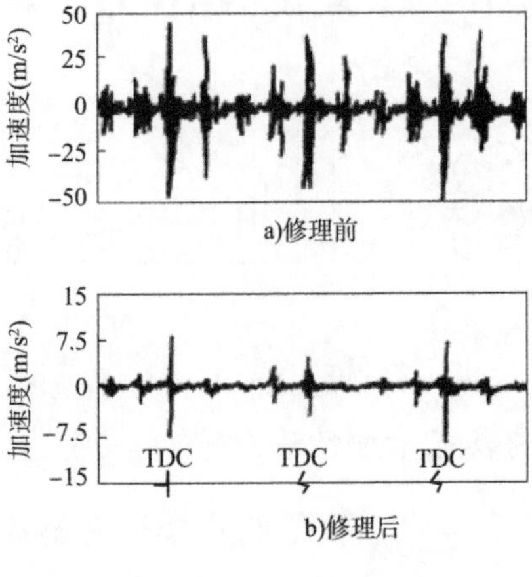

a)修理前

b)修理后

图 7-58 活塞环磨损故障检修前后的时域信号

【实例 7-12】 气门间隙异常诊断。

图 7-59 是某发动机排气门不同间隙时机身表面振动响应的功率谱图。从频率成分来看，正常间隙时，振动频谱能量主要集中在 5 ~ 11kHz 之间，在 7kHz 附近有最大的能量。随着磨损增加，气门间隙的增大，3 ~ 4.5kHz 的振动能量增加，7kHz 附近能量相应减少，增加了大于 20kHz 的频率成分。

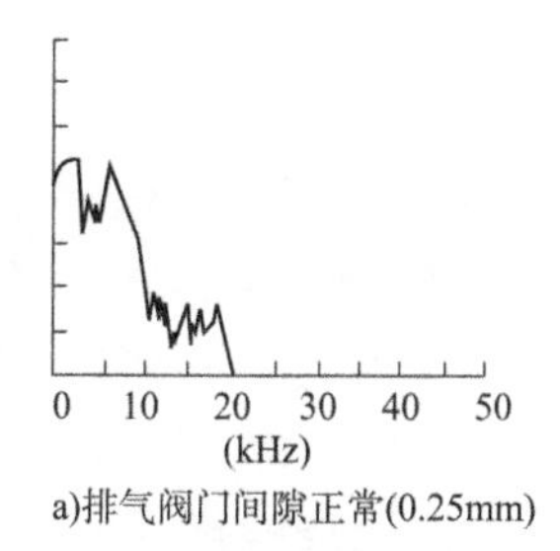

a)排气阀门间隙正常(0.25mm)

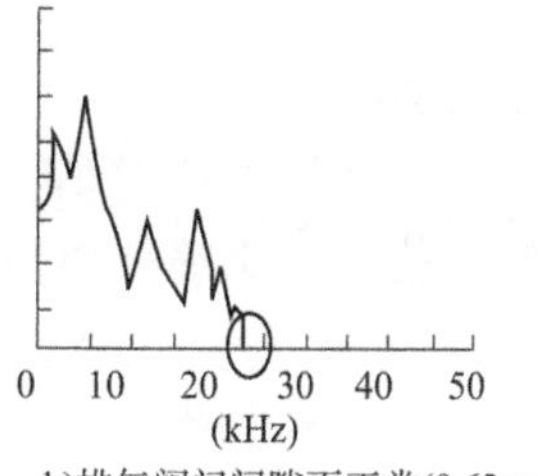

b)排气阀门间隙不正常(0.62mm)

图 7-59 气门不同间隙时机身表面振动响应的功率谱图

【实例 7-13】 气门漏气故障诊断。

气门漏气是常见的发动机故障之一。发动机运行时,即使是有经验的操作人员也难发现气门早期漏气。但通过测量缸盖表面振动与排气门正常状态的振动进行比较,即可发现排气门漏气在发动机燃烧阶段和排气门开启阶段较明显。图 7-60 为处于正常状态、人工缺陷及未研磨 3 种状态下,缸盖在上述两个阶段的振动响应经过高通滤波后的信号。表 7-7 是三种状态下频率在 1 ~6.4kHz 范围内振动的总能量。可见,排气门漏气使得缸盖振动在 1 ~6.4kHz 范围内的总能量增加。

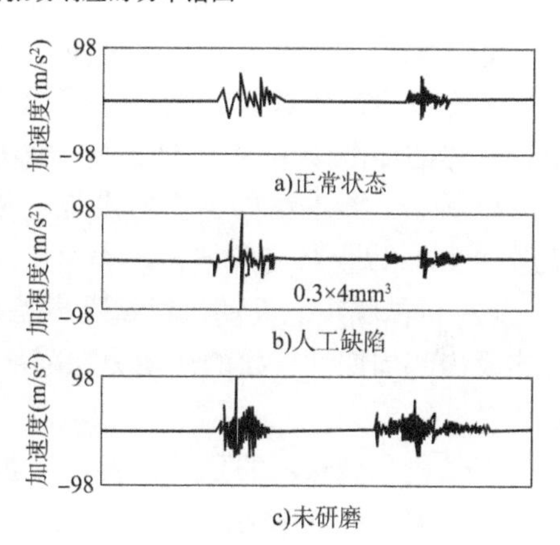

图 7-60 三种气门状态下缸盖的响应

三种状态下振动的总能量(单位: $\times 96.04 \times 10^{-3} m^2/s^2$) 表 7-7

气门状态	正常状态	人造缺口	未研磨
总能量	31.1	59.9	71.3

判断点火系统故障主要是利用测量波形(或测量数据)与标准波形(或标准数据)相比较的方法。下面以某型六缸发动机为例,说明判断故障的方法。

7.5.2 发动机噪声诊断

发动机工作过程中,其进排气门、活塞和活塞环、主轴承、连杆轴承、飞轮异常、发动机爆燃、发动机排气、发动机支承、水泵、风扇等都会发出噪声。发动机噪声诊断是指测量来发动机各部位的噪声,由此判断发动机的工作状态。

1)发动机噪声来源

发动机的噪声是指直接从发动机本体及其附件传出的噪声。按照噪声的产生方式可分为燃烧噪声、机械噪声和气体动力噪声。燃烧噪声是汽缸内气体压力由于燃烧而引起的周期性的变化;机械噪声是由于各部件之间的机械作用而产生的噪声;气体动力噪声包括进气系统、排气系统和风扇所产生的噪声。燃烧噪声和机械噪声是通过发动机表面向外辐射的,故又称为发动机表面噪声。进排气噪声和风扇噪声是直接向大气辐射的噪声。

(1)燃烧噪声。燃烧噪声是发动机的主要噪声源。它由于可燃混合气燃烧时,压力急剧上升,冲击活塞、汽缸盖、汽缸体、连杆、进排气歧管等引起发动机结构振动而产生的噪声。

发动机噪声呈现以下特点：

①从燃烧室形状看，汽油机半球形燃烧室燃烧速率大，其噪声最大；浴盆形燃烧室燃烧速率较低，噪声较低。柴油机直喷式燃烧室以开式噪声最大，半开式次之，球形及斜置圆筒形燃烧室的噪声相对较低，分隔式燃烧室涡流室与预燃室燃烧噪声都比较低。

②从产生噪声的时机看，燃烧噪声主要集中于速燃期，其次是缓燃期。速燃期压力增长率大，形成的冲击强，产生的噪声大。加速时发动机燃烧噪声要比发动机匀速运转时大，负荷小燃烧噪声也相对小。喷油提前角减小时，可使燃烧噪声减小。

③从发动机转速看，转速增高可使最大爆发压力和压力增长率增大，燃烧噪声也随之增大。汽油机产生爆震、表面点火及运转不平稳等不正常燃烧时，汽缸压力剧增，由于汽缸内气体的冲击作用，可听到3Hz~6kHz的高频爆震声（俗称“敲缸”）或0.5Hz~2kHz的“粗暴”钝音。汽油机的不正常燃烧会使燃烧噪声增大。爆震时，除了在6kHz有明显增大外，800Hz以上都有所增长。表面点火时，在整个频率范围内普遍增大。

（2）机械噪声。发动机机械噪声是指发动机运转时由于内部各零件之间的间隙引起撞击及内部周期性变化的作用力在零部件上产生的弹性变形所导致的表面振动而引起的噪声。

发动机机械噪声的分类见表7-8，包括：

①活塞对汽缸壁的敲击，通常是发动机的最大机械噪声源。由于活塞与汽缸壁间有间隙存在，作用在活塞上的气体压力、惯性力和摩擦力的方向周期性变化，使活塞在往复运动过程中与汽缸壁的接触从一个侧面到另一个侧面也相应地发生周期性地变化，从而形成活塞对汽缸壁的强烈冲击。这种冲击一方面从汽缸壁传给曲轴箱，另一方面经连杆、曲轴，再从皮带轮等传播出去。

发动机机械噪声的来源 表7-8

组成	活塞组件	传动件	柴油机供给系统	配气机构	其他
噪声成分	活塞敲击声 活塞环摩擦声	正时齿轮撞击声 链传动噪声 皮带传动声	喷油泵噪声 喷油管噪声 喷油管内压力传递声	气门开、闭声 配气机构冲击声 气门弹簧振动声	发电机噪声 空气压缩机噪声 冷却器噪声 液压泵噪声
频率范围	2~8kHz	<4kHz	>2kHz	0.5~2kHz	—

活塞的敲击声，一般柴油机噪声高于汽油机，主要取决于汽缸的最大爆发压力和活塞与缸壁之间的间隙。最大爆发压力大，敲击也大，噪声增大。发动机冷起动时，活塞与缸壁之间的间隙较大，噪声尤为明显。在使用过程中，发动机转速、负荷以及汽缸的润滑条件也影响活塞的敲击声。

发动机转速增加噪声加大，如果活塞与缸壁之间有足够的润滑油，润滑油有阻尼和吸声作用，可以降低活塞敲击噪声。

②气门噪声。气门噪声由进排气门开、关撞击引起，与气门运动速度成正比，高速时惯性力过大，超出了气门弹簧的弹力，气门运动不规则，气门噪声更大。

③正时齿轮噪声。正时齿轮噪声主要由于交变载荷下齿轮刚度周期性变化、齿轮制

造误差和表面粗糙度,以及曲轴扭转振动引起的转速变化和因驱动配气机构、喷油泵等引起载荷的周期性变化而引起齿轮振动产生,同时通过轴、轴承以及汽缸体传到齿轮盖,使壳体激发出噪声。

④喷油系统噪声主要由喷油泵、喷油器和高压油管系统的振动引起,是柴油机的噪声源之一,它可分为流体噪声和机械噪声。流体噪声包括油泵压力脉动激发的噪声、空穴现象激发的噪声和喷油系统管道的共振声。机械噪声主要是喷油泵凸轮和滚动轮体之间的周期性冲击和摩擦声。当凸轮轴、轴承和调速机构振动时,也会产生噪声。这些噪声的主要频率在人耳的听觉敏感区内,是不可忽视的噪声源。

(3)进、排气噪声。主要包括:

①进、排气管中流动气流的压力脉动所产生的低、中频噪声。

②气流以高速流过气门进气截面时形成涡流产生的高频噪声。

③气门迅速关闭时,进、排气系统产生的气体振动,并通过表面传出的噪声。

进气噪声主要频率范围在0.05～0.5kHz之间,其主要为低频噪声。当转速增加时,吸入空气流速增大,进气噪声增大。进气噪声随负荷的增加而稍有增加。排气噪声的主要频率范围在0.05～5kHz之间,对非增压发动机来说,距排气口1m处排气噪声可高达110～120dB(A)。排气噪声随发动机排量、有效功率、有效转矩以及平均有效压力与排气口面积乘积的增大而增大,排气噪声通过加装消声器可得到很大程度的降低。进、排气系统的紧固和接头的密封状况将影响表面辐射噪声和漏气噪声。

(4)风扇噪声。风扇噪声是发动机的噪声源之一,风冷发动机噪声尤其大,在高速全负荷时甚至与进、排气噪声不相上下。发动机罩内温度越高,冷却风扇负荷越大,噪声也相应增大。风扇噪声由旋转噪声、涡流噪声和零部件的机械噪声组成,主要以空气动力性噪声为主。旋转噪声是由风扇旋转的叶片周期性切割空气引起空气压力波动而激发出的噪声,其频率值为:

$$f_i = \frac{nZ}{60}i \tag{7-13}$$

式中:i——谐波序号($i=1,2,3,\cdots$,当$i=1$时,f_1为旋转噪声的基频);

Z——风扇叶片数量;

n——风扇转速(r/min)。

涡流噪声是由于风扇旋转时叶片周围产生的空气涡流,这些涡流又因黏滞力的作用分裂成一系列独立的小涡流,从而使空气扰动,形成压缩和稀疏过程,产生噪声。其频率计算式为:

$$f_i = 0.185\frac{v}{D}i \tag{7-14}$$

式中:v——气体与物体(叶片或其他障碍物)之间的相对速度(m/s);

D——物体的正面在垂直于速度平面上的投影宽度(m);

i——谐波次数,$i=1,2,3,\cdots$。

发动机的风扇噪声在低速运转时以涡流噪声占优势,高速时以旋转噪声占优势。风扇噪声与风扇转速有很大关系,而风扇转速与发动机转速成正比。当发动机转速超过额定转速10%以后,风扇噪声会超过发动机本体的噪声。

风扇的机械振动噪声是由于气流引起的风扇、导向装置(护风圈)或散热器的振动,以及其他的外部振动激发的机械振动。

为了减小高速时发动机的风扇噪声,汽车发动机普遍使用液力偶合器、不等矩叶片、变叶片扭角的风扇,也有的采用水温感应电动离合风扇。在冷却条件满足的情况下,增加风扇直径、降低转速、改变风扇叶片材料、采用非金属材料对降低噪声都有一定效果。

(5)废气涡轮增压器噪声。废气涡轮增压器实质上也是一种风机,其噪声与风扇噪声的组成有相似之处。但废气涡流的转速高得多,旋转噪声占支配地位,具有高频特性。废气涡轮增压器总的噪声水平一般较非增压发动机高2~3dB(A)。废气涡轮增压柴油机由于部分排气能量在涡轮增压器中转变为机械能,使涡轮出口的排气流比较平稳,因此,排气噪声有所减弱,而进气噪声因进气压力升高而略有增加。

2)发动机噪声诊断

故障发动机运行过程中发出的异常噪声,可用听觉或借助于简单的听诊器听诊断,也可用发动机异响测试仪或噪声测量仪分析诊断。

一般,发动机噪声诊断需考虑噪声的类型、噪声出现的条件、噪声的频率和噪声在发动机上出现的位置四个主要因素。

听诊时,听诊者的经验决定了对发动机异响部位和发动机损坏程度的准确诊断。使用听诊器对发动机噪声过大进行故障诊断时可以确定产生发动机噪声的位置。通常,当听到的噪声随曲轴转速(即发动机转速)变化时,则该噪声可能与曲轴、连杆、活塞、活塞销有关。听到的噪声随凸轮轴转速(发动机的半速)变化时,则该噪声可能与气门传动部件有关。

(1)活塞敲缸响。活塞敲缸响是指活塞侧面拍打汽缸壁产生的异响。一般来讲,当活塞顶部产生轴向力的方向随着活塞从压缩冲程变为做功冲程时,就会产生活塞敲缸异响。每次当活塞经过上止点向下运动时,活塞都将被迫撞击缸壁。活塞间隙过大时容易发生敲缸,间隙越大敲击声较大,随着发动机温度的升高,活塞间隙相应会变小,敲缸声也会随之减轻。所以,如果发动机冷起动后活塞敲缸异响严重,热车后响声减轻,这是由于活塞间隙过大或活塞变形所致。如果发动机冷车时基本正常,热车加速时敲缸,这是由于随发动机温度的升高,混合气燃烧速度也会相应加快。如果点火时间过早,汽缸燃烧压力最高点将会提前,敲击汽缸壁的力将会增大,由此导致敲缸异响。如果发动机总有敲缸异响且冷车时敲缸异响轻,热车时敲缸异响较重,这种情况一般较多出现在刚大修完的发动机上。因此,为了避免出现此类故障,在装配时应着重检查活塞安装方向,特别是活塞销偏置设计的发动机,原本的设计意图是降低发动机活塞敲缸,但如果一旦装反,将反而导致甚至加重敲缸异响。单一汽缸敲缸异响多为发动机活塞严重变形、过热造成活塞拉伤或汽缸拉伤所致。一般通过断火试验便可以找出拉缸的活塞,也可以通过内窥镜检查。一般汽缸拉伤时,冷热发动机都会产生异响。至于汽缸内进异物或气门弯曲后撞击活塞产生的异响,则不论是否进行断火试验,异响总会存在。

(2)曲轴轴承(大瓦)和连杆轴承(小瓦)异响。导致曲轴大、小瓦异响的原因主要有:①固定大、小瓦的螺栓松动;②大瓦或小瓦间隙过大;③润滑不良,或大、小瓦烧蚀;④润滑油压力过低或润滑油过少时,一般小瓦在发动机高速时极易烧蚀,而大瓦烧蚀的较少。轴与瓦间隙过大比间隙较小更易烧蚀。所以一般大修发动机时,轴与瓦应留有适量间隙,但千万不可过大。曲轴大、小瓦异响首先可以从声音部位和声音频率上进行区分,一般大瓦声音低,小瓦声音高。其次,可利用断缸的方法区分,当个别小瓦异响时,若断掉该缸的点火或喷油,异响将减弱或消失;若大瓦响,断缸时声响只会减弱或不变,但不会消失。

(3)进排气系统异响。当进气歧管漏气时,发动机怠速工作时会产生响声,随着发动机转速的提高,响声会加剧。当排气歧管漏气时,发动机加速时会听到突爆声。当空气滤清器堵塞时,发动机加速时会发闷产生不正常响声。当排气系统堵塞,发动机加速时有时会产生回火突爆。当空气流量传感器到节气门橡胶软管漏气时,急加速时也会产生回火突爆声。

(4)发动机支架损坏异响。当发动机支架损坏时,发动机怠速运转时,发动机振动会过大。当挂挡时(特别是自动变速器)发动机会因摆幅过大产生异响。当挂挡听到"咔嚓"撞击声时,就要检查发动机支架是否良好和发动机安装是否到位。

(5)曲轴胶带盘异响(带扭转减振器)或飞轮(带扭转减振器)产生异响。由于曲轴上产生的是周期性转矩,为了消除振动,很多发动机曲轴胶带盘轴与带轮之间用橡胶连接,以吸收发动机加速时产生的振动。但当胶带轮老化损坏后,极易产生异响,其响声特点是发动机怠速运转时,由于脉动转矩不均匀,异响严重,当发动机缓加速时,异响变小或消失。当发动机怠速打开空调压缩机工作时,异响有变化。

有些车辆还在发动机飞轮盘上设计了扭转减振器,当飞轮中的减振橡胶老化损坏后,挂挡抬离合器时会产生"咔嚓"的异响声。对车辆进行路试,有时也会产生异响,但若没经验,很容易会将故障诊断为变速器或差速器异响。

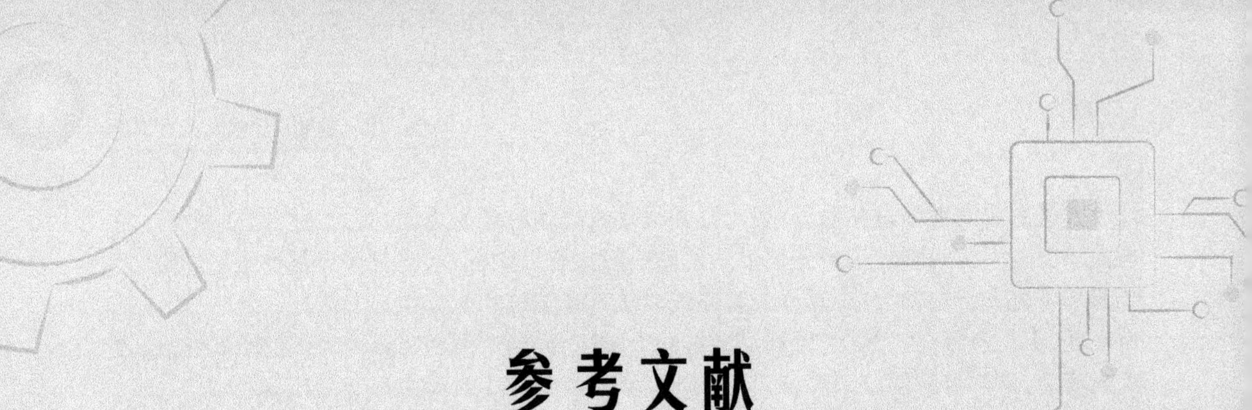

参考文献

[1] 全国机械振动、冲击与状态监测标准化技术委员会. 机械振动、冲击与状态监测国家标准汇编　基础与通用卷[M]. 北京:中国标准出版社,2011.

[2] 全国机械振动、冲击与状态监测标准化技术委员会. 机械振动、冲击与状态监测国家标准汇编　测试仪器与设备卷[M]. 北京:中国标准出版社,2011.

[3] 全国机械振动、冲击与状态监测标准化技术委员会. 机械振动、冲击与状态监测国家标准汇编　状态监测与诊断卷[M]. 北京:中国标准出版社,2011.

[4] 黄志坚. 机械故障诊断技术及维修案例精选[M]. 北京:化学工业出版社,2016.

[5] 张键. 机械故障诊断技术[M]. 北京:机械工业出版社,2014.

[6] 王先全. 机械设备故障诊断技术[M]. 武汉:华中科技大学出版社,2019.

[7] 王奉涛,苏文胜. 滚动轴承故障诊断与寿命预测[M]. 北京:科学出版社,2019.

[8] 黄志坚. 机械设备振动故障监测与诊断[M]. 北京:化学工业出版社,2017.

[9] 陈志强. 齿轮故障智能诊断技术[M]. 北京:科学出版社,2019.

[10] 盛美萍. 振动信号处理[M]. 北京:电子工业出版社,2017.

[11] 张梅军,唐建. 机械设备状态监测与故障诊断[M]. 北京:国防工业出版社,2008.